UTOMATION
TECHOA
教育部自动化类
教学指导委员会

全国高职高专院校机电类专业规划教材
教育部高职高专自动化技术类专业教学指导委员会规划教材

电工技术

陈跃安　刘艳云　主编
余会煊　侯玉杰　夏春风　副主编
吕景泉　主审

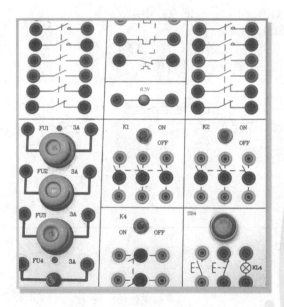

DIANGONGJISHU

中国铁道出版社有限公司
CHINA RAILWAY PUBLISHING HOUSE CO., LTD.

内 容 简 介

本套教材为教育部高职高专自动化技术类专业教学指导委员会规划教材，共分三册，分别是《电工技术》、《电工技术习题指导》、《电工技术实训》，可供不同专业组合选用。例如，非电类工科专业选用前两册，电类专业则选用全套。本书为全套教材中的主教材——《电工技术》。

本书主要内容包括"安全用电与触电急救"、"直流电路安装与调试"、"照明电路的安装与测量"、"三相电路的安装与测量"、"常用低压电器的认识与选用"、"交流异步电动机的认识与选用"、"动力头控制线路安装与调试"等七个项目。

本书适合作为高等职业院校电气自动化技术、机电一体化技术等相关专业的基础教材，也可作为成人高校或广播电视大学、维修电工的自学教材。

图书在版编目（CIP）数据

电工技术 / 陈跃安，刘艳云主编. —北京：中国
铁道出版社，2010.8（2024.8重印）
全国高职高专院校机电类专业规划教材. 教育部高职
高专自动化技术类专业教学指导委员会规划教材
ISBN 978-7-113-11468-8

Ⅰ.①电… Ⅱ.①陈…②刘… Ⅲ.①电工技术 - 高
等学校：技术学校 - 教材 Ⅳ.①TM

中国版本图书馆 CIP 数据核字（2010）第 137078 号

书　　名：电工技术
作　　者：陈跃安　刘艳云

策划编辑：秦绪好　何红艳
责任编辑：秦绪好
编辑助理：陈　庆
封面设计：付　巍　　　　　　　　封面制作：李　路
版式设计：于　洋　　　　　　　　责任印制：樊启鹏

出版发行：中国铁道出版社有限公司（北京市西城区右安门西街 8 号　邮政编码：100054）
印　　刷：河北宝昌佳彩印刷有限公司
版　　次：2010 年 8 月第 1 版　　　2024 年 8 月第 12 次印刷
开　　本：787mm×1092mm　1/16　印张：13.75　字数：324 千
书　　号：ISBN 978-7-113-11468-8
定　　价：29.00 元

随着我国高等职业教育改革的不断深入，我国高等职业教育的发展进入了一个新的阶段。教育部下发的《关于全面提高高等职业教育教学质量的若干意见》教高[2006]16号文件，旨在阐述社会发展对高素质技能型人才的需求，以及如何推进高职人才培养模式改革，提高人才培养质量。

教材的出版工作是整个高等职业院校教育教学工作中的重要组成部分，教材是课程内容和课程体系的载体，对课程改革和建设具有推动作用，所以提高课程教学水平和教学质量的关键在于出版高水平、高质量的教材。

出版面向高等职业教育的"以就业为导向，以能力为本位"的优质教材一直是中国铁道出版社的一项重要工作。我社本着"依靠专家、研究先行、服务为本、打造精品"的出版理念，于2007年成立了"中国铁道出版社高职机电类课程建设研究组"，并经过两年的充分调查研究，策划编写、出版了本系列教材。

本系列教材主要涵盖高职高专机电类的、专业基础课，以及电气自动化专业、机电一体化专业、生产过程自动化专业、数控技术专业、模具设计与制造专业、数控设备应用与维护专业等六个专业的专业课。本系列教材作者包括高职高专自动化教指委委员、国家级教学名师、国家级和省级精品课负责人、知名专家教授、职教专家、一线骨干教师。他们针对相关专业的课程，结合多年教学中的实践经验，同时吸取了高等职业教育改革的最新成果，因此无论教学理念的导向、教学标准的开发、教学体系的确立、教材内容的筛选、教材结构的设计，还是教材素材的选择都极具特色和先进性。

本系列教材的特点归纳如下：

（1）围绕培养学生的职业技能这条主线设计教材的结构，理论联系实际，从应用的角度组织编写内容，突出实用性，并同时注意将新技术、新成果纳入教材。

（2）根据机电类课程的特点，对基本理论和方法的讲述力求简单、易于理解，以缓解繁多的知识内容与偏少的学时之间的矛盾。同时，增加了相关技术在实际生产、生活中的应用实例，从而激发学生的学习热情。

（3）将"问题引导式"、"案例式"、"任务驱动式"、"项目驱动式"等多种教学方法引入教材体例的设计中，融入启发式的教学方法，力求好教、好学、爱学。

（4）注重立体化教材的建设。本系列教材通过主教材、配套光盘、电子教案等教学资源的有机结合，来提高教学服务水平。

总之，本系列教材在策划出版过程中得到了教育部高职高专自动化技术类专业教学指导委员会以及广大专家的指导和帮助，在此表示深深的感谢。希望本系列丛书的出版能为我国高等职业院校教育改革起到良好的推动作用，欢迎使用本系列教材的老师和同学们提出宝贵的意见和建议。书中如有不妥之处，敬请批评指正。

中国铁道出版社

2010 年 8 月

序

高职教育改革进入了一个新阶段。

教学资源建设、"双师型"教师队伍建设和实践教学基地建设是办好高职教育、办出高职特色的三大基本建设，也是实现高职人才培养的重要保证。相对而言，教材建设是当前高职教育中最薄弱的环节。

教材改革是高等职业教育教学改革的核心，教育思想和职教理念、专业建设和课程体系、教学方法和学法的改革最终必须通过教学内容，即教材的改革才能落实。我国目前高职教材建设存在的主要问题是：

（1）缺乏适合现代高职教育特色的教材，更缺乏"精品"教材；

（2）教材内容交叉重复，脱离实际，针对性不强；

（3）教材内容、体系、结构陈旧；

（4）新教学技术、教学方法的体现不够；

（5）具有高职特色的实践教材严重缺乏。

高职教材建设应该依据的五原则：

（1）体现高职教育特色原则；

（2）体现现代教法与学法原则；

（3）体现理论与实践的紧密结合原则；

（4）体现编写形式创新原则；

（5）体现国际化原则。

2006年以来，教育部高职高专自动化技术类专业教学指导委员会相继成立了专业建设工作组和课程建设工作组，加强专业建设规范、教学标准、专业课程体系和课程教学内容的交流研讨，形成了相关建设成果。

本套教材是在此基础上，以陈跃安老师为团队牵头人，遴选了相关院校的专业带头人和骨干教师，充分利用积累的课程建设实践经验成果编撰成立体化教材。本套教材建设团队在教材建设"五项"原则方面进行了有益的探索，在引进行业、企业标准嵌入教学体系进行有机融合方面进行了探索，在建设数字化课程资源方面进行了探索，对于高等职业教育机电类专业平台类课程的教学改革和实施提供了很好的载体。

2010 年 7 月

"电工技术"课程是自动化类专业的一门重要的技术基础课程。

在当下的高等职业教育教学改革中，以工作过程知识为课程内容，将理论知识与实践技能相结合的项目课程成为高职教育课程改革的一个亮点。项目课程改革亟需配套项目化教材及考核方案。以常州纺织服装职业技术学院（以下简称常州纺院）项目组为主体的老师们，与兄弟院校合作，通过课程整合，选取切实有效的载体，设置教学情景、引入拓展知识，将枯燥的电工技术理论知识融入到项目教学之中，历经数载，终于编写出了该套改革版教材。

该教材具有以下鲜明特色：

（1）突出行动特色。在编写体例上不再以传统的学科逻辑结构划分篇章，而是以项目的形式划分全书的结构，在项目标题特别是具体任务题目的叙述上采用行动性语言，突出行动特色。

（2）符合认知规律。在教材编写上体现"亲身体验+动脑设计+动手验证"这种经实践检验符合职教学生首选的教学形态，注重教学情景的设计以及理论、实践一体化，让学生边做边学、在兴趣中学习和探究。

（3）优化知识结构。通过项目小结，提炼知识重点；通过知识拓展，指明应用方向；通过习题指导，融合相关知识。从而较好地解决了项目化教材在编写中易造成的知识点分散、系统性差的缺陷。

（4）方便选材选项。教材采取组合式选材，读者可根据专业选择合适的教材组合模式。如非电类工科专业可选择《电工技术》+《电工技术习题指导》；电类专业可选择《电工技术》+《电工技术习题指导》+《电工技术实训》。而在内容上采取项目式，教师可根据教学计划及学生的生源素质按下页"学习指南"（项目任务、主要知识点、学习目标、学时分配）选取相关项目进行教学。本书在主编学校试用两届，效果良好。

（5）创新考核方案。教材提供了习题指导和试题库及标准答案，为实现教考分离和分项目考核提供了条件。考核内容紧密结合维修电工技能考工中的应知、应会内容，考核文档分别附在相关教材的书末，便于存档。这样既减轻了学生期末大考复习的压力，也减轻了学校期末考务工作负担，且考核方案中还增加了团队自选项目，可使学生充分施展创新能力和综合运用能力。

本书由常州纺院副教授、高级技师陈跃安，刘艳云担任主编，常州建东职业技术学院侯玉杰、苏州农业职业技术学院夏春风、常州铁道高等职业技术学校余会煊担任副主编，吕景泉担任主审。参加编写的还有常州工程职业技术学院朱正芳及常州纺院贺刚、陆卫良、陈贤、付华良、尹金花、金花、蒋建伟等教师。

衷心感谢教育部高职高专自动化技术类专业教学指导委员会主任吕景泉教授、常州纺院教务处成丙炎处长及机电系张文明主任为本书提出指导意见。

由于编者水平有限，书中若有不当之处，敬请指正。

编 者
2010 年 6 月

学习指南

项目序号	项目名称	项目内容	主要教学知识点	学习目标	学时	备注
1	安全用电与触电急救	安全用电与触电急救的方法与技巧，电工工具仪表的使用	1. 触电急救与电路保护 2. 安全用电与电气消防 3. 常用电工仪表的使用	1. 会进行触电急救 2. 能归纳出安全用电主要内容 3. 会识别与选用常用电工仪表 4. 会使用万用表	4/6	少学时的仪表部分简讲
2	直流电路安装与调试	万用表的组装与调试、直流电路测量与分析	1. 组装与调试万用表 2. 安装、测量直流电路 3. 分析直流电路	1. 会组装及调试指针式万用表 2. 能看图连接电路并会测量电路电量 3. 能概述电路的组成及基本物理量 4. 识别电路中电源、电阻、电容、电感等元器件 5. 能说出基本元器件的特点 6. 会运用直流电路的分析方法及基本定律分析计算典型电路	10/40	少学时的不组装万用表
3	照明电路的安装与测量	照明电路安装与调试，单相交流电路测量、分析与应用	1. 安装照明电路 2. 测量荧光灯电路 3. 正弦交流电的相量表示 4. 正弦交流电路的分析方法 5. 交流电路的功率、功率因数及典型应用	1. 会安装照明电路 2. 会测量荧光灯电路中的电量 3. 能根据测量结果质疑、探究电路的基本定律在交流电路中的表现形式 4. 知道正弦电量可用相量表示和运算 5. 熟记纯电阻、电感、电容的电压与电流的相位关系，会运用相量图分析交流电路 6. 知道提高功率因数的实际意义	8/14	少学时的不安装照明电路
4	三相电路的安装与测量	电力系统与三相电路，三相灯组负载电路的安装、测量及分析	1. 认识三相电路 2. 安装调试与测量灯组负载 3. 三相电源与三相负载 4. 对称与不对称三相电路 5. 三相电路的分析计算	1. 能概述电力系统，知道三相交流电优越性 2. 会安装、测量由灯泡组接的三相电路 3. 能区别三相对称电源与三相对称负载 4. 知道三相不对称负载电路中性线作用 5. 能归纳对称负载作不同连接方式的相、线电压关系，相、线电流关系 6. 会计算三相电路的功率	4/6	少学时的不参观配电房
5	常用低压电器的认识与选用	绕制小型变压器或拆装接触器、学习电磁基本知识，认识常用低压电器	1. 绕制小型变压器或拆装交流接触器 2. 了解电磁系统的作用 3. 学习电磁感应及其应用 4. 学习常用的低压电器	1. 知道变压器是如何绕制的 2. 会拆装交流接触器，说出各部件名称 3. 能解释接触器衔铁动作的原因 4. 能概述磁路及铁磁材料的特性 5. 能列举电磁感应的典型应用 6. 知道变压器能变压、变流、变阻抗 7. 会选用常用的低压电器，并能用图形及文字符号正确表示	6/14	少学时的不绕制变压器
6	交流异步电动机的认识与选用	三相异步电动机的拆装、电动机认识实验，学习电动机的基本知识	1. 三相异步电动机的拆装 2. 电动机电气测量 3. 三相异步电动机工作特性及起动、调速和制动方法 4. 三相异步电动机的选用	1. 能辨认三相笼型和绕线式异步电动机 2. 能判断电动机定子三相绕组的首末端 3. 能解释三相异步电动机旋转磁场的形成及其与转速、转向的关系 4. 能理解三相异步电动机的机械特性曲线及特点 5. 能说出铭牌上各参数的含义 6. 会选择电动机	6/14	少学时的不拆装电动机

项目序号	项目名称	项目内容	主要教学知识点	学习目标	学时	备注
7	动力头控制线路安装与调试	学习电动机基本控制方法，动力头电气线路的安装与调试	1. 三相异步电动机点动、长动、点动兼长动、异地起停控制 2. 三相异步电动机正反转控制、自动往返控制 3. 顺序控制，时间控制 4. 电路板前明线安装与调试	1. 知道对电动机的控制实质是对接触器的控制 2. 能说出电动机控制电路中失压保护的意义和方法 3. 能辨认出短路保护、失压保护、过载保护及互锁保护的元器件，并概述其工作原理 4. 知道典型控制电路的设计思想 5. 知道电路原理图的绘制原则 6. 会按工艺要求正确安装电路	6/28	少学时的不安装
项目汇报（以小组为单位结合本专业完成一个实际应用项目并进行汇报展示）					2	
合计					46/124	

注：1. 以上课时分配仅供参考，任课教师可根据生源、专业等情况进行适当调整。

2. 少学时的相关内容可作为选修课。

目 录

项目一　安全用电与触电急救 1

    任务 1　触电急救与电路保护 1

    任务 2　安全用电与电气消防 9

    任务 3　认识常用工具和仪表 16

    小结 28

项目二　直流电路安装与调试 29

    任务 1　组装调试万用表 29

    任务 2　安装、测量直流电路 42

    任务 3　分析直流电路 61

    小结 75

项目三　照明电路的安装与测量 78

    任务 1　安装照明电路 78

    任务 2　测量荧光灯电路 83

    任务 3　分析交流电路 85

    小结 100

项目四　三相电路的安装与测量 103

    任务 1　认识三相电路 103

    任务 2　分析三相电路 109

    小结 117

项目五　常用低压电器的认识与选用 118

    任务 1　绕制小型变压器 118

    任务 2　认识常用低压电器 130

    小结 144

项目六　交流异步电动机的认识与选用 146

    任务 1　拆装三相异步电动机 146

    任务 2　测量三相异步电动机直接起动电路 151

    小结 167

项目七　动力头控制线路安装与调试 168

    任务 1　实践三相异步电动机的基本控制 168

    任务 2　动力头控制线路安装与调试 174

    小结 185

附录 A	电气图形符号及文字符号	186
附录 B	常见非正弦波形及表达式	188
项目考核		189
参考文献		208

安全用电与触电急救

任务1　触电急救与电路保护

任务导入

在科学技术蓬勃发展的今天，电能已经成为经济建设和日常生活中不可缺少的能源，但是在使用电的过程中必须注意安全。为了防止和减少触电事故，用电部门采取了许多安全措施，然而，无论措施如何完善都不能从根本上杜绝触电事故的发生。本任务将通过多媒体方式演示常见的触电形式及其相应的急救、预防措施。

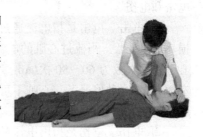

学习目标

- 概述触电及其对人体的危害。
- 了解触电的主要原因。
- 能列举常见的触电事故。
- 掌握触电急救措施。
- 能区分保护接地与保护接零。

任务情境

本任务的教学建议在具有网络资源及具有三相五线制电源的实训室进行，实训室应配有棕垫、人体模型、木棒、电话机、绝缘手套、绝缘靴、秒表、消毒酒精、药棉、钢丝钳、导线、电器柜、灭火器、万用表等。对触电急救的教学宜采用视频教学模式，可从互联网上下载与安全用电及触电急救相关的视频。教师在实训平台上现场演示用万用表测试动力电及照明电。

相关知识

1. 触电

观看触电事故视频，学习触电知识。

图 1-1-1 所示为一组触电事故案例。

（a）某女孩在玩电动伸缩门时手触及绝缘破损的电缆，且蹦跳时将塑料凉鞋甩掉，发生触电事故　（b）某女孩光脚在浴室里，因手触摸地线漏电而带电的喷淋头发生触电事故（小区未装任何漏电保护器）　（c）某男孩因靠近高压电源而触电　（d）某先生因触摸到漏电的开关而触电（鞋子的绝缘性能不好且未装漏电保护器）

图 1-1-1　触电事故案例

（1）触电的危害

当人体触及带电体、带电体与人体之间闪击放电、电弧波及人体时，电流通过人体进入大地或其他导体形成导电回路，这种情况就叫触电。人体触电时，电流会对人体造成两种伤害：电击和电伤。

① 电击。电击是指电流通过人体，影响人体呼吸、心脏和神经系统，造成人体内部组织损坏甚至死亡。当流过心脏的电流超过 50mA 时，人体就会有致命危险。这是因为正常的人体心脏跳动次数为 60～80 次/min。由于电流对心脏的刺激，使心脏跳动达 300～400 次/min（心室颤动），这种情况下，心脏不可能正常供血，从而造成大脑缺氧，若缺氧超过 3～5min 时，容易引起人体死亡。

② 电伤。电伤是指因电流的热效应造成皮肤的烫伤、灼伤，这种伤害严重时也可能造成死亡。

电击和电伤可能同时发生，常见的例如高压触电事故。调查表明，绝大部分触电事故是电击造成的。

（2）触电的主要原因

① 违章操作：

- 不遵守安全工作制度。如工作人员在检修用电设备时，违反规程，不办理工作票、操作票，擅自拉合刀开关；在没有确认现场情况下，用电话通知、约时停送电；在工作现场和配电室不验电、不装设接地线、不挂标示牌等。
- 违章救护触电人员，造成救护者一起触电。
- 对有高压电容的线路检修时未进行放电处理导致触电。
- 带电移动电气设备。

② 施工不规范：

- 导线间的交叉跨越距离不符合规范要求；电力线路与弱电线路同杆架设；导线与建筑物的水平或垂直距离不够；拉线不加装绝缘子等。
- 施工中未对电气设备进行接地保护处理或用电设备的接地不良造成漏电。
- 电灯开关未控制火线。
- 误将电源保护接地与零线相接，且插座相线、零线位置接反使机壳带电。
- 插头接线不合理，造成电源线外露，导致触电。
- 照明电路的中线接触不良或在中性线上安装保险，造成中性线断开，导致家电损坏。
- 随意加大熔断器（保险丝）的规格，使熔断器失去短路保护作用。

③ 产品质量不合格：

- 电气设备缺少保护设施造成电器在正常情况下损坏和维修人员触电。
- 带电作业时，使用不合格的工具或绝缘设施造成维修人员触电。
- 产品使用劣质材料，使绝缘等级、抗老化能力很低造成触电。
- 生产工艺粗制滥造造成漏电。
- 电热器具使用塑料电源线。

④ 缺乏安全用电意识：

- 在线路下盖房、打井。
- 在电线上晾晒衣服。
- 用电捕鱼。
- 带电维修开关、安装灯泡等。
- 用水冲洗或用湿布擦拭电气设备。

⑤ 对电气设备维护不及时，故障运行。如触电保护器失灵情况下强行送电；绝缘电线破损露芯；电机受潮，绝缘能力降低，致使机壳带电；导线老化松弛等都是导致触电事故的诱因。

⑥ 偶然因素。狂风吹断树枝将电线砸断使行人触电；雨水进入家用电器使机壳漏电等偶然事件均会造成触电事故。

（3）常见的触电事故

触电事故有多种，多数是由于人体直接接触带电体、发生故障的电气设备，或者是电弧电压、跨步电压触电。

① 人体直接接触带电体。当人体在地面或其他接地导体上，身体的某一部位触及三相导线的任何一相引起的触电称为单相触电，如图 1-1-2（a）、（b）所示。单相触电对人体的危害与电压高低、电网中性点接地方式等有关。单相触电事故的次数占总触电事故次数的 95% 以上。除了单相触电外，还有两相触电，指人体两个部位同时接触不同相的带电体而引起的触电事故，如图 1-1-2（c）所示。

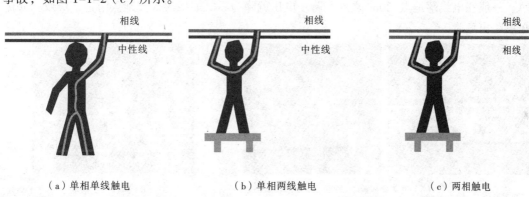

（a）单相单线触电　　　　　　（b）单相两线触电　　　　　　（c）两相触电

图 1-1-2　直接接触带电体触电

对于电源中性点接地的单相触电，这时人体处于相电压下，危险较大。通过人体电流如图 1-1-3（a）所示，其值

$$I_\mathrm{b} = \frac{U_\mathrm{P}}{R_0 + R_\mathrm{P}} = 219\mathrm{mA} > 50\mathrm{mA}$$

式中：U_P 为电源相电压（220V），R_o 为接地电阻（≤4Ω），R_P 为人体电阻（1000Ω）

对于双相触电，这时人体处于线电压下（U_L=380V），危险更大。通过人体电流如图 1-1-3（b）所示，其值

$$I_b = \frac{U_L}{R_P} = \frac{380}{1000} = 380\text{mA}$$

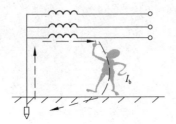
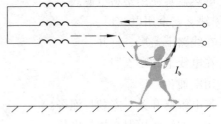

（a）对电源中性点接地的单相触电　　　　　　　　（b）双相触电

图 1-1-3　触电分析

② 人体接触发生故障的电气设备。在正常情况下，电气设备的外壳是不带电的。但当电气设备发生故障或绝缘破损时，人体接触因漏电而带电的外壳时，就会发生触电危险，触电情况和直接接触带电体一样。大部分触电事故属于这一类间接触电事故。

③ 电弧电压触电。当人体与带电体的距离过小时，虽然未与带电体相接触，但由于空气的绝缘强度小于电场强度而被击穿，亦可能发生触电事故，图 1-1-4（a）所示为一只狗熊在攀爬高压电线杆时发生电弧触电的照片。因此，电气安全规程中，对不同电压等级的电气设备，都规定了最小允许安全间距。

④ 跨步电压触电。由于外力（如雷电、大风）破坏等原因，电气设备、避雷针的接地点，或者断落电线断头着地点附近，会有大量的扩散电流流向大地，使周围地面上分布着不同电位。当人的脚与脚之间同时踩在地表面不同电位的两点时，会引起跨步电压触电，如图 1-1-4（b）所示。一般在电线落地点 20m 之外，跨步电压就降为零。如果误入接地点附近，应双脚并拢或单脚跳出危险区。

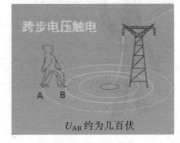

（a）电弧电压触电　　　　　　　　　　（b）跨步电压触电

图 1-1-4　电弧电压与跨步电压触电

（4）决定触电者所受伤害程度的因素

调查表明，触电伤害程度的主要因素是流过人体电流的大小、途径、持续时间等，次要因素有电流频率、触电者的年龄、体形、健康状况等。

① 流过人体的电流大小，以毫安（mA）计量。它决定于外加电压以及电流流入和流出身体两点间的人体阻抗。流过身体的电流越大，人体的生理反映越强烈，对人体伤害越大。人体

允许的安全工频电流值为 30mA，危险工频电流（致命电流）值为 50mA。

② 电流流经心脏会导致触电者神经失常、心跳停止、血液循环中断，危险性最大。其中，电流从右手流到左脚是最危险的，从一只脚到另一只脚危险性较小。电流纵向通过人体比横向通过人体时更易发生心室颤动，危险性更大。

③ 电流通过人体的持续时间，以毫秒（ms）计量。人体通电时间越长，人体电阻值因出汗等原因而下降，导致电流增大，后果严重。

④ 电流的频率。在同样电压下，交流比直流更为危险，实验证明频率为 25～300Hz 的交流电最易引起人体心室颤动，因此工频（50Hz）对人体的伤害很大。医学实验证明，高频电流不仅没有危害还可以用于医疗保健等。表 1-1-1 列出了人体对电流的反应实验数据。

表 1-1-1　人体对电流的反应

通过人体电流的性质	直流(mA)		交流 50Hz(mA)		交流 10kHz(mA)	
性别	男	女	男	女	男	女
有感觉，不太痛苦	5.2	3.5	1.1	0.6	12	8
有痛苦感觉	62	41	9	6	55	8
痛苦难忍，肌肉不自由	74	50	16	10.5	75	50
呼吸困难，肌肉收缩	90	60	23	15	94	63

⑤ 电击电流取决于人体电阻和电压（$I=U/R_{\mathrm{p}}$）。

- 人体电阻越小通过人体的电流越大。人体电阻因人而异，正常情况下人体电阻阻值根据皮肤的潮湿情况处于 1000～3000Ω 之间。当人体角质外层破坏时，人体电阻则会明显降低。一般情况下，女性和小孩的人体电阻比成年男子低。
- 触电电压越高，通过人体的电流越大。安全电压 50V 的限值就是根据人体电阻为 1700Ω、安全电流为 30mA 计算出来的。用户应根据作业场所、操作员条件、使用方式、供电方式、线路状况等因素选用。通常把 36 V 以下的电压定为安全电压。工厂机床照明一般采用 24V 电压供电。

2. 触电急救

观看触电急救视频，学习触电急救知识。

① 触电后应采取的措施。实验研究和统计表明，如果从触电后 1min 内开始抢救，有 90% 概率救活触电者；如果从触电后 6min 开始抢救，则仅有 10% 的概率；从触电后 12min 开始抢救，则救活触电者的可能性极小。因此当发现有人触电时，应争分夺秒，牢记"迅速、就地、正确、坚持"八字方针。

发生触电事故时，在保证救护者本身安全的同时，必须首先设法使触电者迅速脱离电源。常用方法是：拉、切、挑、拽、垫。

- 拉开闸盒（而不是开关，因为有的开关安装不规范，接在零线上）。
- 用绝缘利器如电工钳或带绝缘手柄的刀具割断电线（注意要一根一根剪，防止短路）。
- 用绝缘木杆、竹竿等挑开电源线。
- 利用干燥的围巾、毛毯等拽出触电者（注意不要拉鞋）。
- 用木板垫在触电者身下。

迅速对伤害情况做出简单诊断，观察触电者是否存在呼吸，颈部或腹股沟处的大动脉有没有搏动，瞳孔是否放大，一般可按下述情况处理：

- 病人神态清醒，但有乏力、头昏、心慌、出冷汗、恶心、呕吐等症状，应使病人就地安静休息。症状严重的，应送至医院检查治疗。
- 病人心跳尚存，但神志昏迷，应将病人抬至空气流通处，注意保暖，做好人工呼吸和心脏挤压的准备工作，并立即通知医疗部门或用担架送触电者前往医院抢救。
- 如果病人处于"假死"状态（一般瞳孔放大至 8～10mm 才为真死），应立即对其实施人工呼吸或者心脏挤压或者两种方法同时采用，并迅速拨打 120 急救电话。应特别注意，急救要尽早地进行，不能等待医生的到来，在送往医院的途中，也不能停止急救工作。

② 正确实施口对口人工呼吸救治。口对口人工呼吸是人工呼吸法中最有效的一种，在实施前，应迅速将触电者身上妨碍呼吸的衣领、上衣、裙带等解开，检查触电者的口腔，清理口腔的粘液，如有假牙，则取下。然后使触电者仰卧，头部充分后仰，使鼻孔朝上，如图 1-1-5 所示。

具体操作步骤如下：

- 一手捏紧触电者鼻孔，另一手将其下颌拉向前下方（或托住其颈后），救护人深吸一口气后紧贴触电者的口向内吹气，同时观察胸部是否隆起，以确保吹气有效，持续约 2s。
- 吹气完毕，立即离开触电者的口，并放松捏紧的鼻子，让他自动呼气，注意胸部的复原情况，持续约 3s。

按照上述步骤连续不断地进行操作，直到触电者开始呼吸为止。

触电者如是儿童，只可小口吹气（或不捏紧鼻子，任其自然漏气，以免肺泡破裂；如发现触电者胃部充气膨胀，可一面用手轻轻加压于其上腹部，一面继续吹气和换气，如无法使触电者的嘴张开，可改为口对鼻人工呼吸。

③ 正确实施胸外心脏挤压法进行急救。胸外心脏挤压法是触电者心脏停止跳动后采用的急救方法，其目的是强迫心脏恢复自主跳动。实施胸外心脏挤压法时，应使触电者平躺在坚实、平整、稳固的地方，并保持触电者呼吸道畅通（具体要求同口对口人工呼吸法），抢救者位于触电者一侧。

具体操作步骤如下：

- 救护者用一只手的中指和食指，沿触电者肋弓下缘上滑至两肋弓与胸骨的交界处，把中指横放在交界下，食指放胸骨下端，另一只手掌根紧挨着放在胸骨上，然后将第一支手移开叠放在另一只手的手背上，两手掌必须平行，不能十字交叉。两手掌的手指必须上翘，以防压伤胸骨。
- 按压时，救护人稍弯腰，向前倾，双肩位于双手正上方，掌根用力向下压，产生一定的冲击力（而不是缓慢用力），使胸骨下段与相连的肋骨下陷 3～4cm，从而压迫心脏使心脏内血液搏击。如触电者是儿童，可以用一只手挤压，用力要轻一些，以免损伤胸骨，如图 1-1-6 所示。

图 1-1-5　人工呼吸

图 1-1-6　胸外心脏挤压

- 挤压后突然放松，掌根不离开胸腔，依靠胸廓弹性，使胸骨复位，心脏舒张，大静脉的血液回到心脏。
- 按照上述步骤，连续有节奏地进行，每秒一次，一直到触电者的嘴唇及身上皮肤的颜色转为红润，以及摸到动脉搏动为止。

知识拓展

1. 工作接地与保护接地

（1）工作接地

所谓工作接地即将电源中性点直接接地，如图1-1-7所示。

我国110kV的超高压系统，为降低设备绝缘要求，通常采用中性点直接接地的工作方式；而在低于1kV的低压系统中，考虑到单相负荷的使用，通常也都采用中性点直接接地工作方式（接地体通常用角钢或钢管制成。角钢的厚度不小于4mm，钢管管壁厚度不小于3.5mm，长度一般在2～3m之间，接地电阻不能超过4Ω）。

（2）保护接地

对于中性点不接地的电网（在6～35kV的中压系统中，为提高供电可靠性，一般采用中性点不接地的工作方式）中应采取保护接地。

所谓保护接地就是把电气设备的金属外壳与大地连接起来，如图1-1-8所示。这样能利用接地装置的分流作用来减少通过人体的电流，且不影响供电运行。

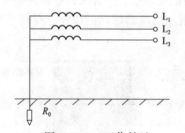

图1-1-7　工作接地

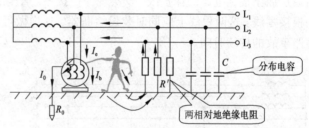

图1-1-8　电气设备外壳装保护接地

保护原理：当电气设备内部绝缘损坏发生一相碰壳时，外壳带电。当人体触及外壳，接地电流 I_e 经过人体流入大地后，再经其他两相对地绝缘电阻 R' 及分布电容 C 回到电源。当 R' 值较低、C 较大时，I_b 将达到或超过危险值。

采取保护接地的装置后，通过人体的电流为

$$I_b = I_e \frac{R_0}{R_0 + R_p}$$

由图1-1-8可知，人体电阻 R_p 与接地电阻 R_0 为并联，由于 $R_p \gg R_0$，所以通过人体的电流可减小到安全值以内，也不影响供电运行。

2. 工作接零与保护接零

（1）工作接零

对于额定电压为220V的家用电器，应接在相线（L）与中性线（N，俗称零线）之间，接入中性线的这根线称为工作接零。

（2）保护接零

在变压器的中性点直接接地的低压供电线路中，不允许将电气设备的金属外壳与大地直接相连，而是通过保护线与大地相连，这种保护方式称为保护接零。

我国与国际接轨，在低压供电系统通常使用三相五线制：三根相线，俗称火线（L_1、L_2、L_3）；一根中性线，俗称零线（N）；一根保护线，俗称地线（PE）。

保护线和变压器中性线具有两个独立的接地系统，用于安全要求较高、设备要求统一接地的场所。

中性线与保护线虽然在电源端均接地，但由于保护线不接负载，故无电流流过，因此保护线也叫安全线或地线。而中性线接有单相负载，其中有电流流过，因此对于居民用户，不能把地线当作零线使用，否则发生混乱后电路将失去了保护作用。

综上所述，所谓保护接零即把电气设备的金属外壳通过电网的保护线与大地连接起来，如图 1-1-9（a）所示。

保护原理：当电气设备绝缘损坏造成一相碰壳，该相电源短路（从事故相经过外壳、保护线、电源中性点），如图 1-1-9（a）所示。由于短路电流很大，能使保护设备（如熔断器）迅速动作，将故障设备从电源切除，防止触电事故发生。

对于带有金属外壳的单相用电设备，例如家用电器（电冰箱、洗衣机等），常用三脚插头通过三孔插座与电源连通，三孔插座的正确接法如图 1-1-10 所示。使用时，应将用电气设备外壳用导线连接到三脚插头中间那个较长、较粗的插孔对应的接线上，即接到保护线插孔上，然后通过插座接到电源的保护线，以实现保护接零。插座的其他两根线，一根接到电源的相线，另一根接零线。这两根线上应同时装设熔断器，这样做可以增加熔断器熔断的概率，有利于缩短短路事故的持续时间。

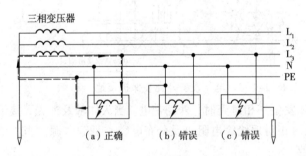

图 1-1-9　保护接零电路

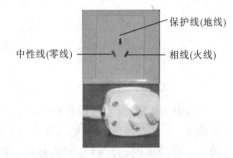

图 1-1-10　三孔插座的正确连接

还应注意，绝不允许用一根接零线来取代工作接零和保护接零线，如图 1-1-9（b）所示。因为一旦接零线断开，设备外壳就会带电，容易造成触电事故。另外，如果电源零线和相线互相接错，把相线连接到电气设备的外壳上，会出现更大的危险，造成触电事故。

对于中性点接地系统，不允许采用保护接地（即设备外壳直接接地），而只能采用保护接零（即将设备外壳通过保护线与地相接）。图 1-1-9（c）所示的接法不正确，这可用图 1-1-11 来说明。

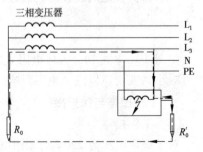

图 1-1-11　在中性点接地的系统中不可以保护接地

右图中电气设备另设有保护接地装置，其接地电阻为 R_0' 约为 4Ω，当电气设备绝缘损坏碰壳时，事故电流经 R_0'、大地、工作接地电阻 R_0、电源中性点形成回路，$R_0=R_0'=4\Omega$，事故电流为

$$I_\mathrm{e} = \frac{U_P}{R_0 + R_0'} = \frac{220}{4+4} = 27.5\mathrm{A}$$

此电流不足以使大容量的保护装置动作，而使设备外壳长期带电，其对地电压为 $U_\mathrm{e} = I_\mathrm{e}R_0' 27.5\mathrm{A} \times 4\Omega = 110\mathrm{V}$。

如果人体电阻为 1000Ω，则当人体接触外壳时，通过人体的电流为

$$I_\mathrm{b} = \frac{110}{1000} = 110\mathrm{mA} > 50\mathrm{mA}$$

这个电流对人来说是非常危险的。

 技能训练

学生分组练习：

1. 模拟典型触电情境：单相、两相、跨步电压、电弧电压等触电现象。
2. 利用人体模型模拟触电急救，步骤如下：
（1）迅速切断事故现场电源。
（2）模拟拨打 120 急救电话。
（3）将触电者移至通风干燥处，身体平躺，解开上衣扣，松开腰带。
（4）仔细观察触电者的生理特征，根据具体情况采用相应的急救方法实施抢救。
（5）口对口人工呼吸抢救。
（6）胸外心脏挤压法抢救。
3. 将所用的设备和器材填入项目一任务完成情况考核表 1-6 中。

任务 2　安全用电与电气消防

任务导入

　　自从电能被发现以来，它在经济建设和日常生活中发挥了巨大作用，但是用电必须注意安全，否则就会给人民的生命财产造成重大损失。本任务将介绍安全用电与电气消防的基本知识。

学习目标

- 熟记维修电工安全操作规程。
- 能概述安全用电知识。
- 熟记电气消防知识。

任务情境

同任务 1。

相关知识

1. 维修电工安全操作规程

① 维修电工必须具备电路基础知识，熟悉设备安装位置、特性、电气控制原理及操作方法，不允许在未查明故障及未有安全措施的情况下盲目试机。

② 在现场维修时必须有两人以上，不允许单人操作。

③ 在使用仪表测试电路时，应先调好仪表相应挡位，确认无误后才能进行测试。

④ 维修设备时，必须首先通知操作人员，在停车后切断电源，把熔断器取下，挂上标示牌，方可进行检修工作。检修完毕应及时通知操作人员。

⑤ 电器或线路拆除后，可能通电的线头必须及时用绝缘胶布包扎好，确保安全。

⑥ 任何电气设备未经验电，一律视为有电，不准用手触碰。

⑦ 禁止使用普通铜丝代替熔断器。

⑧ 每次维修结束时，必须清点所带工具、零件，清除工作场地所有杂物，以防工具遗失和留在设备内造成事故。

⑨ 工作中临时切断电源后或每班开始工作前，都必须重新检查电源，确定已断开，并验明无电，才能操作。

⑩ 发现有人触电，应立即采取正确的抢救措施。

2. 家庭安全用电常识

① 每个家庭必须具备一些必要的电工器具，如验电笔、螺丝刀、钳具等、还必须具备有适合家用电器使用的各种规格的熔断器（保险丝）。

② 每户家用电表前必须装有总保险，电表后应装有总刀开关和漏电保护开关。

③ 任何情况下严禁使用铜丝、铁丝代替熔断丝。熔断丝的规格一定要与用电容量匹配。更换熔断丝时要拔下瓷盒盖更换，不得直接在瓷盒内搭接熔断丝，不得在带电情况下（未拉开刀开关）更换熔断丝。

④ 熔断丝熔断或漏电开关动作后，必须查明原因才能再合上开关电源。任何情况下不得用导线将熔断丝短接或者压住漏电开关跳闸机构强行送电。

⑤ 购买家用电器时应认真查看产品说明书的技术参数（如频率、电压等）是否符合本地用电要求。要清楚电器耗电功率的大小、家庭已有的供电能力是否满足要求，特别是配线容量、插头、插座、熔断丝或熔断器、电表等是否满足要求。

⑥ 当家用配电设备不能满足家用电器容量要求时，应予更换改造，严禁凑合使用。否则超负荷运行会损坏电气设备，还可能引起电气火灾。

⑦ 购买家用电器还应了解其绝缘性能：是一般绝缘、加强绝缘还是双重绝缘。如果是靠接地作漏电保护的，则接地线必不可少。即使是加强绝缘或双重绝缘的电气设备，作保护接地或保护接零亦有好处。

⑧ 带有电动机类的家用电器（如电风扇等），还应了解耐热水平，是否长时间连续运行。要注意家用电器的散热条件。

⑨ 安装家用电器前应查看产品说明书对安装环境的要求，特别注意在可能的条件下，不要把家用电器安装在湿热、灰尘多或有易燃、易爆、腐蚀性气体的环境中。

⑩ 在敷设室内配线时，相线、零线应标志明晰，并与家用电器接线保持一致，不得互相接错。

⑪ 家用电器与电源连接，必须采用可开断的开关或插接头，禁止将导线直接插入插座孔。

⑫ 凡要求有保护接零的家用电器，应采用三脚插头和三孔插座，不得用双脚插头和双孔插座代用，造成保护线空挡。

⑬ 家庭配线中间最好没有接头。必须有接头时应接触牢固并用绝缘胶布缠绕，禁止用医用胶布代替电工胶布包扎接头。

⑭ 导线与开关、刀开关、保险盒、灯头等的连接应牢固可靠，接触良好。多股软铜线接头应拢绞合后再放到接头螺钉垫片下，防止细股线散开碰到另一接头上造成短路。

⑮ 家庭配线不得直接敷设在易燃的建筑材料上面，如需在木料上布线必须使用瓷珠或瓷夹子；穿越木板必须使用瓷套管。不得使用易燃塑料和其他的易燃材料作为装饰用料。

⑯ 接地或接零线虽然正常时不带电，但断线后如遇漏电会使电器外壳带电；如遇短路，接地线亦通过大电流。为了安全，接地（接零）线规格应不小于相线，在其上不得装开关或熔断丝，也不得有接头。

⑰ 接地线不得接在自来水管上（因为现在自来水管接头堵漏用的都是绝缘带，没有接地效果）；不得接在煤气管上（以防电火花引起煤气爆炸）；不得接在电话线的地线上（以防强电窜弱电）；也不得接在避雷线的引下线上（以防雷电时反击）。地线要接入地下一定的深度（打入地面的有效深度不少于 2m），楼房建筑时已将地线接好。

⑱ 所有的开关、刀开关、熔断器（保险盒）都必须有盖。胶木盖板老化、残缺不全的必须更换。脏污受潮的必须停电擦抹干净后才能使用。

⑲ 电源线不要拖放在地面上，以防电源线绊人，并防止电源线绝缘损坏。

⑳ 家用电器试用前应对照说明书，将所有开关、按钮都置于原始停机位置，然后按说明书要求的开停操作顺序操作。如果有运动部件如摇头风扇，应事先考虑足够的运动空间。

㉑ 家用电器通电后发现冒火花、冒烟或有烧焦味等异常情况时，应立即停机并切断电源，进行检查。

㉒ 移动家用电器时一定要切断电源，以防触电。

㉓ 发热电器周围必须远离易燃物料。电炉、取暖炉、电熨斗等发热电器不得直接置放在木板上，以免引起火灾。

㉔ 禁止用湿手接触带电开关；禁止用湿手拔、插电源插头。拔、插电源插头时手指不得接触触头的金属部分，也不能用湿手更换电气元器件（如灯泡）。

㉕ 对于经常手拿使用的家用电器（如电吹风、电烙铁等），切忌将电线缠绕在手上使用。

㉖ 对于接触人体的家用电器，如电热毯，使用前应通电试验检查，确无漏电后才可使用。

㉗ 使用家用电器时，先插上不带电侧的插头，最后才合上刀开关或插上带电侧插头；停用家用电器则相反，先拉开带电侧刀开关或拔出带电侧插头，然后才拔出不带电侧的插头（如果需要拔出的话）。

㉘ 家用电器除电冰箱这类电器外，都要随手关掉电源特别是电热类电器，以防止电器长时间发热造成火灾。

㉙ 严禁使用床开关，除电热毯外，不要把带电的电气设备引上床，靠近睡眠的人体。使用电热毯，如果没有必要整夜通电保暖，也建议发热后断电使用，以保安全。

㉚ 对室内配线和电气设备要定期进行绝缘检查，发现破损要及时用电工胶布包缠。

㉛ 在雨季前或长时间不用又重新使用的家用电器，用 500V 兆欧表（摇表）测量其绝缘电

项目一　安全用电与触电急救

阻，确保绝缘电阻阻值不低于 1MΩ，方可正常使用。如无兆欧表，应用验电笔经常检查电器有无漏电现象。

㉜ 对经常使用的家用电器，应保持其干燥和清洁，不要用汽油、酒精、肥皂水、去污粉等带腐蚀或导电的液体擦抹家用电器表面。

㉝ 家用电器损坏后要请专业人员或送修理店修理，严禁非专业人员在带电情况下打开家用电器外壳。

知识拓展

1. 照明开关必须接在相线上

如果将照明开关装设在零线上，虽然断开时灯不亮，但灯头的相线仍然是接通的，而人们以为灯不亮，就会错误地认为灯处于断电状态。而实际上灯的带电部位的对地电压仍是 220V 的危险电压，人们触摸时就会造成触电事故。所以各种照明开关或单相小容量用电设备的开关，只有串接在相线上，才能确保安全。

2. 单相三孔插座的正确安装

通常，单相用电设备中有金属外壳的用电器，都应使用三脚插头和与之配套的三孔插座。三孔插座上有专用的保护线（地线）插孔，在采用接零保护时，有人常常仅在插座底内将此孔接线桩头与引入插座内的中性线与零线直接相连，这是极为危险的。因为万一电源的中性线断开，或者电源的相线（火线）与中性线接反，其外壳等金属部分也将带上与电源相同的电压，将会导致触电。

因此，接线时专用接地插孔应与专用的保护接地线相连。采用接零保护时，接零线应从电源端专门引来，而不应就近利用引入插座的零线，插座中的正确接线如图 1-1-10 所示。

3. 常用的电工绝缘材料

常用的电工绝缘材料有：瓷、玻璃、云母、橡胶、胶木、塑料、木材、矿物油、布、纸等，如图 1-2-1 所示。绝缘材料在高温下或强电场下有可能丧失绝缘性能。其性能可以用绝缘电阻和耐压强度来表现。

图 1-2-1　电工绝缘材料

4. 严禁将塑料绝缘导线直接埋在墙内

塑料绝缘导线长时间使用后，塑料会老化龟裂，绝缘水平大大降低，当线路短时过载或短路时，更易加速绝缘的损坏；当墙体受潮时会引起大面积漏电，危及人身安全。此外，塑料绝缘导线直接暗埋，不利于线路检修和保养。

5. 正确使用漏电保护器

随着人们生活水平的提高，家用电器的不断增加，在用电过程中，由于电气设备本身的缺陷、使用不当和安全技术措施不利，容易造成触电和火灾事故，给人民的生命和财产带来不应有的损失。而漏电保护器的出现，能及时切断电源，为预防各类事故的发生提供了可靠而有效的技术保障。读者可在互联网上观看漏电保护的相关视频。

漏电保护器又称漏电保护开关，是一种新型的电气安全装置，其主要用途为：

① 防止由于电气设备和电气线路漏电引起的触电事故。

② 防止用电过程中的单相触电事故。

③ 及时切断电气设备运行中的单相接地故障，防止因漏电引起的电气火灾事故。

6. 漏电保护器在技术上的指标

① 触电保护的灵敏度要正确合理，一般动作电流应在 15～30mA 之间。

② 触电保护的动作时间一般情况下不应大于 0.1s。

③ 漏电保护器应装有必要的监视设备，以防运行状态改变时失去保护作用，如对电压型触电保护器，应装设中性线接地的装置。

7. 家用电路中不要同时使用太多的电器

家庭用电的电压是 220V，如果用电的功率越大，那么根据 $P=IU$，可知通过电路的电流就越大，读者可以计算一下自己家的用电情况，首先观察供电线路允许的最大电流，例如某家庭配电箱动力用电最大电流为 20A，照明用电最大电流为 16A。再观察家用电器的功率值，例如洗衣机 1500W、微波炉 1300W、电冰箱 145W、电暖器 1800W、热水器 1200W，虽然每个用电器功率值不算很大，但同时使用时，功率之和为

$$P_总 = （1500+1300+145+1800+1200）W=5945W$$

估算总电流 $I_总=P_总/U=5945/220A=27A>20A$，超过供电线路允许通过的最大电流，因此会发生危险，所以电路中同时使用的用电器不能太多。同样，一个电源插座也不宜同时接很多用电器，若通过插座的电流超过该插座允许的最大电流，这个插座也将烧坏；导线过载时同样会发生危险，图 1-2-2（a）所示为导线过载引起的失火。

8. 导线的截面的选择

导线截面的选择应根据电流大小及工作温度来考虑，表 1-2-1 列出了 500V 橡皮绝缘、塑料绝缘电线在常温下的安全载流量。

表 1-2-1　500V 橡皮绝缘、塑料绝缘电线在常温下的安全载流量

线芯横截面积 /mm^2	橡皮绝缘（BX）电线安全载流量/A		塑料绝缘（BV）电线安全载流量/A	
	铜芯	铝芯	铜芯	铝芯
0.75	18	—	16	—
1.0	21	—	19	—
1.5	27	19	24	18
2.5	33	27	32	25
4	45	35	42	32
6	58	45	55	42
10	85	65	75	59
16	110	85	105	80

载流量是指在不超过电线最高工作温度的条件下，允许长期通过的最大电流值。允许载流量又称安全电流。图 1-2-2（b）所示为导线的实物图。

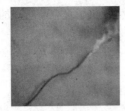

（a）导线过载引起的失火　　　　　　　（b）导线实物图

图 1-2-2　导线

目前，普通家庭选用塑料绝缘电线的线芯横截面至少应为 2.5mm^2，功率较大的电器（如空调）可选用 4mm^2，而进户线则要根据总电流计算。例如，某居民楼一层电器主要有白炽灯、荧光灯、电风扇及电加热器等，设根据容量、功率因数、电压供电等计算出的总电流为 61A，查表 1-2-1 知，10mm^2 的铜芯塑料绝缘电线安全载流量为 75A，若供电线路较长，考虑照明线路允许电压损失 5%，故实际选用的导线截面应比 10mm^2 大一点。

表 1-2-2 列出了常用导线的型号及主要用途。

表 1-2-2　常用导线的型号及主要用途

类型	型号	名称	主要用途
橡皮绝缘电线	BLX（BX）	铝（铜）芯线	固定敷设用，用于交流电压为 250V 和 500V 的电路中
	BXR	铜芯软线	连接电气设备的移动部分用，用于交流电压为 500V 的电路中
	BXS	双芯线	供干燥场所敷设绝缘子上用，用于交流电压为 250V 的电路中
	BXH	铜芯花线	供干燥场所移动式用电气设备接线用，线芯间额定电压为 250V
	BLXG（BXG）	铝（铜）芯穿管线	供交流电压 500V 或直流电流 1000V 电路中配电和连接仪表用，适于管内敷设
塑料绝缘电线	BLV（BV）	铝（铜）芯线	交流电压 500V 以下，直流电压 1000V 以下，室内固定敷设用
	BLVV（BVV）	铝（铜）芯护套线	
	BVR	铜芯软线	交流电压 500V 以下，要求电线比较柔软的场所敷设用
	BLV-1（BV-1）	室外用铝（铜芯）线	交流电压 500V 以下，室外固定敷设用
	BLVV-1（BVV-1）	室外用铝（铜芯）护套线	
	RVB	平行软线	交流电压 250V 以下，室内连接小型电器，移动或半移动敷设时用
	RVS	双绞软线	

9. 家用保险丝的选配

家用的保险丝应根据用电容量的大小来选用。即选用的保险丝应是电表容量的 1.2～2 倍。选用的保险丝应符合规定，不能以小容量的保险丝多根并用代替大容量的保险丝，更不能用铜丝代替保险丝使用。

10. 防止电气火灾事故

首先，在安装电气设备的时候，必须满足安全防火的各项要求。要使用合格的电气设备，例如，破损的开关、灯头和破损的电线都不能使用；电线的接头要按规定连接方法牢靠连接，并用绝缘胶带包好。对接线桩头、端子的接线要拧紧螺钉，防止因接线松动而造成接触不良。电工安装好设备后，如在使用过程中发现灯头、插座接线松动（特别是移动电器插头接线容易松动）、接触不良或过热现象，要找电工及时处理。其次，不要在低压线路的元器件，如开关、插座、熔断器附近放置油类、棉花、木屑等易燃物品。

电气火灾前，电线会因过热烧焦绝缘外皮，散发出一种刺鼻难闻的气味。所以，当闻到此气味时，应首先想到可能是电气线路故障引起的，如查不到其他原因，应立即拉闸停电，直到查明原因，妥善处理后，才能合闸送电。

11. 电气灭火常识

万一发生了火灾，不管是否是电气方面引起的，首先要想办法迅速切断火灾范围内的电源。因为，如果火灾是电气方面引起的，切断了电源，也就切断了起火的源头；如果火灾不是电气方面引起的，火也会烧坏电线的绝缘，若不切断电源，烧坏的电线会造成碰线短路，引起更大范围的电线着火，同时还应拨打 119 火警电话。

扑灭电气火灾时要用绝缘性能较好的气体灭火器、干粉灭火器或使用盖土、盖沙的方法，严禁用水或用泡沫灭火器灭火，因泡沫灭火剂是导电的。贵重电器失火，即使切断电源，也不能使用水剂灭火器。

表 1-2-3 列举了几种常用电气灭火器的主要性能及使用方法。

表 1-2-3　常用电气灭火器主要性能及使用方法

种　类	二氧化碳	四氯化碳	干粉	1211
规格	<2kg 2～3kg 5～7kg	<2kg 2～3kg 5～8kg	8kg 50kg	1kg 2kg 3kg
药剂	液态的二氧化碳	液态的四氯化碳	钾盐、钠盐	二氟一氯，一溴甲烷
导电性	无	无	无	无
灭火范围	电气、仪器、油类、酸类	电气设备	电气设备、石油、油漆、天然气	油类、电气设备、化工、化纤原料
不能扑救的物质	钾、钠、镁、铝等	钾、钠、镁、乙炔	旋转电动机火灾	——
效果	距着火点 3m	3kg 喷 30s,7m 内	8kg 喷 14～18s,4.5m 内，50kg 喷 50～55s,6～8m	1kg 喷 6～8s,2～3m
使用	一手将喷口对准火源，另一只手打开开关	扭动开关，喷出液体	握住出粉皮管，拔出保险，喷出干粉（必须选择上风、或者侧风方向）	拔下铅封或横锁，用力压下压把即可
保养和检修	置于方便、防潮、防晒处，勿摔碰			

灭火器的保管：灭火器在不使用时，应注意对其进行保管和定期检修，保证随时可正常使用。

① 灭火器应放置在取用方便之处，并注意保持干燥通风、防冻、防晒。

② 注意灭火器的使用期限。

③ 防止喷嘴堵塞。

④ 定期检查，保证完好。例如对于二氧化碳灭火器，应每月测量一次重量，当重量低于原来的 1/10 时，应充气；对于四氯化碳灭火器、干粉灭火器应检查压力，若压力少于规定压力时应及时充气。

技能训练

学生分组练习：

1. 模拟电气火灾现场。

2. 模拟拨打 119 火警电话报警。

3. 切断火灾现场电源。切断电源时，应按操作规程进行操作，必要时请电力部门切断电源。

4. 无法及时切断电源时，根据火灾特征，选用正确的消防器材。灭火器与带电体之间应保持必要的安全距离（即 10kV 以下的应不小于 1m，110～220kV 应不小于 2m）。

5. 发生火灾时，应防止充油电气设备受热后喷油，避免爆炸事故的连锁发生。

6. 用水枪灭火时，宜采用喷雾水枪。这种水枪通过水柱的泄漏电流较小，带电灭火较安全。用普通直流水枪带电灭火时，扑救人员应戴绝缘手套、穿绝缘靴、穿均压服，且将水枪喷嘴接地。

7. 讨论、分析火灾产生的原因，排除事故隐患。

8. 清理现场。

9. 将所用的设备和器材填入项目一任务完成情况考核表 1-6 中。

任务 3　认识常用工具和仪表

任务导入

万用表、验电器等是维修电工必备的电工工具，本任务将介绍常用的电工工具和仪表的使用方法。

学习目标

- 认识电工常用工具和仪表。
- 会选用常用的电工仪表。
- 掌握万用表的使用方法。

任务情境

本任务的教学建议在电工实验室进行，实验室应配有常用电工工具及仪表。教师现场示范操作和讲解。

相关知识

1. 常用工具的使用

（1）验电器

验电器是检验导线和电气设备是否带电的一种检测工具。

一般使用的是低压验电器，又称验电笔、试电笔，它是用来检验对地电压在 250V 及以下的低压电器，也是家庭中常用的电工安全工具。验电笔有发光式和数显式两种，如图 1-3-1（a）所示。

发光式验电笔由氖泡、电阻、弹簧、笔身和笔尖等组成。使用时，以手指接触笔尾的金属体，使氖管小窗背光朝自己。当用验电笔测带电体时，电流经过带电体、验电笔、人体和大地形成回路。只要带电体与大地之间的电位差超过36V，电笔中的氖泡就发光。低于这个数值，就不发光，从而可判断低压电气设备是否带有电压。

数显式验电笔由显示器、电子元器件、笔身和笔尖等组成。使用时，以手指接触笔尾的金属体，使显示窗口背光朝自己。当用验电笔测量导电体时，显示器能显示出导电体的电压等级。

使用验电器时应注意：

① 在使用前，首先应检查验电笔的完好性，如氖泡是否损坏，然后在有电的地方验证一下，只有确认验电笔完好后，才可进行验电；

② 在使用时，一定要手握笔帽端金属挂钩或笔尾金属部分，笔尖金属探头接触带电设备，湿手不要去验电，不要用手接触笔尖金属探头；

③ 验电笔除了用来检查低压电气设备和线路外，它还可区分相线与中性线，交流电与直流电以及电压的高低。通常被接触的导线使氖泡发光为相线，不亮者为中性线；对于交流电通过氖泡时，氖泡两极均发光，直流电通过的，仅有一个电极附近发亮；当用来判断电压高低时，氖泡暗红轻微亮时为电压低；氖泡发黄红色，亮度强时为电压高；

④ 验电笔触碰到电机和变压器等电气设备外壳时，若氖管发光，则表明该设备相线有碰壳现象。

⑤ 用验电笔触及正常供电的星形接法的三相三线制交流电时，若有两根使氖泡比较亮，而另一根的亮度较暗，则说明亮度较暗的相线与地有短路现象，但不太严重。若两根相线很亮，而另一根不亮，则说明这一根相线与地肯定短路。

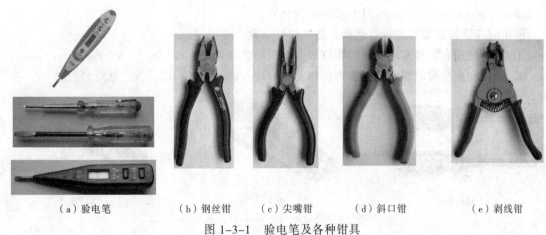

（a）验电笔　　　（b）钢丝钳　　（c）尖嘴钳　　（d）斜口钳　　　（e）剥线钳

图 1-3-1　验电笔及各种钳具

（2）钢丝钳

常用的钢丝钳的规格有150mm、175mm和200mm三种。它主要有钳头和钳柄两部分组成，钳头由钳口、齿口、刀口和铡口四部分组成。钢丝钳外形如图 1-3-1（b）所示。钢丝钳的用途很多，钳口用来弯绞和钳夹导线线头；齿口用来紧固或起松螺母；刀口用来剪切或剖削软导线绝缘层；铡口用来铡切电线线芯、钢丝等较硬金属丝。使用钢丝钳的注意事项如下：

① 使用前，必须检查绝缘柄的绝缘是否良好；

② 剪切带电导线时，不得用刀口同时剪切不同相的相线（如相线和中线），以免发生短路事故。

（3）尖嘴钳

尖嘴钳适用在狭小的工作空间操作。尖嘴钳有铁柄和绝缘柄两种，绝缘柄的耐压为 500V。尖嘴钳能夹持较小螺钉、垫圈和导线等元件。在装接控制线路时，尖嘴钳能将单股导线弯成所需的各种形状。尖嘴钳外形如图 1-3-1（c）所示。

（4）斜口钳

斜口钳又称断线钳，断线钳钳柄的绝缘套管耐压为 1000V，用于剪断较粗的导线和其他金属线，还可以直接剪断低压带电导线。斜口钳的外形如图 1-3-1（d）所示。

（5）剥线钳

剥线钳用于剥削小线径导线绝缘层，绝缘柄耐压为 500V，其外形如图 1-3-1（e）所示。它由钳头和手柄两部分组成。钳头由压线口和切口组成。分有直径为 0.5～3mm 的多个切口，以适应不同规格的芯线的剥削。剥削时，把导线放入相应的刃口中（比导线直径稍大，否则会切断芯线），用手将钳柄紧握，导线的绝缘层被割破，且自动弹出。

（6）螺钉旋具

螺钉旋具又称螺丝刀，俗称起子、改锥，用于紧固或旋松螺钉。根据头部形状，螺钉旋具有一字形和十字形两种，如图 1-3-2（a）所示。

一字形螺钉旋具用来紧固或旋松一字槽的螺钉。它的规格以柄部以外的刀体长度表示，有 50mm、100mm、150mm 和 200mm 等几种。必备的规格为 50mm 和 150mm 两种；

十字形螺钉旋具专供紧固或旋松十字槽螺钉。它的规格以柄部以外的刀体长度表示，与一字形相同。还按其头部规格不同分为 I号、II号、III号、IV号四种，分别适用于螺钉直径为 2～2.5mm、3～5mm、6～8mm、10～12mm 的螺钉。

使用时应该按照螺钉的规格选择合适的螺钉旋具，还应注意：

① 不可使用金属杆直通柄顶的螺钉旋具，以防造成触电事故；

② 紧固和旋松带电螺钉时，手不得触及螺钉旋具的金属杆，以免发生触电事故。

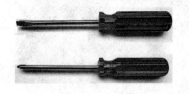

（a）螺钉旋具　　　　　　　　　（b）电工刀　　　　　　　　　（c）电烙铁

图 1-3-2　螺钉旋具、电工刀、电烙铁

（7）电工刀

电工刀是一种切削工具，外形如图 1-3-2（b）所示，主要用于剥削导线绝缘层等。有的多用电工刀还带有手锯和尖锥，用于电工材料的切割和扎孔。电工刀柄不带绝缘装置，所以不能带电操作。用电工刀剖削电线绝缘层时，可把刀略微翘起一些，用刀刃的圆角抵住线芯。切忌把刀刃垂直对着导线切割绝缘层，因为这样容易割伤电线线芯。导线接头之前应将导线上的绝缘剥除。常用的剥削方法有级段剥落和斜削法。电工刀的刀刃部分要磨得锋利才好剥削电线，但不可太锋利，太锋利容易削伤线芯；磨得太钝，则无法剥削绝缘层。使用完之后应随即把刀身折入刀柄。

（8）电烙铁

电烙铁是一种焊接工具，主要用于手工焊接电路板上的电子元器件，其外形如图1-3-2（c）所示。

当电烙铁通电后，电流经过电阻丝发热使烙铁头升温，加热的烙铁达到工作温度后，将固态焊锡丝加热熔化，再借助于助焊剂的作用，使其流入被焊金属之间，待冷却后形成牢固可靠的焊接点。

当焊料为锡铅合金、焊接面为金属铜时，焊料先对焊接表面产生润湿，伴随着润湿现象的发生，焊料逐渐向金属铜扩散，在焊料与金属铜的接触面形成附着层，使两者牢固的结合起来。所以焊锡是通过润湿、扩散和冶金结合这三个物理化学过程来完成的。

2. 万用表的使用

万用表是电工必备的仪表之一，它是一种多功能、多量程的便携式电工仪表，一般的万用表可以测量直流电流、交直流电压和电阻，有些万用表还可测量电容、功率、晶体管共射极直流放大系数 h_{FE} 等。每个电工都应该熟练掌握万用表的工作原理及使用方法，有关工作原理将在项目二中介绍，这里着重介绍其使用方法。万用表分数字式和指针式两种。

（1）指针式万用表

① 指针式结构。图1-3-3（a）所示为MF-47型指针式万用表实物外形。它主要由表头、面板、挡位转换开关、电路板等组成。

- 表头的特点。表头是万用表的测量显视装置；表头的准确度等级为1级（即表头自身的灵敏度误差为±1%），水平放置，整流式仪表，绝缘强度试验电压为5000V。表头中间下方的小旋钮为机械零位调节旋钮。

  表头共有七条刻度线，从上向下分别为电阻（黑色）、直流毫安（黑色）、交流电压（红色）、晶体管共射极直流放大系数 h_{EF}（绿色）、电容（红色）、电感（红色）、分贝（红色）等。

- 挡位开关。挡位开关用来选择被测电量的种类和量程；电路板将不同性质和不同大小的被测电量转换为表头所能接受的直流电流。挡位开关共有五挡，分别为交流电压、直流电压、直流电流、电阻及晶体管，共24个量程。转换开关拨到直流电流挡，可分别与五个接触点接通，用于测量500mA、50mA、5mA和500μA、50μA量程的直流电流。同样，当转换开关拨到欧姆挡，可分别测量×1Ω、×10Ω、×100Ω、×1kΩ、×10kΩ量程的电阻；当转换开关拨到直流电压挡，可分别测量0.25V、1V、2.5V、10V、50V、250V、500V、1000V量程的直流电压；当转换开关拨到交流电压挡，可分别测量10V、50V、250V、500V、1000V量程的交流电压。

- 插孔。MF47万用表共有四个插孔，左下角标有红色"+"为接红表笔的正极插孔；标有黑色"−"的为黑表笔插孔；右下角"2500V"为交直流2500V插孔；"5A"为直流5A插孔。

- 机械调零。旋动万用表面板上的机械零位调整螺钉，使指针对准刻度盘左端的"0"位置。

- 读数。读数时目光应与表面垂直，使表指针与反光铝膜中的指针重合，确保读数的精度。检测时先选用较高的量程，根据实际情况，调整量程，最后使读数在满刻度的2/3附近。

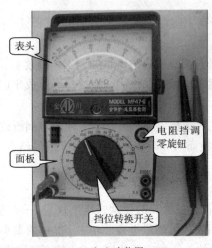

（a）实物图

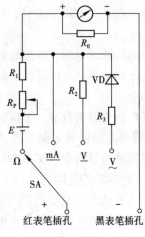

（b）工作原理

图 1-3-3　MF-47 型指针式万用表

② 工作原理。指针式万用表最基本的工作原理如图 1-3-3（b）所示。

测电压和电流时，外部有电流通入表头，因此万用表不须内接电池。

当挡位开关旋钮 SA 打到交流电压挡时，被测电量通过二极管 VD 整流，电阻 R_3 限流，由表头显示出来；

当打到直流电压挡时，被测电量不须二极管整流，仅须电阻 R_2 限流，表头即可显示测量结果；

当打到直流电流挡时，被测电量既不须二极管整流，也不须电阻 R_2 限流，表头即可显示测量结果；

测电阻时将转换开关拨到"Ω"挡，这时外部没有电流通入，因此必须使用内部电池作为电源，设外接的被测电阻为 R_x，红表笔与电池的负极相连，通过电池的正极与电位器 R_P 及固定电阻 R_1 相连，经过表头接到黑表笔与被测电阻 R_x 形成回路产生电流使表头显示测量结果。

回路中的电流为

$$I = \frac{E}{R_X + R} \tag{1-1}$$

式中：R 为表内总电阻。从上式可知：I 和被测电阻 R_x 不成线性关系，所以表盘上电阻标度尺的刻度是不均匀的。当电阻越小时，回路中的电流越大，指针的摆动越大，因此电阻挡的标度尺刻度为反向分度。

当万用表红、黑两表笔直接连接时，相当于外接电阻最小 $R_x=0$，那么

$$I = \frac{E}{R_X + R} = \frac{E}{R} \tag{1-2}$$

此时通过表头的电流最大，表头摆动最大，因此指针指向满刻度处，向右偏转最大，显示阻值为 0Ω。观察电阻挡的零位是在左边还是在右边，其余挡的零位与它一致吗？反之，当万用表红、黑两表笔开路时 $R_x \to \infty$，R 可以忽略不计，那么：

$$I = \frac{E}{R_X + R} \approx \frac{E}{R_X} \to 0 \tag{1-3}$$

此时通过表头的电流最小，因此指针指向 0 刻度处，显示阻值为 ∞。

③ 万用表的基本使用方法如下：

- 测量直流电压。把万用表两表笔插好，红表笔接"＋"，黑表笔接"－"，把挡位开关旋钮打到直流电压挡，并选择合适的量程。当被测电压数值范围不确定时，应先选用较高的量程，把万用表两表笔并接到被测电路上，红表笔接直流电压正极，黑表笔接直流电压负极，不能接反。根据测出电压值，再逐步选用低量程，最后使读数在满刻度的2/3附近。
- 测量交流电压。测量交流电压时将挡位开关旋钮打到交流电压挡，表笔不分正负极，读数方法与测量直流电压相似，所读数值为交流电压的有效值。
- 测量直流电流。把万用表两表笔插好，红表笔接"＋"，黑表笔接"－"，把挡位开关旋钮打到直流电流挡，并选择合适的量程。当被测电流数值范围不确定时，应先选用较高的量程。把被测电路断开，将万用表两表笔串接到被测电路上，注意直流电流从红表笔流入，黑表笔流出，不能接反。根据测出电流值，再逐步选用低量程，保证读数的精度。
- 测量电阻。插好表笔，打到电阻挡，并选择量程。短接两表笔，旋动电阻调零电位器旋钮，进行电阻挡调零，使指针打到电阻刻度右边的 0Ω 处，将被测电阻脱离电源，用两表笔接触电阻两端，将表头指针显示的读数乘以所选量程的倍率即为该电阻的阻值。如选用 $R×10Ω$ 挡测量，指针指示 50，则被测电阻的阻值为 $50×10Ω = 500Ω$。如果示值过大或过小要重新调整挡位，保证读数的精度。最好不使用刻度左边三分之一的部分，这部分刻度密集，读数误差大。
- 使用万用表的注意事项如下：
  - 测量时不能用手触摸表笔的金属部分，以保证安全和测量准确性。
  - 测量直流电量时注意被测量的极性，避免反偏打坏表头。
  - 不能带电调整挡位或量程，避免电刷的触点在切换过程中产生电弧烧坏线路板或电刷。
  - 测量完毕后应将挡位开关旋钮打到交流电压最高挡或空挡。
  - 不允许测量带电的电阻，否则会烧坏万用表。
  - 表内电池的正极与面板上标有"－"的插孔相连，负极与面板上标有"＋"的插孔相连，如果不用时误将两表笔短接会使电池很快放电并流出电解液，腐蚀万用表，因此不用时应将电池取出。
  - 在测量电解电容和晶体管等元器件的阻值时要注意极性。由图 1-3-3（b）可知，用电阻挡测量时，外电路中的电源已断开，此时红表笔接表内电池负极，黑表笔接正极。
  - 电阻挡每次换挡都要进行调零。
  - 一定不能用电阻挡测电压，否则会烧坏熔断器或损坏万用表。

（2）数字式万用表

数字万用表由于具有准确度高、测量范围宽、测量速度快、体积小、抗干扰能力强、使用方便等特点得到广泛应用。

现在的数字万用表除了具有测量交、直流电压，交、直流电流，电阻等五种功能外，还有数字计算，自检，读数保持，误差读出，二极管检测等功能。

图 1-3-4 所示为 VC9801A 型数字式万用表实物图。

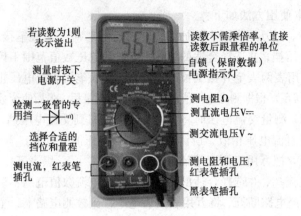

图 1-3-4　VC9801A 数字式万用表

① VC9801 A 数字式万用表面版功能介绍如下：

- 显示屏。可显示四位数字，最高位只能显示 "1" 或不显示数字。最大指示为 "1999" 或 "﹣1999"。当被测量超过最大指示值时，显示 "1" 或 "﹣1"。

- 电源开关。使用时按下电源开关按钮，置于 "ON" 位置；使用完毕再按下此按钮，则置于 "OFF" 位置。

- 转换开关。用以选择功能和量程。根据被测的电量（电压、电流、电阻等）选择相应的功能；按被测量程的大小选择合适的量程。

- 输入插孔。将黑色测试笔插入 "COM" 的插孔。红色测试笔有如下三种插法，测量电压和电阻时插入 "V•Ω" 插孔；测量小于 200mA 的电流时插入 "mA" 插孔；测量大于 200mA 的电流时插入 "10A" 插孔。

② 数字式与指针式万用表使用差异：

- 当被测电阻阻值大于量程时，读数为 "1"，表示溢出，此时应选择大量程电阻挡测量。

- 测量电阻时不需调零，读数时不需乘率。

- 数字万用表测直流电流或电压时，若极性反接，则液晶屏上显示负数值。

- 数字万用表有很多量程，且基本量程准确度高。很多数字万用表有自动量程功能，不用手动调节量程，使得测量方便、安全、迅速。很多数字万用表有过量程能力，但在测量中仍应使量程大于被测量，防止损坏数字万用表。

- 数字万用表响应时间越短越好，但有一些表的响应时间比较长，要等一段时间后读数才能稳定下来。

③ 万用表选用原则。相对来说在大电流、高电压的模拟电路测量中宜选用指针式万用表，比如测量电视机、音响功放电路等。在低电压、小电流的数字电路测量中宜选用数字式万用表，比如测量手机、收音机等。多数测量中，应根据具体情况选用万用表。

3. 电流、电压表的使用

（1）电流表

电流表用来测量流过电路电流的大小。电流表串接在电路中的某个支路内，就可以直接测出该支路中的电流。按内部结构的不同，电流表分为直流电流表和交直流两用电流表两种。

直流电流表只能用于测量直流电路，在串接直流电流表时，要注意电流表的极性，电流表上的"＋"端接电源正极，电流表上的"－"端接电源负极。

图 1-3-5（a）所示为使用直流电流表测量直流电流电路的接线图。电流表分别串联在 R_1、R_2、R_3、R_4 支路中，测得电流 I_1、I_2、I_3、I_4。

内有四条支路，因此有四个不同的电流。

如果用交直流两用电流表来测量电流，不管是直流电路，还是交流电路，只要将电流表串入电路中即可，没有极性的要求。使用电流表时，要特别注意它在电路中的连接方法：只能和负载串联，绝对不能和负载并联，否则电流表将被烧坏。

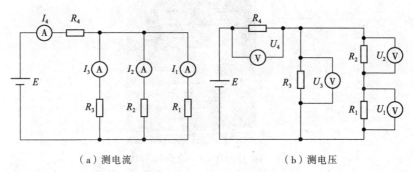

（a）测电流　　　　　　　　　　（b）测电压

图 1-3-5　测量电流、电压

（2）电压表

电压表用于测量电路中某两点之间的电压。测量时只能将电压表并联在被测的两点上。和电流表一样，电压表也分直流电压表和交直流两用电压表两种。用直流电压表测量直流电压时，也要注意电表的极性，"＋"、"－"端的连接要求和电流表的要求一样，图 1-3-5（b）所示为直流电压表测量直流电压的接线图。电压表并接在 R_1、R_2、R_3、R_4 两端，测得电压 U_1、U_2、U_3、U_4。

如果用交直流两用电压表测量直流电压或交流电压，电压表没有极性的要求，接线方法和直流电压表相同。电压表只能并联，如果接成串联，对仪表本身没有危险，但要影响负载的正常工作。

4. 绝缘电阻表的使用

电气设备正常运行条件之一就是各种电气设备的绝缘良好。而当受热和受潮时，绝缘材料便老化，其绝缘电阻降低。为了避免事故发生，要求用仪表判断电气设备绝缘性。由于绝缘电阻的数值一般较高（兆欧级），使用万用表测量值不能反映在高电压条件下工作的真正绝缘电阻值。

绝缘电阻表就是专门测量兆欧级电阻的仪表。它用兆欧（MΩ）作计量单位（1 MΩ=10^6 Ω），故又称兆欧表，图 1-3-6 所示为 ZC35 型绝缘电阻表。

（1）兆欧表的结构

兆欧表的类型很多，但其结构及原理基本相同，主要由测量机构和电源（一般为手摇发电机）两部分组成。

兆欧表中的电源部分产生的电压越高，其测量范围越广。兆欧表中的手摇直流发电机可以发出较高的电压，常用的电压规格有 500V、1000V、2500V 等。

（2）兆欧表的正确使用

① 兆欧表的选择。选择兆欧表要根据所测量的电气设备的电压等级来决定，测量额定电

压在 500V 及以下的电气设备,宜选用 500V 或 1000V 的兆欧表,而测量额定电压在 500V 以上的设备则应选用 1000~2500V 的表。一般应注意不要使选用的量程过多地超出所需测量的绝缘电阻值,以免测量误差过大。

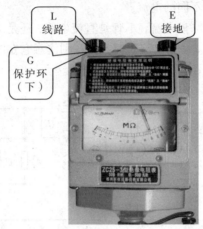

图 1-3-6 ZC25 型绝缘电阻表

② 测量前的准备。兆欧表在工作时,自身会产生高电压,而测量对象又是电气设备,所以必须正确使用,否则会造成人身安全或设备事故。使用前,首先要做好以下各种准备:

- 测量前必须将被测设备电源切断,并对地短路放电。
- 对可能感应出高电压的设备,必须消除这种可能性后,才能进行测量。
- 被测物表面要清洁,减少接触电阻,确保测量结果的正确性。
- 测量前要进行一次开路和短路试验,检查兆欧表是否良好,将兆欧表"线路(L)"和"接地(E)"两端钮开路,以 2r/s 速度摇动手柄,指针应指在"∞"处;再将两端钮短接,缓慢摇动手柄,指针应指在"0"处,这说明兆欧表是好的。
- 兆欧表使用时应放在平稳、牢固的地方,且远离磁场,以免影响测量的准确度。
- 摇测过程中不得用手触碰被测试设备,还要防止外人触碰。
- 禁止在雷电时或有其他感应电产生时测量绝缘电阻。

③ 兆欧表的使用方法如下:

- 接线方法。兆欧表分别标有接地(E)、线路(L)和保护环(G)三个端钮。测量电路绝缘电阻时,可将被测的两端分别接于 E 和 L 两个端钮上;测量电机或设备的绝缘电阻时,将电机绕组或设备导体接于 L 端钮上,机壳或设备外壳接于 E 端钮上(注意不能接反,否则误差很大);测量电缆的导电线芯与电缆外壳的绝缘电阻时,除将被测两端分别接于 E 和 L 两端钮外,还需将电缆壳芯之间的内层绝缘接于保护环端钮 G 上,以消除因表面漏电而引起的误差。
- 测量。以均匀速度摇动手柄,使转速尽量接近 120r/min(相当于 2r/s),由于被测设备有充电现象,因此要摇测 1min 后再读数。如果摇动手柄后指针指零值,则表示绝缘已损坏,不能再继续摇,否则将使表内线圈烧坏。
- 拆线。在兆欧表的手柄没有停止转动和被测试设备没有放电之前,不可用手去触碰被测设备的测量部分和进行拆除导线工作,以防触电。

1. 钳形电流表

在不断开电路而需要测量电流的场合，可使用钳形电流表。钳形电表又称卡表。钳形电流表分数字式和指针式两种，其外形如图1-3-7（a）、（b）所示。

（1）钳形电流表的结构及原理

钳形电流表实质上是由一只电流互感器、钳形扳手和一只整流系仪表所组成，被测载流导线相当于电流互感器的一次绕组，在铁心上是电流互感器的二次绕组，二次绕组与整流系仪表接通。根据电流互感器一次、二次绕组间的变化关系，可知整流系仪表的指示值就是被测量的数值。

（2）钳形电流表的使用方法

① 指针式钳形电流表测量前要机械调零。

② 选择合适的量程，先选大量程，后选小量程或看铭牌值估算。

③ 当使用最小量程测量，其读数还不明显时，可将被测导线绕几匝，匝数要以钳口中央的匝数为准，则测量值为

$$读数 = \frac{指示值 \times 量程}{满偏数值 \times 匝数}$$

④ 测量时，应使被测导线处在钳口的中央，并使钳口闭合紧密，以减少误差。

⑤ 测量完毕，要将转换开关放在最大量程处。

（3）钳形电流表使用时的注意事项

① 每次测量只能钳入一根导线，如图1-3-8（a）所示；图（b）为不正确的测量方法。

② 被测线路的电压要低于钳型电流表的额定电压。

③ 测高压线路的电流时，要戴绝缘手套，穿绝缘鞋，站在绝缘垫上。

④ 钳口要闭合紧密，不能带电换量程。

  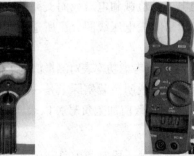 

（a）数字式	（b）指针式	（a）正确	（b）不正确

图1-3-7 钳形电流表 　　　　图1-3-8 测量电流

2. 功率表

功率表又称瓦特表，用以测量有功功率，也可测量三相交流电路的无功功率。

（1）功率表的构造

功率表大多为电动式仪表，内部有两个线圈，如图1-3-9所示。一是固定线圈（电流线圈），

电流线圈的匝数较少，导线较粗，允许通过大电流，它被串联在被测电路之中；二是可动线圈（电压线圈），电压线圈的导线线径较细、匝数较多，与附加分压电阻串联后并联在负载两端。测量时，在功率表的标盘上可以直接指示出被测有功功率的大小。

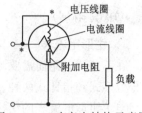

图 1-3-9　功率表结构示意图

（2）使用功率表的注意事项

① 正确选择量程。即正确选择电流量程和电压量程，而不能只从功率角度考虑，例如，有两只功率表，量程分别为 300V、5A 和 150V、10A，显然，它们的功率量程都是 1500W。如果要测量一个电压为 220V、电流为 4.5A 的负载功率，则应选用 300V、5A 的功率表。一般在测量功率前，应先测出负载的电压和电流，这样在选择功率表时才可做到心中有数。

② 正确接线。功率表中的电压、电流线圈共有四个端子，各有一个端子标有"*"标记，称为电源端。在接线时，这两个标有"*"标记的电源端必须接在电源的同一端。

- 当负载电阻远大于功率表电流线圈电阻时，按图 1-3-10（a）接线，即电压线圈前接法。此时，电压线圈所测的电压是负载和电流线圈的电压之和，因为负载电阻远大于功率表电流线圈电阻，所以可略去电流线圈分压所造成的功率损耗的影响，其测量值比较接近负载的实际功率值。

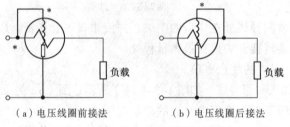

（a）电压线圈前接法　　　　　（b）电压线圈后接法

图 1-3-10　电功率测量接线图

- 当负载电阻远小于功率表电压线圈电阻时，按图 1-3-10（b）接线，即电压线圈后接法。此时，电流线圈所测的电流是负载和电压线圈支路的电流之和，因为负载电阻远小于功率表电压线圈电阻，所以可略去电压线圈分流所造成的功率损耗的影响，其测量值比较接近负载的实际功率值。

- 如果被测功率本身较大，不需要考虑功率表对测量值的影响时，则两种接线方法可以任选。

- 如果接线正确而指针反偏，则说明负载实际上是一个电源。这时可以通过对换电流端钮上的接线使指针正偏，但在读数前加上负号，以表明负载支路是发出功率的。

3. 电能表

电能表又称电度表，是用来测量某一段时间内负载消耗电能的仪表。它是根据电磁感应的原理制成的，是一种感应式仪表。

交流电能表是根据交变磁场在金属中产生感应电流，从而产生转矩的基本原理而设计的仪表，它的指示器能随着电能的不断增大（也就是随着时间的延续）而连续地转动，从而能随时反应出电能积累的总数值。因此，它的指示器是一个"积算机构"，是将转动部分通过齿轮传动机构转换为被测电能的数值，由数字及刻度直接指示出来。

电能表有单相电能表和三相电能表两种，其中又分机械式（见图 1-3-11（a））和电子式

（见图1-3-11（b））两种，由于电子式电能表计量精确度、可靠度、防震度和制造价格等都比机械式电能表优胜，所以机械式电能表逐渐被电子式电能表替代。三相电能表又有三相三线制和三相四线制电能表两种。按接线方式不同，又各分为直接式和间接式两种，直接式电能表一般用于电流较小的电路上，间接式电能表与电流互感器连接后，用于电流较大的电路上。

（a）机械式电能表　　　　（b）电子式电能表　　　　（c）单相电能表接线

图1-3-11　电能表及接线

① 单相电能表共有四个接线桩头，从左到右编号为1、2、3、4。接线方法一般按号码1、3接电源进线，2、4接出线，如图1-3-11（c）所示。

② 电能表总线必须采用铜芯塑料硬线，其横截面积不得小于1.5mm²，中间不准有接头。

③ 电能表总线必须明线敷设，采用线管安装时，线管也必须明装。

④ 电能表安装必须垂直于地面。

技能训练

学生分组进行训练：

1. 万用表的测量演练

（1）测固定电阻的阻值

用万用表测量实验室电路板上的固定电阻，并记入项目一任务完成考核表1-1。

（2）测电容器的电阻值

用万用表测量实验室电路板上的电容器的绝缘电阻（每次测量前先将电容用导线短接放电一次），至稳态时将测量结果记入项目一任务完成考核表1-2。观察以下现象：

① 测量过程中指针并非立即到位，动态变化的快慢与 R 或 C 值有关；

② 至稳态时测量电容器的电阻值很大（趋于∞）。

（3）测电感线圈的电阻值

用万用表测量实验室电路板上的镇流器及变压器一、二次绕组的电阻，并记入项目一任务完成考核表1-3。和电容器稳态电阻值比较，电感的电阻几乎为零。

（4）测二极管的电阻值

用万用表测量实验室电路板上的二极管的正、反向电阻，并记入项目一任务完成考核表1-4。观察二极管正、反向电阻值的差别（普通电阻没有正、反向之分）；观察用不同电阻挡测量的二极管正向电阻值的差别（测量普通电阻却基本一致）。

（5）测直流电压

用万用表测量实验室电路板上的直流电压源。

（6）测量电压

用万用表测量实验室电路板上的交流电压源，任意两相电压和一根相线（火线）与一根中性线（零线）之间的电压。

2. 兆欧表的测量演练

① 选择合适的兆欧表。根据三相异步电动机的电压需要选用 500V 的兆欧表；

② 检查兆欧表是否完好。测量前应先将兆欧表进行一次开路和短路试验。将两连接线开路，摇动手柄，指针应指在"∞"处，再将两连接线短接一下，指针应在"0"处，符合上述条件者即良好，否则兆欧表不能使用；

③ 拆开异步电动机的接线盒，并拆去接线端子；

④ 检查引出线的标记是否正确，转子转动是否灵活，轴伸端径向有无偏摆的情况；

⑤ 将兆欧表 L 端接三相异步电动机的其中一相的线芯，另一端 E 接其绝缘层，然后按顺时针方向转动手柄，摇动的速度由慢而快，当转速为 120r/min 左右时，保持匀速转动 1min 后读数，并且要边摇边读数，不能停下来读数。读数记入项目一任务完成考核表 1-5；

⑥ 拆线放电；

⑦ 安装好三相异步电动机接线盒，收拾好工具和仪表。

小　结

本项目通过观看与触电与急救、安全用电等有关的视频教学片及任务 1 和任务 2 的学习，使读者牢固建立安全用电意识，知道安全操作规程，遇到触电事故发生时会进行正确急救；通过任务 3 的学习，使读者对维修电工常用的工具和仪表具有较全面的了解和认识。

1. 常见的触电种类有：人体直接接触带电体，人体接触发生故障的电气设备，电弧电压、跨步电压触电等。

2. 决定触电者所受伤害程度的主要因素为通过人体电流的大小、电流通过人体的途径、持续时间、还有电流频率等。50Hz 的工频电流较直流电和高频电危险性更大。当流过人体心脏的电流超过 50mA 时，就会有致命危险。30mA 及以下电流为安全电流。

3. 安全电压的最高限值为 50V，通常把 36V 以下的电压定为安全电压。

4. 发生触电事故时，在保证救护者本身安全的同时，必须首先设法使触电者迅速脱离电源。如果病人处于"假死"状态，应立即对其施行人工呼吸、心脏挤压法或者两种方法同时进行抢救，并迅速拨打 120 急救电话。

5. 牢记触电急救时应采取的"迅速、就地、正确、坚持"的八字方针（一般瞳孔放大至 8～10mm 才为真死）。

6. 保护接地和保护接零均为安全用电所采取的保护措施。保护接地是把电气设备的金属外壳部分与大地连接起来；保护接零是通过保护线与大地相连。保护接地能利用接地装置的分流作用来减少通过人体的电流，且不影响供电运行。这种方式用于电源中性点不接地的中压系统（一般为 6～35kV）；保护接零适用于变压器的中性点直接接地的低压供电线路中（1kV 以下）。

7. 发生电气火灾时应迅速切断电源并报火警电话 119；扑灭电气火灾时要用绝缘性能较好的气体灭火器、干粉灭火器或使用盖土、盖沙的方法，严禁带电用水或用泡沫灭火器灭火。

8. 电工常用的工具有验电器、螺钉旋具、钢丝钳、尖嘴钳、断线钳、剥线钳、电工刀、电烙铁等，常用的仪表是万用表、兆欧表、功率表。

项目二

⚡ 直流电路安装与调试

**任务导入**

万用表的内部电路是典型的直流电路，本任务通过完成万用表的制作来认识电路元器件，为后续电路理论的学习建立起感性认识和学习兴趣。

**学习目标**

- 认识并会检测万用表电路中的电气元件。
- 能说出色环电阻阻值、二极管及电解电容的极性。
- 会正确使用电烙铁。
- 会组装调试万用表。

任务情境

本任务建议在实训室进行，实训台配有电烙铁、螺钉旋具、镊子、助焊剂、万用表以及待组装的 MF47 型万用表套件。教学方式宜讲练结合。

相关知识

1. MF47 型万用表结构

MF47 型万用表具有 26 个基本量程和电平、电容、电感、晶体管直流参数等七个附加参考量程，是一种量限多、分挡细、灵敏度高、体形轻巧、性能稳定、过载保护可靠、读数清晰、使用方便的指针式万用表。它由机械部分、显示部分、电气部分三大部分组成。机械部分由外壳、挡位开关旋钮及电刷等部分组成；显示部分是表头；电气部分由测量线路板、电位器、电阻、二极管、电容等部分组成，如图 2-1-1 所示。

2. 测量线路板

图 2-1-2 所示为 MF47 型万用表的测量线路板印刷电路，它分为五个组成部分：公共显示部分；直流电流部分（DC mA 挡）；直流电压部分（DC V 挡）；交流电压部分（AC V 挡）和电阻部分（Ω 挡）。

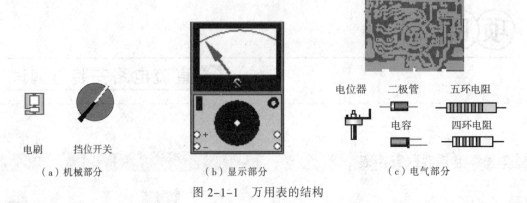

（a）机械部分　电刷　挡位开关　　（b）显示部分　　　　（c）电气部分

图 2-1-1　万用表的结构

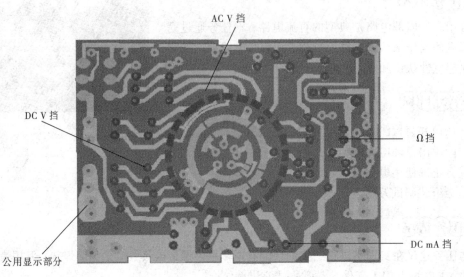

图 2-1-2　万用表的五个组成部分

3. 认识色环电阻

电阻的阻值有直标法和色标法两种。直标法用于体积较大的电阻；色标法用色环表示阻值，当元器件体积很小时，一般采用色标；色标电阻分为四环、五环两种（五环电阻的精度较高），图 2-1-3 所示色环中有一条色环与别的色环间距较大，且色环较粗，读数时应将其放在右边。

（a）四环电阻　　　　　　　　　　（b）五环电阻

图 2-1-3　色环电阻

每条色环表示的意义，如表 2-1-1 所列。左边（近端侧）前几环表示有效数字，倒数第二环表示倍率（也可理解为在前面的有效数字后添加 0 的个数），最后一环也就是右边（远端侧）的较粗的色环，表示误差，如图 2-1-3（a）、（b）所示。

表 2-1-1 色标法中颜色代表的数值及意义

颜色	Color	前几环（有效数字）	倒数第二环（倍率）	末环（误差）
黑	Black	0	$10^0=1$	
棕	Brown	1	$10^1=10$	±1%
红	Red	2	$10^2=100$	±2%
橙	Orange	3	$10^3=1000$	
黄	Yellow	4	$10^4=10000$	
绿	Green	5	$10^5=100000$	±0.5%
蓝	Blue	6		±0.25%
紫	Purple	7		±0.1%
灰	Grey	8		
白	White	9		
金	Gold		$10^{-1}=0.1$	±5%
银	Silver		$10^{-2}=0.01$	±10%

例如某四环电阻，自左向右的色环为棕、黑、红、金，则阻值为 $10×10^2=1k\Omega$，其误差为±5%。再如某五环电阻，自左向右的色环为棕、黑、黑、银、棕，则阻值为 $100×10^{-2}\Omega = 1\Omega$，其误差为±1%。

知识拓展

1. 二极管的检测

二极管具有单向导电性，即在两极之间加正向电压时，二极管电阻值很小，而加反向电压时，二极管电阻值很大。如果正向或反向电阻均较小或均为无穷大，则表明二极管损坏不能使用。

二极管的电极可用万用表判断。方法是：将红表笔插在"+"，黑表笔插在"-"，将二极管搭接在表笔两端，如图 2-1-4 所示，观察万用表指针的偏转情况，如果指针偏向右边，显示阻值很小，表示二极管与黑表笔连接的为正极，与红表笔连接的为负极；反之，如果显示阻值很大，那么与红表笔搭接的是二极管的正极。与实物相对照，黑色的一头为正极，白色的一头为负极。

用万用表判断二极管极性的原理如图 2-1-5 所示。由于电阻挡中的电池负极与红表笔相连，这时黑表笔相当于电池的正极，因此当二极管正极与黑表笔连通，负极与红表笔连通时，二极管两端被加上了正向电压，二极管导通，显示阻值很小。

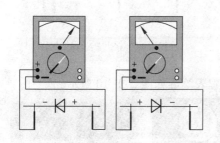

图 2-1-4 用万用表测二极管的极性

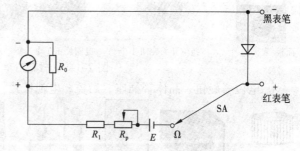

图 2-1-5 用万用表判断二极管极性的原理

2. 电解电容极性的判断

电解电容侧面标识"-"的是负极，如果电解电容上没有标明正负极，也可以根据它引脚的长短来判断，长脚为正极，短脚为负极，如图 2-1-6 所示。如果已经把引脚剪短，并且电容上没有标明正负极，那么可以用万用表来判断，判断的方法是正接时漏电流小（阻值大），反接时漏电流大，阻值小。

图 2-1-6　电解电容的极性判断

技能训练

安装万用表

1. 制订安装计划

将制订的安装计划填入项目二任务完成考核表 2-4 中。

2. 清点材料

将材料名称、规格、数量等填入项目二任务完成考核表 2-5 中。

按材料清单一一对应，记清每个元器件的名称与外形；打开时请小心，不要将塑料袋撕破，以免材料丢失；清点材料时请将表箱后盖当容器，将所有的东西都放在里面；清点完后请将材料放回塑料袋备用；暂时不用的请放在塑料袋里；弹簧和钢珠一定不要丢失。

① 电阻实物图如图 2-1-7 所示，在本组装件中有色环电阻、压敏电阻和可调电阻。轻轻拧动电位器的黑色旋钮，可以调节电位器的阻值；用十字螺钉旋具轻轻拧动可调电阻的橙色旋钮，也可调节可调电阻的阻值。

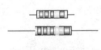

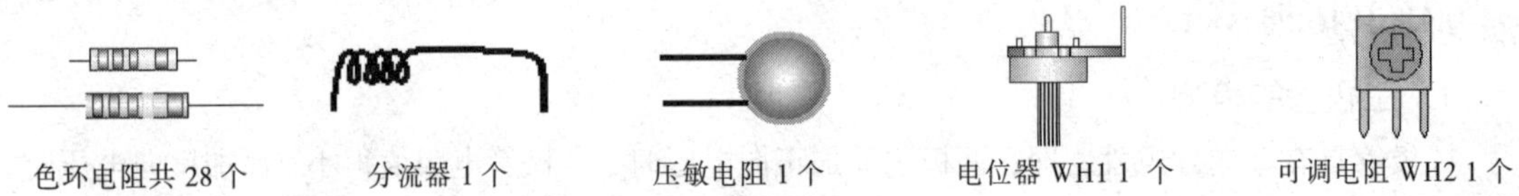

色环电阻共 28 个　　分流器 1 个　　　压敏电阻 1 个　　电位器 WH1 1 个　　可调电阻 WH2 1 个

图 2-1-7　材料清单（一）

② 二极管、电容、熔断丝管等如图 2-1-8 所示。

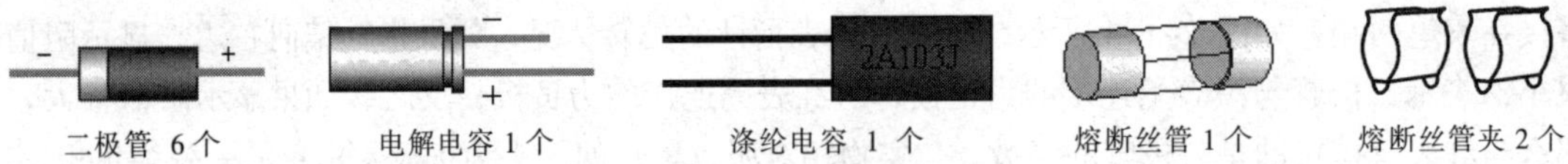

二极管 6 个　　　电解电容 1 个　　　涤纶电容 1 个　　　熔断丝管 1 个　　　熔断丝管夹 2 个

图 2-1-8　材料清单（二）

③ 面板+表头、挡位开关、电刷旋钮、提把及铆钉等如图 2-1-9 示。

面板+表头 1 个　　挡位开关旋钮 1 个　　电刷旋钮 1 个（正、反面）　　提把 1 个　　提把铆钉 1 只

图 2-1-9　材料清单（三）

④ 电位器旋钮、晶体管插座、后盖、电池极片、铭牌表笔等如图 2-1-10 所示。

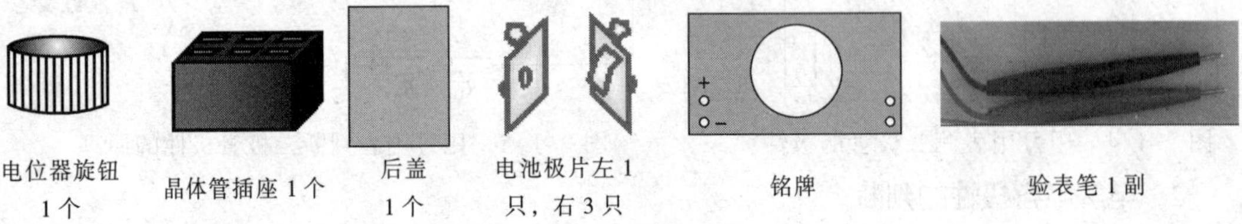

电位器旋钮 1 个　　晶体管插座 1 个　　后盖 1 个　　电池极片左 1 只，右 3 只　　铭牌　　验表笔 1 副

图 2-1-10　材料清单（四）

⑤ 螺钉、弹簧、钢珠、提把橡胶垫圈、V形电刷、晶体管插片、输入插管等如图2-1-11所示。

M3×6 2个　　弹簧1个　　钢珠1个　　提把橡胶垫圈2只　　V形电刷1个　　晶体管插片6片　　输入插管4只

图 2-1-11　材料清单（五）

3. 元器件的检测与识别

每个元器件在焊接前都要用万用表检测其参数是否在规定的范围内。二极管、电解电容要检查它们的极性，电阻要测量阻值。

4. 焊接前的准备工作

（1）清除元器件表面的氧化层

元器件经过长期存放，会在表面形成氧化层，不但使元器件难以焊接，而且影响焊接质量，因此当元器件表面存在氧化层时，应首先清除元器件表面的氧化层。注意用力不能过猛，以免使元器件引脚受伤或折断。清除元器件表面的氧化层的方法是：左手捏住电阻或其他元器件的本体，右手用锯条轻刮元器件引脚的表面，左手慢慢地转动，直到表面氧化层全部去除，也可以用纱皮纸打磨。

（2）元器件引脚的弯制成形

左手用镊子紧靠电阻的本体，夹紧元器件的引脚，使引脚的弯折处距离元器件的本体有2mm以上的间隙。左手夹紧镊子，右手食指将引脚弯成直角，如图2-1-12（a）所示。注意弯折的角度不能大于直角，否则引脚易折断；如果孔距较小，元器件较大，应将引脚往回弯折成形如图2-1-12（b）所示；元器件可以水平安装，如图2-1-12（c）所示；当孔距很小时可垂直安装，如图2-1-12（d）所示；为了将二极管的引脚弯成美观的圆形，可用起子辅助弯制。将起子紧靠二极管引脚的根部，十字交叉，左手捏紧交叉点，右手食指将引脚向下弯，直到两引脚平行。

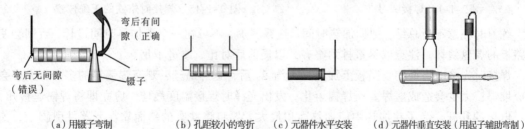

（a）用镊子弯制　　　（b）孔距较小的弯折　　（c）元器件水平安装　　（d）元器件垂直安装（用起子辅助弯制）

图 2-1-12　元器件引脚的弯制与安装方式

元器件做好后应按规格型号的标注方法进行读数。将胶带轻轻贴在纸上，把元器件插入，贴牢，写上元器件规格型号值，然后将胶带贴紧备用，如图2-1-13所示。注意：不要把元器件引脚剪太短，引脚修剪后的长度约8mm。

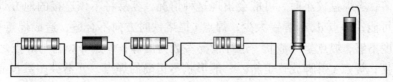

图 2-1-13　对规格型号进行标注

（3）焊接练习

焊接前一定要注意，烙铁的插头必须插在右手的插座上，不能插在靠左手的插座上；如果是左撇子就插在左手。烙铁通电前应将烙铁的电线拉直并检查电线的绝缘层是否有损坏，不能使电线缠在手上。通电后应将电烙铁插在烙铁架中，并检查烙铁头是否会碰到电线或其他易燃物品。

烙铁加热过程中及加热后都不能用手触摸烙铁的发热金属部分，以免烫伤或触电。

烙铁架上的海绵事先加水。

① 烙铁头的保护。为了便于使用，烙铁在每次使用后都要进行维修，将烙铁头上的黑色氧化层锉去，露出铜的本色，在烙铁加热的过程中要注意观察烙铁头表面的颜色变化，随着颜色的变深，烙铁的温度渐渐升高，这时要及时把焊锡丝点到烙铁头上，焊锡丝在一定温度时熔化，将烙铁头镀锡，保护烙铁头，镀锡后的烙铁头为白色。

② 烙铁头上多余锡的处理。如果烙铁头上挂有很多的锡，不易焊接，可在烙铁架中带水的海绵或者在烙铁架的钢丝上抹去多余的锡。不可在工作台或者其他地方抹去。

③ 在练习板上焊接。焊接练习板是一块焊盘排列整齐的线路板，学生将一根七股多芯电线的线芯剥出，把一股从焊接练习板的小孔中插入，练习板放在焊接木架上，从右上角开始，排列整齐，进行焊接，如图 2-1-14 所示。

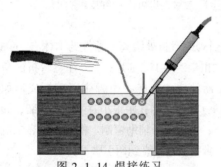

图 2-1-14 焊接练习

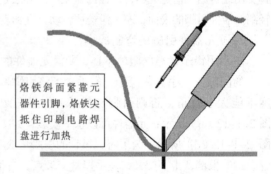

烙铁斜面紧靠元器件引脚，烙铁尖抵住印刷电路焊盘进行加热

图 2-1-15 焊接时烙铁的正确位置

练习时注意不断总结，把握加热时间、送锡多少，不可在一个点加热时间过长，否则会使线路板的焊盘烫坏。注意应尽量排列整齐，以便前后对比，改进不足。

焊接时先将电烙铁在线路板上加热，大约 2s 后，送焊锡丝，观察焊锡量的多少，太多会造成堆焊；太少会造成虚焊。当焊锡熔化，发出光泽时焊接温度最佳，应立即将焊锡丝移开，再将电烙铁移开。为了在加热中使加热面积最大，要将烙铁头的斜面靠在元器件引脚上，如图 2-1-15 所示，烙铁头的顶尖抵在线路板的焊盘上。焊点高度一般在 2mm 左右，直径应与焊盘相一致，引脚应高出焊点约 0.5 mm。

④ 焊点的正确形状。焊点的正确形状如图 2-1-16（a）、（b）所示。焊点 a 一般焊接比较牢固，焊点 b 为理想状态，一般不易焊出这样的形状，俯视焊点 a、b，形状圆整，有光泽。焊点 c 焊锡较多，当焊盘较小时，可能会出现这种情况，容易将不该连接的地方焊成短路，且往往有虚焊的可能；焊点 d、e 焊锡太少；焊点 f 提烙铁时方向不合适，造成焊点形状不规则；焊点 g 烙铁温度不够，焊点呈碎渣状，这种情况多数为虚焊；焊点 h 焊盘与焊点之间有缝隙为虚焊或接触不良；焊点 i 引脚放置歪斜。一般形状不正确的焊点，元器件多数没有焊接牢固，一般为虚焊点，应重焊。焊接时一定要注意尽量把焊点焊得美观牢固。

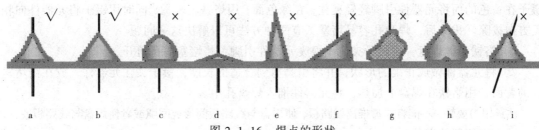

图 2-1-16　焊点的形状

⑥ 元器件的插放。将弯制成型的元器件对照图纸插放到线路板上。

电阻插放时要求读数方向排列整齐，横排的必须从左向右读（色环电阻误差环应在右），竖排的从下向上读（色环电阻误差环应在上），保证读数一致。

注意：一定不能插错位置；二极管、电解电容要注意极性，并用万用表校验。

5. 电气部分的安装

在焊接练习板上练习合格，对照图样插放元器件，用万用表校验，检查每个元器件插放是否正确、整齐，二极管、电解电容极性是否正确，电阻读数的方向是否一致，全部合格后方可进行元器件的焊接。

（1）元器件的焊接

焊接完后的元器件，要求排列整齐，高度一致，如图 2-1-17 所示。为了保证焊接的整齐美观，焊接时应将线路板架在焊接木架上焊接，两边架空的高度要一致，元器件插好后，要调整位置，使它与桌面相接触，保证每个元器件焊接高度一致。焊接电阻时，不能紧贴线路板焊接，以免影响电阻的散热。

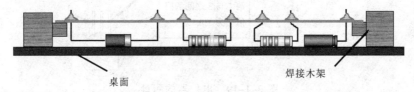

桌面　　　　　　　　　　　　　　焊接木架

图 2-1-17　元器件的排列（一）

先焊水平放置的元器件，后焊垂直放置的或体积较大的元器件，如分流器、可调电阻等，如图 2-1-18 所示。

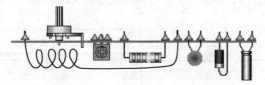

图 2-1-18　元器件的排列（二）

焊接时不允许用电烙铁运载焊锡丝，因为烙铁头的温度很高，焊锡在高温下会使助焊剂分解挥发，易造成虚焊等焊接缺陷。

（2）错焊元器件的拔除

当元器件焊错时，要将错焊元器件拔除。先检查焊错的元器件应该焊在什么位置，如果正确位置的引脚长度较短，为了便于拔出，应先将引脚剪短。在烙铁架上清除烙铁头上的焊锡，将线路板绿色的焊接面朝下，用烙铁将元器件脚上的锡尽量刮除，然后将线路板竖直放置，用

镊子在黄色的面将元器件引脚轻轻夹住，在绿色面，用烙铁轻轻烫，同时用镊子将元器件向相反方向拔除。拔除后，焊盘孔容易堵塞，有两种方法可以解决这一问题。

① 烙铁稍烫焊盘，用镊子夹住一根废元器件引脚，将堵塞的孔通开。

② 将元器件做成正确的形状，并将引脚剪到合适的长度，镊子夹住元器件，放在被堵塞孔的背面，用烙铁在焊盘上加热，将元器件推入焊盘孔中。

注意用力要轻，不能将焊盘推离线路板，使焊盘与线路板间形成间隙或者使焊盘与线路板脱开。

（3）电位器的安装

电位器安装时，应先测量电位器引脚间的阻值，电位器共有五个引脚，如图2-1-19所示，其中三个并排的引脚中，1、3两点为固定触点，2为可动触点，当旋钮转动时，1、2或者2、3间的阻值发生变化。电位器实质上是一个滑线电阻，电位器的两个粗的引脚主要用于固定电位器。安装时应捏住电位器的外壳，平稳地插入，不应使某一个引脚受力过大。不能捏住电位器的引脚安装，以免损坏电位器。安装前应用万用表测量电位器的阻值，1、3之间的阻值应为10kΩ，拧动电位器的黑色小旋钮，测量1与2或者2与3之间的阻值应在0～10kΩ间变化。如果没有阻值，或者阻值不改变，说明电位器已经损坏，不能安装，否则五个引脚焊接后，要更换电位器就非常困难。

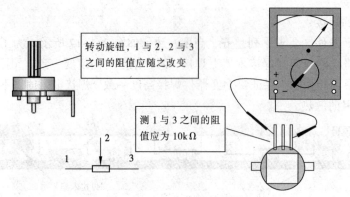

图 2-1-19　电位器的测量

注意电位器要装在线路板的焊接绿面，不能装在黄色面。

（4）分流器的安装

安装分流器时要注意方向，不能让分流器影响线路板及其余电阻的安装，如图2-1-20所示。

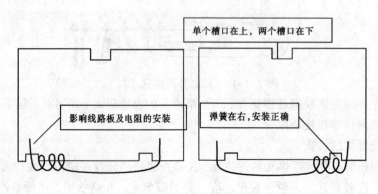

图 2-1-20　分流器的安装

（5）输入插管的安装

输入插管装在绿面，是用来插表笔的，因此一定要焊接牢固。将其插入线路板中，用尖嘴钳在黄面轻轻捏紧，将其固定，一定要注意垂直，然后将两个固定点焊接牢固。

（6）晶体管插座的安装

晶体管插座装在线路板绿面，用于判断晶体管的极性。在绿面的左上角有六个椭圆的焊盘，中间有两个小孔，用于晶体管插座的定位，将其放入小孔中检查是否合适，如果小孔直径小于定位突起物，应用锥子稍微将孔扩大，使定位突起物能够插入。

如图2-1-21所示，将晶体管插片插入晶体管插座中，检查是否松动，若松动应将其拨出并将其弯成图2-1-21（b）所示的形状，插入晶体管插座中，如图2-1-21（c）所示，将其伸出部分折平，如图2-1-21（d）所示。

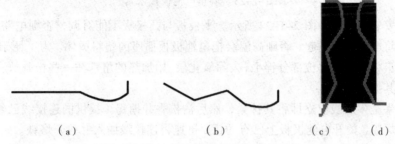

（a）　　　　　　（b）　　　　　（c）　　（d）

图2-1-21　晶体管插片的弯制与固定

晶体管插片装好后，将晶体管插座装在线路板上，定位，检查是否垂直，并将六个椭圆的焊盘焊接牢固。

焊接时一定要注意电刷轨道上一定不能粘上锡，否则会严重影响电刷的运转，如图2-1-22所示。为了防止电刷轨道粘锡，切忌用烙铁运载焊锡。由于焊接过程中有时会产生气泡，使焊锡飞溅到电刷轨道上，因此应用一张圆形厚纸垫在线路板上。

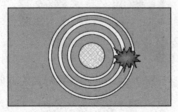 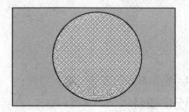

忌用烙铁运载焊锡,防止焊锡飞溅　　　　　用一张圆形厚纸垫在线路板上

图2-1-22　电刷轨道的保护

如果电刷轨道上粘了锡，应将其绿面朝下，用没有焊锡的烙铁将锡尽量刮除。但由于线路板上的金属与焊锡的亲和性强，一般不能刮尽，只能用小刀稍微修平整。

在每一个焊点加热的时间不能过长，否则会使焊盘脱开或脱离线路板。对焊点进行修整时，要让焊点有一定的冷却时间，否则不但会使焊盘脱开或脱离线路板，而且会使元器件温度过高而损坏。

（7）电池极板的焊接

焊接前先要检查电池极板的松紧，如果太紧应将其调整。调整的方法是用尖嘴钳将电池极板侧面的突起物稍微夹平，使它能顺利地插入电池极板插座，且不松动，如图2-1-23所示。

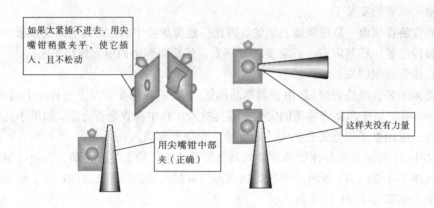

图 2-1-23 调整电池极板松紧

电池极板安装的位置如图 2-1-24 所示。平极板与凸极板不能对调，否则电路无法接通。

焊接时应将电池极板拨起，否则高温会把电池极板插座的塑料烫坏。为了便于焊接，应先用尖嘴钳的齿口将其焊接部位部分锉毛，去除氧化层。用加热的烙铁沾一些松香放在焊接点上，再加焊锡，为其搪锡。

连接线如果是多股线应立即将其拧紧，然后沾松香并搪锡（提供的连接线已经搪锡）。用烙铁运载少量焊锡，烫开电池极板上已有的锡，迅速将连接线插入并移开烙铁。如果时间稍长将会使连接线的绝缘层烫化，影响其绝缘。

连接线焊接的方向，如图 2-1-25 所示。连接线焊好后将电池极板压下，安装到位。

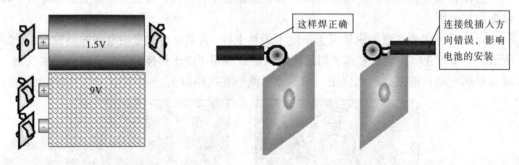

图 2-1-24 电池极板的安装位置　　　　图 2-1-25 连接线焊接的方向

6. 机械部分的安装

（1）提把的安装

后盖侧面有两个 "O" 形小孔，是铆钉安装孔。观察其形状，思考如何将其卡入，但注意现在不能卡进去。

提把放在后盖上，将两个黑色的提把橡胶垫圈垫在提把与后盖中间，然后从外向里将铆钉按其方向卡入，听到 "咔嗒" 声后说明已经安装到位。如果无法听到 "咔嗒" 声可能是橡胶垫圈太厚，应更换后重新安装。

大拇指放在后盖内部，四指放在后盖外部，用四指包住提把铆钉，大拇指向外轻推，检查铆钉是否已安装牢固。注意一定要用四指包住提把铆钉，否则会使其丢失。

将提把转向朝下，检查其是否能起支撑作用，如果不能支撑，说明橡胶垫圈太薄，应更换后重新安装。

（2）电刷旋钮的安装

取出弹簧和钢珠，并将其放入凡士林油中，使其粘满凡士林。加凡士林油有两个作用：使电刷旋钮润滑，旋转灵活；起黏附作用，将弹簧和钢珠黏附在电刷旋钮上，防止其丢失。

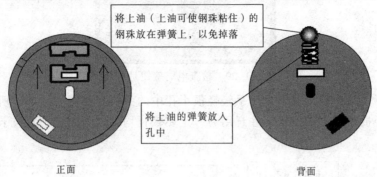

图 2-1-26　弹簧、钢珠的安装

将加上润滑油的弹簧放入电刷旋钮的小孔中，如图 2-1-26 所示，钢珠黏附在弹簧的上方，注意切勿丢失。

观察面板背面的电刷旋钮安装部位，如图 2-1-27 所示，它由三个电刷旋钮固定卡、两个电刷旋钮定位弧、一个钢珠安装槽和一个花瓣形钢珠滚动槽组成。

将电刷旋钮平放在面板上，如图 2-1-28 所示，注意电刷放置的方向。用起子轻轻顶，使钢珠卡入花瓣槽内，小心滚掉，然后手指均匀用力将电刷旋钮卡入固定卡。

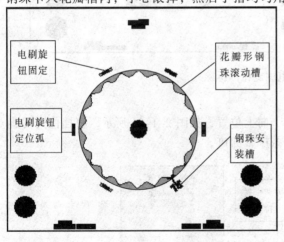

图 2-1-27　面板背面的电刷旋钮安装部位

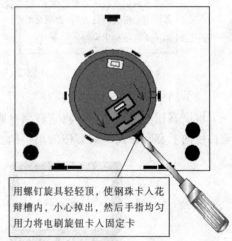

图 2-1-28　电刷旋钮的安装

将面板翻到正面（如图 2-1-29 所示，挡位开关旋钮轻轻套在从圆孔中伸出的小手柄上，慢慢转动旋钮，检查电刷旋钮是否安装正确，应能听到"咔嗒"、"咔嗒"的定位声，如果听不到则可能钢珠丢失或掉进电刷旋钮与面板间的缝隙，这时挡位开关无法定位，应拆除重装。

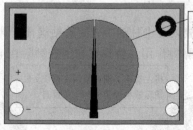

轻轻套上挡位开关旋钮，转动检查电刷按钮是否装好

图 2-1-29　检查电刷旋钮是否装好

　　将挡位开关旋钮轻轻取下，用手轻轻顶小孔中的手柄，如图 2-1-30 所示，同时反面用手依次轻轻扳动三个定位卡，注意用力一定要轻且均匀，否则会把定位卡扳断。小心钢珠掉落。

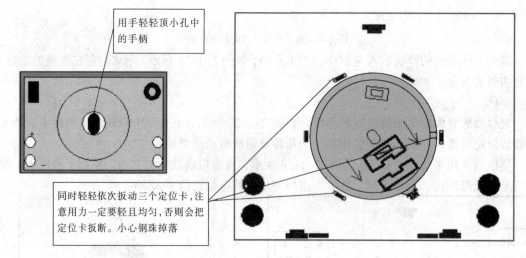

用手轻轻顶小孔中的手柄

同时轻轻依次扳动三个定位卡，注意用力一定要轻且均匀，否则会把定位卡扳断。小心钢珠掉落

图 2-1-30　电刷旋钮的拆除

（3）挡位开关旋钮的安装

　　电刷旋钮安装正确后，将它转到电刷安装卡向上位置，如图 2-1-31 所示，将挡位开关旋钮白线向上套在正面电刷旋钮的小手柄上，向下压紧即可。

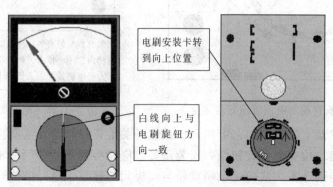

电刷安装卡转到向上位置

白线向上与电刷旋钮方向一致

图 2-1-31　挡位开关旋钮的安装

　　如果白线与电刷安装卡方向相反，必须拆下重装。拆除时用平口起子对称地轻轻撬动，依次按左、右、上、下的顺序，将其撬下。注意用力要轻且对称，否则容易撬坏，如图 2-1-32 所示。

（4）电刷的安装

将电刷旋钮的电刷安装卡转向朝上，V形电刷有一个缺口，应该放在左下角，因为线路板的三条电刷轨道中间两条间隙较小，外侧两条间隙较大，与电刷相对应，当缺口在左下角时电刷接触点上面两个相距较远，下面两个相距较近，一定不能放错，如图2-1-33所示。电刷四周都要卡入电刷安装槽内，用手轻轻按，看是否有弹性并能自动复位。

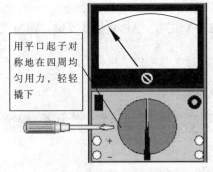

用平口起子对称地在四周均匀用力，轻轻撬下

图2-1-32　挡位开关旋钮的拆除

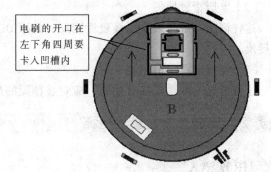

电刷的开口在左下角四周要卡入凹槽内

图2-1-33　电刷的安装

如果电刷安装的方向不对，将使万用表失效或损坏，如图2-1-34所示。图（a）所示安装开口在右上角，电刷中间的触点无法与电刷轨道接触，使万用表无法正常工作，且外侧的两圈轨道中间有焊点，使中间的电刷触点与之相摩擦，易使电刷受损；图（b）、图（c）所示安装开口在左上角或在右下角，三个电刷触点均无法与轨道正常接触，电刷在转动过程中与外侧两圈轨道中的焊点相刮，会使电刷很快折断而损坏。

（5）线路板的安装

电刷安装正确后方可安装线路板。

安装线路板前先应检查线路板焊点的质量及高度，特别是在外侧两圈轨道中的焊点，如图2-1-35所示，由于电刷要从中通过，安装前一定要检查焊点高度，不能超过2mm，直径不能太大，如果焊点太高会影响电刷的正常转动甚至刮断电刷。

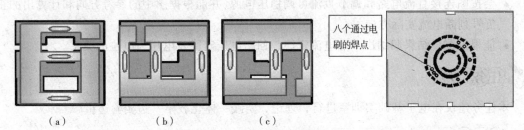

（a）　　　　　（b）　　　　　（c）

图2-1-34　电刷的错误安装

八个通过电刷的焊点

图2-1-35　检查焊点高度

线路板用三个固定卡固定在面板背面，将线路板水平放在固定卡上，依次卡入即可。如果要拆下重装，依次轻轻扳动固定卡。注意在安装线路板前先应将表头连接线焊上。

最后是装电池和后盖，装后盖时左手拿面板，稍高，右手拿后盖，稍低，将后盖向上推入面板，拧上螺钉，注意拧螺钉时用力不可太大或太猛，以免将螺孔拧坏。

7. 调试

（1）表针没任何反应

表针没任何反应的可能原因如下：

① 表头、表笔损坏。

② 接线错误。

③ 保险丝没装或损坏。

④ 电池极板装错。

⑤ 电刷装错。

（2）电压指针反偏

这种情况一般是表头引线极性接反。如果 DC A、DC V 正常，AC V 指针反偏，则为二极管接反。

（3）测得电压示值不准

这种情况一般是焊接有问题，应对被怀疑的焊点重新处理。

任务2　安装、测量直流电路

任务导入

直流电路是最常见的电路之一，本任务通过在实训室搭接、并通过测试了解直流电路中各元器件的特征，为下一任务建立感性认识和增加学习兴趣。

学习目标

- 能概述电路的组成及各部分作用。
- 能解释电路的三种状态及基本物理量。
- 熟记电路中常见的基本元器件的伏安特性，并能解释其在直流电路中的特性。
- 知道电流源与电压源之间的等效关系。
- 会用万用表测量直流电压与电流。
- 会按图连接直流电路和调节直流可调稳压电源，并能根据图中的参考方向和计算出的正负号判断电流实际方向。
- 能根据测量结果归纳出节点电流定律、回路电压定律及电压与电位的关系。

任务情境

本任务建议在电工基础实训室进行，理论、实践一体化教学，边实验边讲解。

相关知识

1．电路的组成、作用及表示

（1）电路的组成

电路由电源、负载及中间环节组成。图 2-2-1 所示为煤矿工人使用的矿灯电路。

① 电源。将其他形式的能量转换成电能的装置称为电源。电源有电压源和电流源两种，干

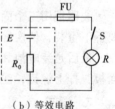

（a）实物　　　　（b）等效电路

图 2-2-1　矿灯电路

电池就是一个实际电压源，如图 2-2-2（a）所示。它可以用图 2-2-1 中的虚框部分表示，也可以等效为一个恒压源 U_S 和一个内阻串联，如图 2-2-2（b）所示。

太阳能光电池是一个实际电流源，如图 2-2-3（a）所示。当太阳光照射太阳能电池时，太阳能光电池产生电流，给蓄电池充电。实际电流源可以等效为一个恒流源 I_S 和一个内阻并联，如图 2-2-3（b）所示。

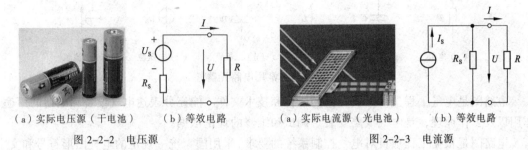

（a）实际电压源（干电池）　（b）等效电路　　　（a）实际电流源（光电池）　（b）等效电路

图 2-2-2　电压源　　　　　　　　　　　　图 2-2-3　电流源

实际的电压源和电流源之间可以等效互换。

根据电路中电源的种类不同，电路还可分为直流电路和交流电路。由直流电源（如直流电动机、电池）供电的电路称为直流电路，其特点是输出电压的极性不变；由交流电源（如交流发电机）供电的电路称为交流电路，其电源的方向（极性）和大小都随时间作周期性变化。图2-2-4 所示为多功能音频信号发生器输出的几种典型的交流电波形。

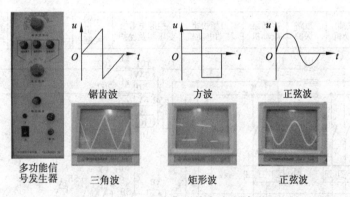

锯齿波　　　　　　方波　　　　　　正弦波

多功能信
号发生器　　　三角波　　　　　矩形波　　　　　正弦波

图 2-2-4　几种典型的交流电波形

② 负载。把电能转换成其他形式能量的装置称为负载。例如电灯泡是将电能转换成光能的负载，电动机是将电能转换成机械能的负载，电炉是将电能转换成热能的负载。在电路图中，负载一般用 R 表示。

③ 中间环节。中间环节包括连接电路的导线、控制电路的开关设备以及保护电路的熔断器等。在图 2-2-1 中，S 表示开关，FU 表示熔断器。

（2）电路的作用

电路按其功能可分为电力电路（或称强电电路）和信号电路（或称弱电电路）。在居民家庭中就能看到电源进线分为强电箱和弱电箱。

强电电路的作用是产生、输送、分配和变换电能。

弱电电路的作用是不失真地传递和处理信号（例如电视、电话、有线网络等电信号）。

（3）电路图

电路中的电气装置种类繁多，形态各异，物理性质复杂，为便于分析和计算，常用能够表征其主要特性的理想元器件或理想元器件的组合来代替实物。

常用的理想电路元器件有电阻、电容、电感，电压源和电流源，它们都可以抽象为只含一个参数的元器件，二极管也是电路中比较常用的器件。它们的图形符号如图 2-2-5 所示。

| （a）电阻 | （b）电容 | （c）电感 | （d）二极管 | （e）电压源 | （f）电流源 |

图 2-2-5　常用电路元器件

电路图是电气工程技术人员交流的语言和技术文件。能充分表达电气设备和电器的用途、作用以及工作原理，是电气线路安装、调试和维修的理论依据。

电路图是根据工程项目对电气控制系统的要求，采用国家统一规定的电气图形符号和文字符号，按照电气设备和电器的工作顺序，详细表示电路、设备或成套装置的全部基本组成和连接关系，而不考虑其实际位置的一种简图。

煤矿灯电路（见图 2-2-1）就是一个最简单的控制电路；万用表电路原理图则相对较复杂；而对于生产机械电气控制线路在绘制时为便于读图，还需分电源电路、主电路和辅助电路三部分绘制。图 2-2-6 为 CA6140 车床电气控制原理图。

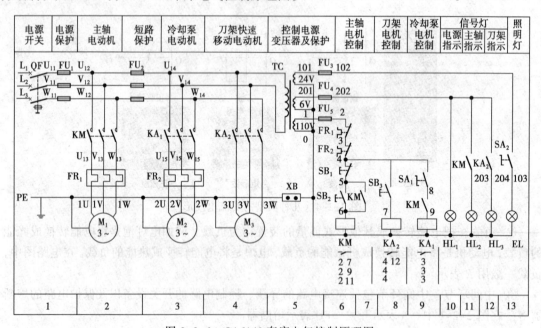

图 2-2-6　CA6140 车床电气控制原理图

绘制电路图必须熟悉电器元器件的图形符号，附录 A 列出了国家统一规定的电气图形符号和文字符号。

2. 电路中的主要物理量

电路的主要物理量是电流、电压、电功率。

（1）电流

电流是电路中一个具有大小和方向的基本物理量。

① 电流的大小。电流的大小定义为在单位时间内，通过导体横截面的电荷量。电流用 I 或 i 表示。

对于直流电流
$$I = \frac{Q}{t}$$

对于交流电路
$$i = \frac{\mathrm{d}q}{\mathrm{d}t} \tag{2-2-1}$$

② 电流的方向。可以传导电流的带电粒子称为载流子（在金属中为带负电的电子，在半导体材料中即有带负电的电子导电又有带正电的空穴导电，而在电解液中也有正负离子导电）。习惯上规定正电荷移动的方向为电流的方向。

在简单的电路中，电流的方向容易判断，但在较复杂的电路中，往往难以判断电路中电流的实际方向。在图 2-2-7 中，电阻 R 中流过的实际电流方向就很难判定。为此，在分析计算电路时，可以任意选定某一方向作为电流的参考方向。当电流的实际方向与其参考方向一致时，电流为正值；当电流的实际方向与其参考方向相反时，电流为负值。

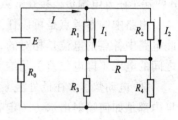

图 2-2-7　假定电流参考方向

③ 电流的单位。在国际单位制中，电流的单位为安培，用 A 表示，此外还有 mA（毫安）及 μA（微安），它们之间的换算关系为：$1A = 10^3 mA = 10^6 \mu A$。

（2）电压（电位、电动势）

① 电压。电压又称电位差，是电路中一个具有大小和方向（极性）的物理量。

要使导体中有电流流过，导体两端必须有电压的作用（与水的流动需要有水位差相似）。

• 电压的大小。电压的定义为电路中 A-B 点之间的电位差，其大小等于单位正电荷从 A 点移到 B 点，电场力所做的功。电压用 U 或 u 表示。

在直流电路中
$$U = \frac{W}{Q}$$

在交流电路中
$$u = \frac{\mathrm{d}w}{\mathrm{d}q} \tag{2-2-2}$$

• 电压的方向。正电荷在电场力作用下由高电位端移向低电位端，故电压的方向由正指向负（与水往低处流相似）。

和电流一样，在电路图上所标的电压的方向都是参考方向。参考方向用"＋"、"－"或"→"表示。当电压的实际方向与其参考方向一致时，电压为正值；当电压的实际方向与其参考方向相反时，电压为负值。

负载中电压和电流的方向都是从高电位指向低电位。故一般在选择参考方向时，常将负载两端的电压和电流的参考方向选择一致，称为关联的参考方向。

• 电压的单位。在国际单位制中，电压的单位为伏特，用 V 表示。此外，还有 kV（千伏），mV（毫伏），它们之间的换算关系为 $1kV = 10^3V = 10^6mV$。

② 电位。在电工技术中，通常使用电压的概念，而在电子线路中，则经常用到电位的概念。

在电路中任选一个节点为参考点（电子线路中，常选电源的公共点为参考点；电力系统中，常选大地作为电位的参考点；电气设备常选金属外壳作为参考点。参考点的符号是"⊥"），参

考点的电位为零（同计算山脉的高度以海平面为"参考点"一样），其他节点对参考点的电压称为电位（就好比山上某点与海平面的高差称为海拔）。电位的单位与电压一样。电位用字母 V 表示，例如 A 点电位记为 V_A。

电位与电压之间有如下的关系：

$$U_{AB} = V_A - V_B \qquad (2-2-3)$$

图 2-2-8（a）所示的电路，就是一个以电位形式画出的电路，它的实际电路如图 2-2-8（b）所示。在图 2-2-8（a）中，d 点为参考点，b 点电位为 5V，即 b 点比参考点高 5V，故可用 5V 电源连接 b、d 两点；c 点电位是 –3V，即 c 点比参考点低 3V，故可用 3V 电源连接在 c、d 两端（注意电源负极接在 c 点）。

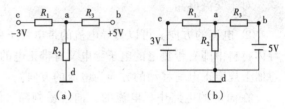

图 2-2-8　电路的两种形式

电路中的参考点是可以任意假设的，因此电路中各点的电位是相对的，但任意两点之间的电压（即电位差）是绝对不变的。

③ 电动势。水往低处流（这是重力作用的结果），那么水能不能从低往高处运呢？思考喷泉内部是如何喷射出水（一定有外力在克服重力做功），才形成了源源不断的喷射效果。

与此相似电动势的定义是：在电源内部，外力将单位正电荷从电源的负极移到电源的正极所做的功。即

$$E = \frac{W_外}{Q} \qquad (2-2-4)$$

在具有电动势的电路中，能持续产生电压，若此时电路闭合，则有电流产生。产生电动势的方法有许多，例如像电池那样利用化学能产生，再如像发电机那样利用机械能产生。在直流电路中电动势用字母 E（或 U_S）表示（对于交流电源用小写字母表示），它的单位与电压相同。

结论：在闭合电路中，在电源外部，电流由高电位端流向低电位端（即与电压降落的方向一致）；在电源内部，电流从低电位端流向高电位端（即与电动势升高的方向一致）。

（3）电功率及电能

① 功率。功率是具有大小及正负值的物理量。

● 功率的大小。功率的大小定义为单位时间内电路元器件上能量的变化量。功率用 P 或 p 表示。

对于直流电路
$$P = \frac{W}{t}$$

对于交流电路
$$p = \frac{dW}{dt} \qquad (2-2-5)$$

将式（2-2-1）和式（2-2-2）代入上式，可得

$$p = ui \qquad (u、i \text{取关联方向}) \qquad (2-2-6)$$

● 功率正负值的实际意义。在电压与电流为关联方向时，若 $p > 0$，则该元器件吸收或消耗功率，即该元器件为负载（在负载中实际电流和电压的方向相同）；若 $p < 0$，则该元器件产生或提供功率，即该元器件为电源（在电源中电流和电压的方向相反，而与电动

势的方向一致）。

在一个完整的电路中，产生的功率之和一定等于消耗的功率之和，即电路中的功率平衡。

● 功率的单位。功率的单位为瓦特，用 W 表示，此外还有 kW（千瓦）。

② 电能。电能也是电路中常使用的一个物理量，是功率与时间的乘积。电能的单位为焦耳，用 J 表示，有时也用千瓦·小时（又称度）表示，它们之间的关系为

$$1 \text{ 度} = 1\text{kW} \cdot \text{h} = 3.6 \times 10^6 \text{J}$$

③ 电流的热效应。当电流通过电阻时，电流做功而消耗电能，产生了热量，这种现象叫做电流的热效应。这是英国科学家焦耳和俄国科学家楞次得出的结论，被人称作焦耳–楞次定律。

$$Q = I^2 R t$$

式中：I——通过导体的电流，（A）；

R——导体的电阻，（Ω）；

t——电流通过导体的时间，单位是秒（s）；

Q——电流在电阻上产生的热量，单位是焦（J）。

上式表明，电流的热效应不仅与导线的电阻和通电时间长短有关，更重要的是与电流的平方成正比。一方面，利用电流的热效应可以为人类的生产和生活服务。如在白炽灯中，由于通电后钨丝温度升高达到白热的程度，于是一部分热能转化为光，发出光亮。另一方面，电流的热效应也有一些不利因素。大电流通过导线而导线不够粗时，就会产生大量的热量，破坏导线的绝缘性能，导致线路短路，引发电气火灾。例如某电路发生短路，若电流增大10 倍，其热量就将增大 100 倍，足以使电气设备的绝缘烧坏，因此电路设计中必须设有短路保护，装熔断器（俗称保险丝）、自动空气断路器等。再比如，在许多生产机械控制电路中，为防止过电流时间较长而发生电动机绕组绝缘烧毁事故，也必须设置过载保护，安装热继电器、过电流继电器等。

3. 电路的工作状态

电路有开路、有载工作和短路三种状态，分别如图 2-2-9（a）、（b）、（c）所示。

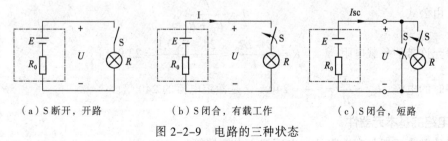

（a）S 断开，开路　　　　　（b）S 闭合，有载工作　　　　（c）S 闭合，短路

图 2-2-9　电路的三种状态

（1）开路状态（又称空载、断路）

如图 2-2-9（a）所示，开关 S 断开，电路为开路状态，又称空载状态。这时照明灯不亮，电路中的电流 $I=0$，电源两端的电压 $U=E$，根据这个道理，可以用电压表测量电源的电动势。

（2）有载工作状态

如图 2-2-9（b）所示，开关 S 闭合，照明灯中有电流通过，称为有载工作状态。电路电

流 $I = \dfrac{E}{R_0 + R}$ ，电源两端电压 $U = E - IR_0 = IR$。

电路处于有载工作状态时，当加在电气设备上的电压为额定电压 U_N，流过的电流为额定电流 I_N 时，该设备消耗的功率等于额定功率（$P_N = U_N I_N$），称该电气设备在额定工作状态下运行，又称满载运行。

当流过电气设备中的电流小于额定电流时，称为轻载（或欠载）运行，这时电气设备达不到理想的工作状态，如照明灯的亮度明显比额定状态时要暗，电动机的转速会下降，不能充分发挥电气设备的作用。

当流过电气设备中的电流超过额定电流时，称为超载（或过载）运行。这时电气设备的电流将高于额定状态时的电流，使电气设备的绝缘材料老化甚至击穿，影响电气设备的使用寿命。

【例 2-2-1】额定值为 100Ω，$1W$ 的电阻，试求允许加入的最大电压和允许通过的最大电流为多少？

解： 由公式 $$P = \dfrac{U^2}{R}$$

求得允许加入的最大电压 $$U = \sqrt{PR} = \sqrt{1 \times 100} = 10V$$

允许流过的最大电流 $$I = \dfrac{P}{U} = \dfrac{1}{10} = 0.1A$$

（3）短路状态

如图 2-2-9（c）所示，由于某种原因使电源两端直接相连（图中虚拟 S 闭合），称为短路状态。这时电流不经过负载，而直接通过短路线和电源的内阻 R_0，电流 $I = I_{SC} = \dfrac{E}{R_0}$。

由于电源的内阻 R_0 很小，故电流很大，超过正常电流的很多倍，称为短路电流。短路电流将会使电源、导线或开关设备过热而烧坏，因此就该避免短路状态的发生。产生短路的原因可能是导线绝缘损坏，两线相碰或是接线错误等。

【例 2-2-2】在图 2-2-9 电路中，设电池组的电动势 $E = 24V$，内阻 $R_0 = 0.1\Omega$，正常使用时允许流过电路的电流为 1A，求此状态下允许带的负载电阻值。若发生短路，求短路电流 I_{SC}。

解： 由公式 $$I = \dfrac{E}{R_0 + R}$$

求得允许带的负载电阻 $$R = \dfrac{E - IR_0}{I} = \dfrac{24 - 1 \times 0.1}{1} = 23.9\Omega$$

短路时的电流 $I_{SC} = \dfrac{E}{R_0} = \dfrac{24}{0.1} = 240A$ ，是额定电流的 240 倍。

4. 电路的基本元器件

电路的基本元器件有电阻器、电感器、电容器等。

（1）电阻

电阻具有将电能转换为热能的作用。电阻器在电子产品中是用得最多的元器件，约占元器件总数的 30% 以上。常见的电阻器如图 2-2-10 所示。

① 电阻的定义。电阻表示导体对电流阻碍作用的大小，其值等于电阻两端所加的电压与通过它的电流之比，即

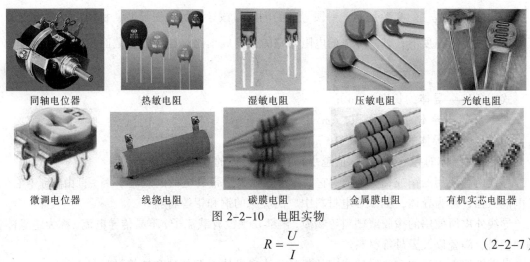

| 同轴电位器 | 热敏电阻 | 湿敏电阻 | 压敏电阻 | 光敏电阻 |

| 微调电位器 | 线绕电阻 | 碳膜电阻 | 金属膜电阻 | 有机实芯电阻器 |

图 2-2-10　电阻实物

$$R = \frac{U}{I} \qquad\qquad (2-2-7)$$

电阻的单位为欧姆，用 Ω 表示。更大的单位有 $k\Omega$（千欧）、$M\Omega$（兆欧），它们之间的换算关系为 $1M\Omega = 10^3 k\Omega = 10^6 \Omega$

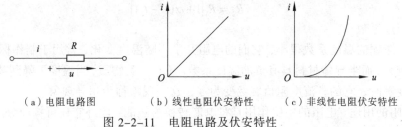

（a）电阻电路图　　　　（b）线性电阻伏安特性　　　　（c）非线性电阻伏安特性

图 2-2-11　电阻电路及伏安特性

② 电阻的伏安特性。电阻在电路中的符号如图 2-2-11（a），当取电压与电流为关联参考方向时，电阻上的电压与电流之间的关系为

$$u = Ri, \ 或 i = Gu \qquad\qquad (2-2-8)$$

式中：G 称为电导，G 的单位为西门子，用 S 表示。它与 R 之间的关系为 $G = \dfrac{1}{R}$。

③ 电阻在电路中消耗的功率。在 u、i 为关联方向下

$$p = ui = (Ri)\,i = Ri^2 \qquad\qquad (2-2-9)$$

由式（2-2-9）可知，$p \geqslant 0$，表明电阻总是消耗（吸收）功率，为耗能元件。

电阻消耗的电能为

$$W = I^2 Rt \qquad\qquad (2-2-10)$$

④ 关于电阻的几点说明如下：

- 线性电阻和非线性电阻。在一定的温度下，凡电阻值不随外加电压变化而变化的电阻，称为线性电阻，反之为非线性电阻。对于非线性电阻，它的伏安特性是一曲线（各点的切线斜率不等，即电阻值不是定值。例如晶体二极管的正向电阻为非线性电阻，其伏安特性如图 2-2-11（c）所示。在项目一任务 3 中所测量过的普通电阻和二极管电阻，用不同电阻挡测量时，前者阻值基本相同，而后者相差很大，这表明普通电阻为线性电阻，二极管电阻为非线性电阻。

● 电阻的客观性。实验证明，一段导体的电阻与该导体的几何尺寸、材料以及温度有关。
在一定的温度下，某一导体的电阻与它的长度成正比，与它的横截面积成反比。即

$$R = \rho \frac{l}{S} \qquad (2-2-11)$$

式中：l——导体的长度，（m）；
S——导体的横截面积，（m^2）；
ρ——导体的电阻率，（$\Omega \cdot m$）。

ρ 反映该导体的导电性能，ρ 值越小，表明该导体的导电性能越好。

导线内芯使用的铜或铝等物质，它们内部存在大量带负电荷的载流子——自由电子，它们导电能力强，称为导体，例如导电材料中广泛应用的铜和铝等材料；

导线外皮所使用的橡胶或塑料等物质，内部几乎没有载流子，不易传导电流，称为绝缘体，例如塑料、陶瓷以及云母等材料。

导电性能介于导体和绝缘体之间的材料称为半导体，例如硅和锗等材料。

● 电阻的温度系数。导体的电阻与温度有关。温度每升高 1℃时，导体电阻的变化值与原电阻的比值称为导体的电阻温度系数。

$$R_2 = R_1[1 + \alpha(t_2 - t_1)] \qquad (2-2-12)$$

式中 α 为温度系数。

锰铜和康铜的温度系数很小，它们的电阻几乎不随温度变化，常用于制作标准电阻。铂的温度系数较大，而半导体材料具有负的温度系数。还有一类物质，当温度下降到某一特定值（称为临界温度）时，它的直流电阻值突然变为零，这一现象称为超导现象。

⑤ 电阻的用途。电阻的主要作用是将电能转换为热能，此外它还可构成分压器、分流器、传感器等。

表 2-2-1 列出了几种电阻的特点及应用。

表 2-2-1　几种电阻的特点及应用

电阻名称	特点及应用
碳膜电阻	稳定性较高，噪声也比较低，高频特性好，电压的改变对阻值影响小，一般在无线电通讯设备和仪表中做限流、阻尼、分流、分压、降压、负载和匹配等用途
金属膜电阻	用途和炭膜电阻一样，具有噪声低、耐高温，体积小，稳定性和精密度高等特点
实心碳质电阻	用途和碳膜电阻一样，具有成本低，阻值范围广，容易制作等特点，但阻值稳定性差，噪声和温度系数大
热敏电阻	电阻值随温度的变化而发生明显的变化。主要在电路中作温度补偿用，也可用作温度测量和温度控制电路中作感温元器件
光敏电阻	电阻值随光强的变化而发生明显的变化。主要用作光度测量和在光度控制电路中作感光元器件
绕线电阻有固定和可调式两种	稳定、耐热性能好，噪声小、误差范围小。一般在功率和电流较大的低频交流和直流电路中做降压、分压、负载等用途。额定功率大都在1W以上。 其中：绕线电位器：阻值变化范围小，功率较大；碳膜电位器：稳定性较高，噪声较小；推拉式带开关碳膜电位器：使用寿命长，调节方便；直滑式碳膜电位器：节省安装位置，调节方便

（2）电容

电容具有储存电场能量的作用。常见的电容器如图 2-2-12 所示。

电解电容　　　　　　　陶瓷电容　　　　　　涤纶电容

油浸纸介电容　　　　　微调电容　　　　　　半可变电容

图 2-2-12　电容器实物

① 电容的定义：电容器两极板电压增加 1V 可容纳的电量，即

$$C = \frac{q}{u} \tag{2-2-13}$$

电容的单位为法拉（F），通常使用的单位有微法（μF），纳法（nF），皮法（pF）。它们之间的换算关系为 $1F = 10^6 \mu F = 10^9 nF = 10^{12} pF$。

② 电容的伏安特性。线性电容在电路中的符号如图 2-2-13 所示，当 u、i 取关联参考方向时，由式（2-2-1）和式（2-2-13）可得线性电容元件的伏安特性为

$$i = C\frac{du}{dt} \tag{2-2-14}$$

上式表明：只有当电容两端的电压发生变化时，电路中才有电流流过。在直流稳态电路中，由于电压恒定，$\frac{du}{dt} = 0$，故电流 $i = 0$，因此**电容对于直流稳态电路相当于断路**（这与项目一任务 3 中测量过电容器的静态电阻值为 "∞" 的结果一致），但在直流电源接通的瞬间，由于电压突然变化（即 $\frac{du}{dt}$ 值很大），将引起很大的电流，因此**电容对于接通直流电源的瞬间相当于短路**（设电容原先未充电）。电容器的这两个特点简称为**隔直流、通交流**。在计算机电源和控制电路中被广泛应用。

在图 2-2-14 电路中，当开关 SA 合上瞬间，由于电容相当于短路，故 A 点电位为 5V，发出控制信号；之后，电路达到稳态，此时电容相当于断路，自动切断电源，A 点电位为 0，控制信号消失。

③ 电容在电路中的功率。当电容两端施加的是恒定电压 U 时，电流 $I=0$，电容所吸收的功率为 $P = U \times I = U \times 0 = 0$，可见在电容上不消耗直流电源功率。当电容两端施加的是交流电压，则电容在一个周期内消耗和提供的功率平均值为零，即电容为非耗能元器件（将在项目三中证明）。

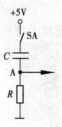

图 2-2-13　电容电路图　　　　图 2-2-14　电容器在直流电路中的典型应用

在直流电路中，电容所储存的电场能量为

$$W_C = \frac{1}{2}CU^2 \qquad\qquad (2-2-15)$$

④ 关于电容器的几点说明如下：

- 电容的客观性。与电阻 $R = \rho\dfrac{l}{S}$ 相似，电容 C 也是客观存在的，例如平行板电容器的电容量

$$C = \frac{\varepsilon S}{d} \qquad\qquad (2-2-16)$$

式中：S——极板的面积，（m^2）；

　　　　d——两极板间的垂直距离，（m）；

　　　　ε——极板间介质的介电常数，（F/m）。

- 选用电容器的注意事项。选择电容器应注意其额定电压一定要高于实际工作电压，并应留有余量。对于已标出正负极性的电容，其正极应接在电路的高电位点，负极接低电位点。

⑤ 电容器的用途。电容器能够储存电场能量，读者可通过项目一任务 3 中用指针式万用表测量电容器稳态电阻的过程中可以看到电容器的充电现象。电容器有平稳电压的作用，常用于滤波电路；电容在直流稳态电路中起开关断开的作用；在电路换路瞬间，电容两端的电压不变，由暂态至稳态的过程称为电容的充电（或放电），充（放）电持续的时间大约为所在电路中的（3～5）RC。电容还可作为传感器。表 2-2-2 列出了几种电容器的特点及应用。

表 2-2-2　几种电容器的特点及应用

名　称	特点与应用
云母电容器	耐高温、高压，性能稳定，体积小，漏电小，但电容量小，宜用于高频电路中
磁介电容器	耐高温，体积小，性能稳定，漏电小，但电容量小。可用于高频电路中
纸介电容器	价格低，损耗大，体积也较大。宜用于低频电路中
金属化纸介电容器	体积小，电容量较大，受高电压击穿后，能"自愈"。即当电压恢复正常后，该电容器仍然能照常工作。一般用于低频电路中
有机薄膜电容器	电容器的介质是聚苯乙烯和涤纶等。前者漏电小，损耗小，性能稳定，有较高的精密度。可用于高频电路中。后者介电常数高，体积小，容量大，稳定性较好。宜做旁路电容
油质电容器（又称油浸纸介电容器）	电容量大，耐压高，但体积大。常用于大电力的无线电设备中

名 称	特点与应用
电解电容器	由铝圆筒做负极，里面装有液体电解质，插入一片弯曲的铝带做正极制成。再经过直流电压处理，使正极片上形成一层氧化膜做介质。它的特点是容量大，但是漏电大，误差大，稳定性差，常用作交流旁路和滤波
钽（或铌）电容器	也是一种电解电容器。体积小，容量大，性能稳定，寿命长，绝缘电阻大，介质损耗小，温度特性好。用于要求较高的设备中，以及高频电路
半可变（微调）电容器	由两片或者两组小型金属弹片，中间夹着介质制成。调节时，用螺钉调节两组金属片间的距离来改变电容量。一般用于振荡或补偿电路中

（3）电感

电感元器件具有储存磁场能量的功能。实际中常遇到的电感器是由导线绕制成的线圈，图 2-2-15（a）所示为一组电感器实物。

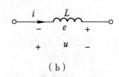

（a） （b）

图 2-2-15 电感线圈及在电路中的图形与文字符号

① 电感（即自感系数）定义。电感的定义是线圈中通过单位电流所产生的磁链 Ψ（线圈的匝数 N 和磁通量 Φ 的乘积），即：

$$L = \frac{\Psi}{i} = \frac{N\Phi}{i} \tag{2-2-17}$$

电感的单位为亨利，用 H 表示。常用的单位有毫亨（mH）、微亨（μH）。它们之间的换算关系为 $1\,H = 10^3\,mH = 10^6\,μH$

② 电感的伏安特性。线性电感在电路中的符号如图 2-2-15（b）所示，当 u、i、e 均取关联参考方向时，由线圈中所感应的自感电动势 e 得线性电感器的伏安特性为

$$u = -e = L\frac{\mathrm{d}i}{\mathrm{d}t} \tag{2-2-18}$$

式（2-2-18）表明：只有当电感中的电流发生变化时，即 $\frac{\mathrm{d}i}{\mathrm{d}t} \neq 0$ 时，电感器才能产生电动势。在直流稳态电路中，由于电流恒定，$\frac{\mathrm{d}i}{\mathrm{d}t} = 0$，故**电感对于直流稳态电路相当于导线**（这与项目一任务 3 中测量的电感的静态电阻值非常小的结果一致）；而快速变化的电流（即 $\frac{\mathrm{d}i}{\mathrm{d}t}$ 值很大时），则引起很高的电动势。例如，汽车上的点火装置，就是利用点火开关接通和断开电池（直流电源）在电感上产生超过 15 000V 以上的瞬间高压来实现的。

例如，在图 2-2-16 所示电路中，将 5V 的直流电源与电感串联，若遇干扰脉冲，则突然变化的电感电流在电感两端产生很强的自感电动势，阻碍该干扰信号通过；而另一方面，并联在电路中的电容，遇到突然变化的干扰电压，瞬间起到短路的作用，使得干扰信号很容易从电容支路（又称旁路）通过，这里的电感和电容巧妙地配合，有效地防止了干扰信号直接进入计算机电源。

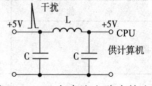

图 2-2-16　在直流电路中接电感

③ 电感在电路中的功率。当通过电感的电流为恒定电流时，电感两端电压为零，电感所吸收的功率为 $P = U \times I = 0 \times I = 0$，可见在电感上不消耗直流电源功率。当通过电感的电流是交流电流时，电感在一个周期内消耗和提供的功率平均值为零，即电感为非耗能元器件（将在项目三中证明）。

在直流电路中，电感所储存的磁场能量为

$$W_L = \frac{1}{2}LI^2 \qquad (2-2-19)$$

④ 关于电感的几点说明如下：

- 电感的客观性：与电阻 $R = \rho \dfrac{L}{S}$ 相似，电感 L 也是客观存在的，例如螺线管线圈的电感为

$$L = \mu \frac{N^2 S}{l} \qquad (2-2-20)$$

式中：N——线圈匝数；

$\quad\quad\quad$ S——螺线管横截面积，（m^2）；

$\quad\quad\quad$ l——螺线管管长，（m）；

$\quad\quad\quad$ μ——螺线管内介质的导磁系数，（H/m）。

- 选用电感器的注意事项。选用电感器应考虑电感和额定电流。线圈中通过的电流不能大于其额定电流值，否则会使线圈过热或承受很大的电磁力，导致机械变形，甚至烧毁。使用和安装线圈时，注意不能随意改变线圈的形状、大小和各个线圈之间的距离，以免影响线圈的电感。

⑤ 电感的用途。电感能够储存磁场能量，具有镇定电流、高频扼流的作用，电感常用于交流电路中，此外，电感还可作为传感器。表 2-2-3 中列出了几种典型的电感线圈特点及应用。

表 2-2-3　几种典型的电感器特点及应用

名　称　及　实　物　图	特　点　与　应　用
单层螺旋管线圈  （a）　　　（b）　　　（c）	（a）密绕法简单，容易制作，但体积大，分布电容大，一般用于较简单的收音机电路中 （b）间绕法的特点是具有较高的品质因素和稳定度，多用收音机的短波电路 （c）脱胎绕法的特点是分布电容小，具有较高的品质因数，改变线圈的间距可以改变电感量，多用于超短波电路

名 称 及 实 物 图	特 点 与 应 用
蜂房式线圈	体积小，分布电容小，电感量大，多用于收音机中波段振荡电路
铜芯线圈	利用旋动铜芯在线圈中的位置来改变电感量。多用于电视机的高频头内，也有的是改变触点在线圈上的位置，达到改变电感量的目的
铁粉心或铁氧体心线圈	为了调整方便，提高电感量和品质因数，常在线圈中加入一种特制材料（铁粉心或铁氧体），不同的频率，采用不同的磁心。利用螺纹的旋动，可调节磁心与线圈的位置。从而也改变了这种线圈的电感量。多用于收音机的振荡电路及中频调谐回路
扼流圈 （a）　　（b）	（a）高频扼流圈的电感量较小，分布电容和介质损耗小，用来阻止高频信号通过而让较低频率的交流信号和直流通过。通常采用陶瓷和铁粉心作骨架 （b）低频扼流圈具有较大的电感量，线圈中都插有铁芯，常与电容元器件组成滤波电路，消除整流后残存的一些交流成分而只让直流通过

电感线圈用于电机绕组、变压器、继电器等，详细介绍见后续有关任务。

（4）电源

电源常用电压源和电流源两种电路模型来表示。

① 实际电压源的伏安特性。实际电压源可以等效为一个恒压源和一个内阻串联，如图 2-2-17 所示，当外电路负载 R 接通后，电路中就有电流。其伏安特性为

$$U = U_S - IR_S \tag{2-2-21}$$

式中：U_S 为电源电动势，U 为负载两端电压（也即电源端电压），I 为负载电流，IR_S 是电源内阻的压降。伏安特性 $U=f(I)$ 是一条直线，内阻 R_S 愈大的电源，直线愈陡；内阻 R_S 愈小，伏安特性曲线愈平，当电压源为恒压源（$R_S = 0$）时，伏安特性就是 $U = U_S$ 的水平直线。

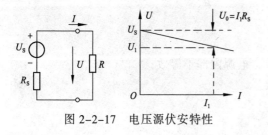

图 2-2-17　电压源伏安特性

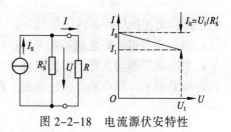

图 2-2-18　电流源伏安特性

② 实际电流源的伏安特性。一个实际电流源可用恒流源和内阻并联的电源模型表示。如图 2-2-18 所示，当外电路负载 R 接通后，电路中就有电流。其伏安特性为

$$I = I_S - \frac{U}{R'_S} \qquad (2-2-22)$$

当负载两端电压增加时，电源输出给负载的电流会下降。伏安特性 $I = f(U)$ 也是一条直线。显然 R_S 的阻值愈大，对 I_S 的分流作用愈小，电源的输出电流就愈稳定。如果内阻 $R_S = \infty$，则 $I = I_S$，此即恒流源。伏安特性就是 $I = I_S$ 的水平直线。

③ 电源的等效互换。实际上，同一个电源，既可以用电压源来表示，也可以用电流源来表示，而且两者之间可以等效互换。这个结论可以用以下例 2-2-3 证明。

【例 2-2-3】已知某实际电压源的空载端电压为 10V，内阻为 2Ω，另一实际电流源短路电流为 5A，内阻也为 2Ω，各自都为电阻为 8Ω 的负载供电。试分别求电压源和电流源对该负载供电所提供的功率。

解：

（1）用电压源建立电路模型。设电路及电压和电流的参考方向如图 2-2-17 所示。

当电源不带负载（即空载）时，电路开路电压即为恒压源电压

$$U_S = 10V$$

电源带负载后，有

$$I = \frac{U_S}{R_S + R} = \frac{10}{2 + 8} = 1A$$

$$P = I^2 R_L = 1 \times 8 = 8W$$

（2）用电流源建立电路模型。设电路及电压和电流的参考方向如图 2-2-18 所示。

电源不带负载时，电路的短路电流即为恒流源电流，$I_S = 5A$。

电源带负载后，有

$$U = I_S \frac{R'_S R}{R'_S + R} = 5 \times \frac{2 \times 8}{2 + 8} = 8V$$

$$P = \frac{U^2}{R} = \frac{8^2}{8} = 8W$$

由此可知，对负载电阻而言，接入 10V 的恒压源与内阻 $R_S = 2Ω$ 的串联组合的电源模型和接入 5A 的恒流源与内阻 $R'_S = 2Ω$ 的并联组合的电源模型是等效的。可见这两种电源模型是可以相互转换的。

将式（2-2-22）转换为 $U = I_S R'_S - I R'_S$，并与式（2-2-21） $U = U_S - I R_S$ 比较，不难得出，他们对外电路等效的条件是：

$$\begin{cases} R'_S = R_S \\ U_S = I_S R'_S \text{ 或 } I_S = \dfrac{U_S}{R'_S} \end{cases} \qquad (2-2-23)$$

电源模型互换应注意的问题如下：

- 恒压源与恒流源之间不能等效；
- 实际电压源与实际电流源仅外部可以等效，电源内部不等效；
- 等效前后，两电源提供的电流方向应一致。

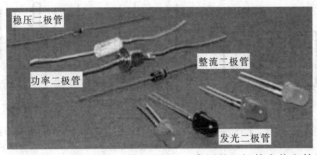 知识拓展

1. 二极管

二极管也是电路中使用频率较高的器件，具有开关特性。常见二极管的实物和图形文字符号如图 2-2-19 所示。

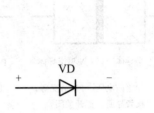

图 2-2-19　常用的二极管实物和符号

二极管的图形符号中箭头所指的方向即二极管正偏导通时的电流方向，竖线端表示二极管反偏截止。VD 是二极管的文字符号。

（1）二极管的结构特点

半导体二极管简称二极管，其实质就是一个 PN 结，另有两条电极引线，加管壳封装而成。

① 半导体材料中的两种载流子。半导体材料由导电性能介于导体和绝缘体之间的四价元素硅和锗等物质构成。导体、半导体和绝缘体导电性能的差异，在于它们内部运载电荷的粒子——载流子的浓度不同。金属导体内的载流子只有一种，就是自由电子，而且数目很多，所以有良好的导电性能。绝缘体中的载流子数目很少，所以几乎不导电。半导体中载流子有两种，一种是带负电的自由电子，另一种是带正电的空穴。它们数目相等，但总数不多，远远低于金属导体中的载流子数目，所以半导体的导电性能比导体差而比绝缘体好。

半导体具有热敏、光敏和杂敏的导电特性：即纯净半导体受热或光照时，电子-空穴对的数量将大量增加，导电能力显著提高；在纯净半导体中掺入微量的其他元素（称为掺杂），其导电能力也将显著提高。

② P 型半导体和 N 型半导体。在纯净半导体中掺入微量三价元素硼或铟，则空穴数量将大大增加，空穴是多数载流子（简称多子），而自由电子是少数载流子（简称少子），这种以空穴导电为主的半导体称为 P 型半导体，又称空穴型半导体。

在纯净半导体中掺入微量五价元素磷或锑，则自由电子数量将大大增加，电子是多子，而空穴为少子，这种以电子导电为主的半导体称为 N 型半导体，又称电子型半导体。

在 P 型半导体中，空穴为多子，电子为少子，还有被晶格固定不能移动的负离子。在 N 型半导体中，电子为多子，空穴为少子，还有被晶格固定不能移动的正离子。无论是 P 型还是 N 型半导体，正、负电荷的数量总是相等的，因而整个半导体保持电中性。

③ PN 结及其单向导电性。在一块纯净硅（或锗）片上，运用掺杂工艺，使其一部分形成 P 型半导体，另一部分形成 N 型半导体。在 P 型区和 N 型区的交界面上将形成一个不导电的阻挡层，称为 PN 结，如图 2-2-20 所示。PN 结具有单向导电特性，即**"正偏导通、反偏截止"**（这可

项目 二　直流电路安装与调试

以由项目一任务3中测量的二极管的正、反向电阻相差很大得到验证）。所谓"正偏"即P型区接电源正极，N型区接电源负极；所谓"反偏"，指P型区接电源负极，N型区接电源正极。

PN结的单向导电性可用单向阀来形象说明，如图2-2-21所示，当施加一定的正向压力时，单向阀打开；施加反向压力时，单向阀关闭。但单向阀的工作并不理想，开关动作不能瞬间完成，关闭时还有一定的泄漏，且只有正向压力足够大时才开启。

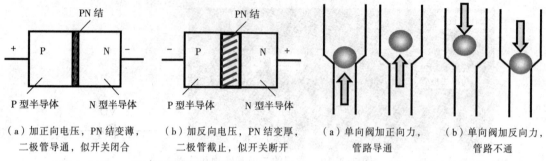

（a）加正向电压，PN结变薄，　　（b）加反向电压，PN结变厚，　　（a）单向阀加正向力，　　（b）单向阀加反向力，
　　二极管导通，似开关闭合　　　　二极管截止，似开关断开　　　　管路导通　　　　　　　管路不通

图 2-2-20　二极管工作原理示意图　　　　　图 2-2-21　单向阀的工作原理

（2）二极管的伏安特性及选用

二极管伏安特性，即加在其两端的电压 U 与通过它的电流 I 之间的关系，可通过实验测量。图 2-2-22（a）、（b）所示为测量二极管伏安特性的实验电路，图 2-2-22（c）所示为对应的伏安特性曲线。

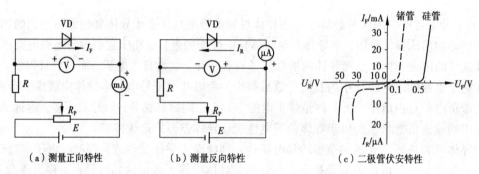

（a）测量正向特性　　　　　　（b）测量反向特性　　　　　（c）二极管伏安特性

图 2-2-22　二极管的测量电路及其伏安特性曲线

① 正向特性。位于图 2-2-22（c）第一象限的是二极管的正向特性曲线，在起始部分，由于正向电压较小，正向电流几乎为零，称为死区，好像有一个门槛，使二极管处于截止状态。当正向电压超过 U_{ON} "门槛电压"或"死区电压"（硅管约为0.5V、锗管约为0.1V）后，二极管电阻逐渐变小，正向电流开始显著增长，进入导通状态，二极管正向导通后，其正向电流 I_F 与电压 U_F 呈非线性关系。正向电流较大时，二极管的正向压降随电流而变化的范围很小，硅管约为0.6~0.8V，锗管约为 0.2~0.3V。

② 反向特性。图 2-2-22（c）第三象限表示的是二极管的反向特性曲线。此时，仅有一定的泄漏电流，称为反向饱和电流。在室温下，硅二极管的反向饱和电流约为1μA 到几十 μA，而锗二极管的反向饱和电流要大得多，但一般不超过几百微安。当反向电压超过某值时，PN结阻挡层被击穿，反向电流急剧增大，这种现象称为反向击穿，击穿时的反向电压称为反向击穿电压。二极管击穿时，很大的击穿电流将使PN结迅速升温，电击穿转为热击穿，造成永久

性损坏，在使用中，一般不允许出现这种情况。但是若采用特殊的制造工艺，使用中又注意限流保护，则可以利用二极管反向击穿后，电流大幅度变化而管压降却变化很小的特点，制成能够工作在反向击穿状态下工作的稳压二极管。

③ 二极管的选用。为了保证二极管正常安全的工作，选用二极管时主要考虑以下几个参数：

- 最大整流电流 I_{FM}。二极管允许通过的最大正向平均电流。其大小由 PN 结的结面积和散热条件决定。如果实际工作电流超过此值，二极管将会因过度发热而损坏。
- 最高反向工作电压 U_{RM}。二极管允许承受的反向峰值电压。通常给出的最大反向工作电压是反向击穿电压的一半或三分之一。
- 反向饱和电流 I_R。在规定反向电压和环境温度下测得的二极管反向饱和电流值。这个电流越小，二极管的单向导电性能越好。

④ 二极管的应用。二极管在电路中常作为无触点开关：当端电压低于门槛电压时，二极管截止，相当于开关断开；当端电压达到导通电压 U_{ON} 时，二极管导通，相当于开关接通；利用二极管的开关特性，可以组成低频整流电路、高频检波电路、门电路、限幅电路；利用二极管反向特性经一定的工艺制成的稳压二极管可以进行稳压；利用二极管的 PN 结电容的效应代替可变电容；利用二极管的热敏性、光敏性等特性制成热敏电阻、光敏电阻、测温元器件、光电二极管、发光二极管等传感器；此外还可以利用二极管实现隔离、保护、整形、温度补偿等各种功能。

2. 受控电源

受控电源它不是独立电源。受控源反映电路中两部分之间的某种电耦合关系。图 2-2-23 所示电路为三极管微变等效电路，该电路中有一个受控电流源（用菱形表示受控电源，以示与独立电源区别），该电流源的大小受另一支路的电流 i_b 的控制，即 $i_c=\beta i_b$。

图 2-2-24 所示电路为结型场效应管微变等效电路，该电路中有一个受电压 u_{gs} 控制的电流源，即 $i_d=g_m u_{gs}$ 控制。

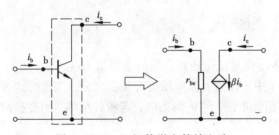

图 2-2-23 三极管微变等效电路

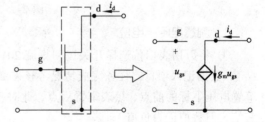

图 2-2-24 结型场效应管微变等效电路

技能训练

1. 调测直流稳压电源

直流稳压电源面板示意图如图 2-2-25 所示，接通电源，将选择开关扳至向下（输出 0～30V），调节旋钮至输出电压约为 6V（面板上自带数字显示电压表，仅供参考）；

将万用表挡位选择开关拨到直流电压挡，挡位的选择要大于 6V，然后对稳压电源的输出电压（面板上方右边的两个插孔，红为正极，黑为负极）进行调测，直到万用表表头读数为 6V。

该直流稳压电源还可提供恒定电压，例如从面板的左侧可输出一组+12V 直流电源。

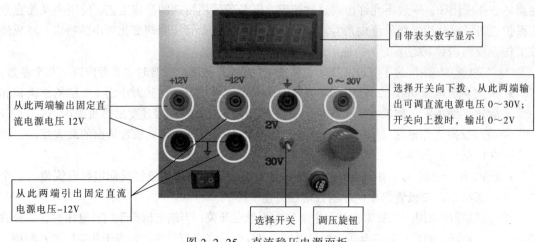

自带表头数字显示

从此两端输出固定直流电源电压 12V

从此两端引出固定直流电源电压-12V

选择开关向下拨，从此两端输出可调直流电源电压 0～30V；开关向上拨时，输出 0～2V

选择开关

调压旋钮

图 2-2-25　直流稳压电源面板

2. 按图连接直流电路

切断电源后，按图 2-2-26（a）接线。其中电源电压 $U_{S1} = 6V$，$U_{S2} = 12V$，从电源板上输出。电阻元器件从电路板上获取（图中 0.51kΩ 电阻即 510Ω），用安全导线连接，如图 2-2-26（b）所示。

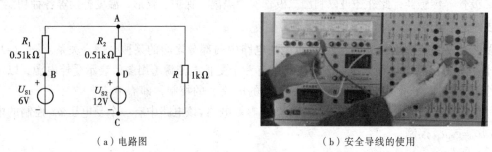

（a）电路图　　　　　　　　　（b）安全导线的使用

图 2-2-26　电路连接

3. 测量电压、电位

① 将万用表挡位选择开关拨到直流 20V 挡，测量任意两点之间的电压值 U_{AB}、U_{BC}、U_{CD}、U_{DA}，数据记入项目二任务完成情况考核表 2-1 中（注意直流电压值有正负之分，测量时红表笔置电压下标的前点，黑表笔置后点，此时若指针正偏，则记为正值；若指针反偏，则交换两表笔，但数值记为负值）。

② 以图 2-2-26 所示的 A 点作为参考点，测量 A、B、C、D 各点电位 V_A、V_B、V_C、V_D（即万用表的黑表笔接 A 点，红表笔分别接其他各点，若指针反偏，则交换红、黑表笔，但读数应为负值），把数据记入项目二任务完成情况考核表 2-1 中。

③ 再以 C 点作为参考点，重复上一步的测量，测得数据记入项目二任务完成情况考核表 2-1 中。

④ 分析数据。从数据表中读者应能得出以下结论：

● $U_{AB}=V_A-V_B$，$U_{BC}=V_B-V_C$，$U_{CD}=V_C-V_D$（即任意两点之间的电压等于这两点的电位差）；

● 任意两点间的电压值是绝对的（与参考点的选择无关）；

● 某点的电位是相对的（与参考点的选择有关）；

● $U_{AB}+U_{BC}+U_{CD}+U_{DA}=0$，即同一时间，沿某闭合回路绕行一周，回路中的电压代数和为零。

4. 测量支路电流

① 按图 2-2-27 接线。即将图 2-2-26 所示电路各支路串入测量电流的插孔，以便通过专用插头将电流表串入支路。

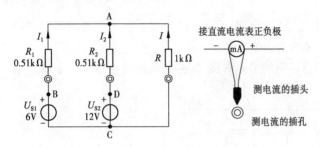
图 2-2-27　各支路串入电流插孔

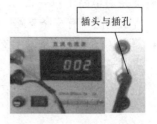
图 2-2-28　专用线与直流电流表的实物连接

② 测量电流。将测电流的专用线插头插入支路电流的插孔中，专用线另一端的两支表笔接数字电流表，红表笔接"＋"，黑表笔接"－"，如图 2-2-28 所示。并将读数记入项目二任务完成情况考核表 2-2 中。注意直流电流也有正负之分，但电流表串入插孔后难以判别，这时可根据电压的极性来判断。例如，图 2-2-27 中参考方向 I_1 与 U_{BA} 的极性一致，若 U_{BA} 为正，则 I_1 为正值，若 U_{BA} 为负，则 I_1 为负值。同理，I_2 与 U_{DA} 的极性一致，I 与 U_{CA} 的极性一致。

③ 分析数据。从数据表中读者应能得出结论：同一时间流入电路某节点的电流代数和为零。

任务 3　分析直流电路

任务导入

根据上一任务中的测量数据引出复杂直流电路的概念及常用的分析方法。

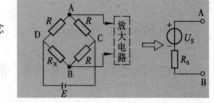

学习目标

- 能解释电路的基本定律。
- 会根据电路结构、元器件的伏安特性写 KCL、KVL 方程。
- 会选用合适的电路分析方法。
- 知道并会计算几种典型实用的电路。
- 能熟练按电路图接线和测量直流电压、电流。

任务情境

同上一任务。

相关知识

1. 分析电路所用的基本定律和常用公式

（1）基尔霍夫定律

由若干电路元器件按一定的连接方式构成电路后，电路中各部分的电压、电流必然受到两

类约束，其中一类约束来自元器件的本身性质，即元器件的伏安特性；另一类约束来自电路的连接方式，它遵循基尔霍夫定律。基尔霍夫定律是分析电路的重要基础，它包含电流定律（简称 KCL）和电压定律（KVL）。

① 基尔霍夫定律的几个常用术语如下：

• 支路。电路中每一条有一个或多个元器件串联而无分支的电路，称为支路。图 2-3-1 所示电路中有三条支路，各支路电流为 i_1、i_2、i。

• 节点。三条或三条以上支路的连接点，称为节点。图 2-3-1 所示电路中有两个节点 A 和 B。

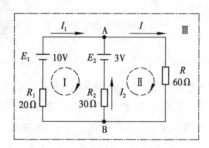

图 2-3-1

• 回路。电路中任何一闭合路径称为回路。图 2-3-1 所示电路中有三个回路：回路Ⅰ、回路Ⅱ、回路Ⅲ。其中回路Ⅰ、回路Ⅱ为不可再分的回路，又称网孔。

② 基尔霍夫电流定律（KCL）：对于电路中任何一个节点，在任一瞬时，流入（或流出）此节点电流的代数和恒等于零。其数学表达式为

$$\sum_{k=1}^{n} i_k(t) = 0 \qquad (2-3-1)$$

对图 2-3-1 中的节点 A，电流参考方向如图中所示，根据 KCL，有

$$i_1 + i_2 - i = 0 \qquad (2-3-2)$$

对图 2-3-2（a）中的节点 M，电流参考方向如图中所示，若已知 $i_1=5A$，$i_3=-3A$，$i_4=2A$，求 i_2。

根据 KCL，有

$$-i_1 + i_2 + i_3 + i_4 = 0 \qquad (2-3-3)$$

将实际数值代入（注意实际数的正负号），可得 $i_2=6A$

基尔霍夫节点电流定律，也可推广应用于电路中某一闭合面——称为广义节点。

对图 2-3-2（b）所示三极管放大电路中，有

$$i_B + i_C - i_E = 0$$

对图 2-3-2（c）所示三相交流电路中，线电流 i_A、i_B、i_C 参考方向如图所示，由 KCL

$$i_A + i_B + i_C = 0$$

对图 2-3-2（d）所示电路，两电路之间只有一根连接导线，根据 KCL，可知连接导线 AB 中无电流。

对图 2-3-2（e）所示电路，该电路只有一根接地线，则该接地线中也无电流。

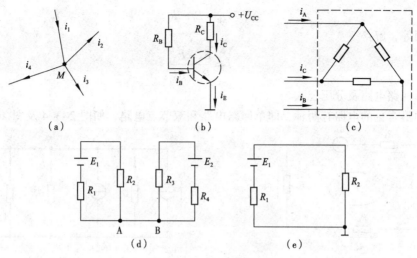

（a）　　　　　　　　（b）　　　　　　　　（c）

（d）　　　　　　　　　　（e）

图 2-3-2　KCL 的应用

③ 基尔霍夫第二定律（KVL）。

- 定律内容：对于电路中任何一个回路，在任一瞬时，沿该回路电压降的代数和恒等于零。

其数学表达式为

$$\sum_{k=1}^{n} u_k(t) = 0 \tag{2-3-4}$$

- 示例

对图 2-3-1 所示的电路，回路 I 、回路 II 分别顺时针绕行一周，根据 KVL，有

$$3 - 30i_2 + 20i_1 - 10 = 0 \tag{2-3-5}$$

$$60i + 30i_2 - 3 = 0 \tag{2-3-6}$$

基尔霍夫回路电压定律，也可推广应用于电路中任一非闭合回路求两点之间的电压。

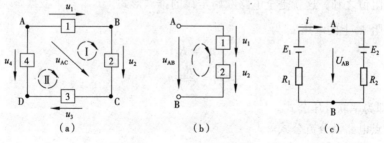

（a）　　　　　　　　（b）　　　　　　　　（c）

图 2-3-3　KVL 的应用

对图 2-3-3（a）所示电路，求 u_{AC}。

$$u_1 + u_2 - u_{AC} = 0, \quad u_{AC} = u_1 + u_2$$

或

$$u_{AC} + u_3 - u_4 = 0, \quad u_{AC} = u_4 - u_3$$

对图 2-3-3（b）所示电路

$$u_{AB} = u_1 + u_2$$

对图 2-3-3（c）所示电路

右边

$$u_{AB} = E_2 + iR_2$$

左边
$$u_{AB} = E_1 - iR_1$$
两边相等，解得

$$i = \frac{E_1 - E_2}{R_1 + R_2} \qquad （2\text{-}3\text{-}7）$$

（2）单回路电路及分压公式

电路中最常见的电路有两种，即单回路电路和双节点电路，如图 2-3-4 及图 2-3-5 所示。

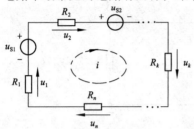

图 2-3-4 单回路电路

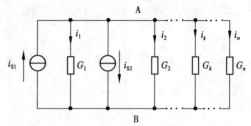

图 2-3-5 双节点电路

在单回路电路中，所有元器件以串联方式连接，即各元器件中均流过相同的电流，此电流可通过欧姆定律求得。由欧姆定律还可得到电阻的分压公式。而在双节点电路中，所有支路以并联形式连接，即各支路两端的电压相同，此电压可通过欧姆定律的对偶形式求得。由欧姆定律的对偶形式还可得到支路的分流公式。

对图 2-3-3（c）所示的单回路电路，已经求得电流为式（2-3-7），对于图 2-3-4 所示的单回路电路，不难得到

$$i = \frac{u_S}{\sum R} \qquad （2\text{-}3\text{-}8）$$

式中：u_S 为沿回路电流方向上所有电压源电位升的代数和，$\sum R$ 为所有电阻元器件电阻值之和。即单回路中的回路电流等于沿回路电流方向上所有电压源电位升的代数和除以回路中所有电阻元器件电阻值之和，这就是全电路欧姆定律的推广形式。

而任一电阻 R_k 上的电压 u_k 为

$$u_k = R_k i$$

则

$$u_k = \frac{R_k}{\sum R} u_S \qquad （2\text{-}3\text{-}9）$$

式（2-3-9）即为串联分压公式。

（3）双节点电路及分流公式

对图 2-3-5 所示的双节点电路，设节点电压为 u_{AB}，即假设 A 点参考极性为正，B 点为参考点，并设各支路电流为 i_1，i_2，…，i_k，…，i_n，参考方向如图 2-3-5 所示，由 KCL 及各元器件的伏安特性可得

$$u_{AB} = \frac{i_S}{\sum G} \qquad （2\text{-}3\text{-}10）$$

式中：I_S 为流入其假定高电位节点的所有电流源的代数和，$\sum G$ 为所有支路电阻元器件电导值之和。即双节点电路中，节点电压等于流入高电位节点的所有电流源之代数和除以各支路电阻元器件的电导值之和。

将式（2-3-10）与式（2-3-8）比较，不难发现这两个公式具有对偶性，即将式（2-3-8）中电压源替换为电流源，电流替换为电压，电阻替换为电导，就构成了式（2-3-10），因此称式（2-3-10）为全电路欧姆定律的对偶形式。

而任一支路电导 G_k 中的电流 i_k 为

$$i_k = G_k u_{AB}$$

则

$$i_k = \frac{G_k}{\sum G} I_S \qquad (2-3-11)$$

式（2-3-11）即为并联分流公式。同样该式与分压公式（2-3-9）也具有对偶性，即对应位置的电压替换成电流，电阻替换为电导。其实，双节点电路通过电源等效变换即可以转换为单回路电路。

对含有两电阻元器件并联的电路，根据式（2-3-11），此时各电阻元器件的电流分别为

$$i_1 = \frac{G_1}{G_1 + G_2} i_S , \quad i_2 = \frac{G_2}{G_1 + G_2} i_S$$

而 $G_1 = 1/R_1$，$G_2 = 1/R_2$，整理得

$$\begin{cases} i_1 = \dfrac{R_2}{R_1 + R_2} i_S \\ i_2 = \dfrac{R_1}{R_1 + R_2} i_S \end{cases} \qquad (2-3-12)$$

式（2-3-12）为只含有两个支路的分流公式，即仅当两个支路并联时，某支路的电流与另一支路的电阻成正比，与两支路电阻之和成反比，再乘以总电流。此式经常使用，请熟记。

关于串、并联电路的对偶公式见表 2-3-1。

表 2-3-1　串并联电路的对偶公式

串　　联	并　　联
$i = \dfrac{u_S}{\sum R}$（单回路电流）	$u_{AB} = \dfrac{i_S}{\sum G}$（双节点电压）
$u_k = \dfrac{R_k}{\sum R} u_S$（分压公式）	$i_k = \dfrac{G_k}{\sum G} i_S$（分流公式）
$\sum R = R_1 + R_2 + \cdots + R_k + \cdots + R_n$（总电阻）	$\sum G = G_1 + G_2 + \cdots + G_k + \cdots + G_n$（总电导）
$u = u_1 + u_2 + \cdots + u_k + \cdots + u_n$（回路电压定律）	$i = i_1 + i_2 + \cdots + i_k + \cdots + i_n$（节点电流定律）
$p_k = i^2 \times R_k$（各用电器消耗功率）	$P_k = u^2 \times G_k$（各用电器消耗功率）

对偶原则：左式中的 i、u、R 分别替换为右式中的 u、i、G

实际的电源系统中包含有许多供电及用电设备，各用电器（照明灯、电风扇、电视机、电冰箱等）都是并联连接在电源的两个接线端上，即双节点电路。对于图 2-3-1 所示的双节点电路，可不必进行电压源与电流源的等效变换，而直接运用式（2-3-10）写出。注意某电动势提供的电流流向高电位点时为正，反之为负。

$$U_{AB} = \frac{i_S}{\sum G} = \frac{E_1/R_1 + E_2/R_2}{1/R_1 + 1/R_2 + 1/R} = \frac{10/20 + 3/30}{1/20 + 1/30 + 1/60} = 6V$$

2. 电路的基本分析方法

（1）支路电流法

步骤如下：

① 设各支路电流及参考方向，标于电路图上；

② 运用 KCL 列出（$n-1$）个独立的节点电流方程（n 为节点数）；

③ 运用 KVL 列出回路电压方程（一般可按网孔数列方程）；

④ 联立方程，代入数值，求解。

【例 2-3-1】 电路如图 2-3-1 所示，试用支路电流法求各支路电流。

解： 该电路有 3 条支路，需要 3 个独立方程求解。各支路电流及参考方向如图 2-3-1 所示。

由 KCL 列写节点电流方程（该电路有两个节点，可列写一个独立的电流方程）：

$$i_1 + i_2 - i = 0$$

由 KVL 列写回路 I 、回路 II 方程（沿顺时针方向）：

$$3 - 30i_2 + 20i_1 - 10 = 0$$
$$60i + 30i_2 - 3 = 0$$

联立以上三个方程，解得

$$\begin{cases} i_1 = 0.2A \\ i_2 = -0.1A \\ i = 0.1A \end{cases}$$

这里要说明的是 i_2 值为负，表明该支路实际电流与图上的参考方向相反，它表明 E_2 在此电路中并非电源而是负载。

本电路模型来源于运输车辆的照明供电电路。图中 E_1 为发电机的电动势（R_1 为其内阻）；E_2 为蓄电池的电动势（R_2 为其内阻）；R 为照明灯负载。当车辆行驶时，车上的发电机由车辆行驶时的动力带动发电，发出的电能一方面对车上的负载（如照明灯、电风扇等）供电，另一方面对车上的蓄电池充电。而当车辆停止时，车上的发电机停止工作，此时蓄电池对车上的负载供电。

（2）叠加分析法

叠加分析法是线性电路最重要、最基本的方法之一。适用于线性电路中的电压和电流的计算（功率不能进行叠加）。

方法如下：

① 把一个多电源电路分解成每个单电源单独作用的电路，单电源作用时其他独立电源按零值处理（即令电压源短路，电流源断路）；

② 电流、电压按代数和叠加，即分电路与总电路中的电流（或电压）方向一致时取正，反之取负。

【例 2-3-2】 电路如图 2-3-6（a）所示，求 i_1、i_2、i。

解： 让 E_1、E_2 分别作用于电路，分解电路分别如图 2-3-6（b）和（c）所示。

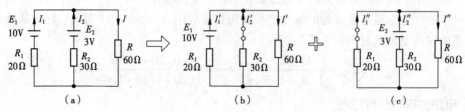

图 2-3-6　叠加定理电路分析图

在图 2-3-6（b）中

$$i'_1 = \frac{10}{20 + \dfrac{30 \times 60}{30 + 60}} = 0.25\text{A}$$

$$i'_2 = -0.25 \times \frac{60}{30 + 60} = -0.167\text{A}$$

$$i' = 0.25 \times \frac{30}{30 + 60} = 0.083\text{A}$$

在图 2-3-6（c）中

$$i''_2 = \frac{3}{30 + \dfrac{20 \times 60}{20 + 60}} = 0.067\text{A}$$

$$i''_1 = -0.067 \times \frac{60}{20 + 60} = -0.05\text{A}$$

$$i'' = 0.067 \times \frac{20}{20 + 60} = 0.017\text{A}$$

E_1、E_2 共同作用的结果为

$$i_1 = i'_1 + i''_1 = 0.25 - 0.05 = 0.2\text{A}$$

$$i_2 = i'_2 + i''_2 = -0.167 + 0.067 = -0.1\text{A}$$

$$i = i' + i'' = 0.083 + 0.017 = 0.1\text{A}$$

计算结果与【例 2-3-1】完全相同。

知识拓展

电路的基本分析方法还有许多，这里再介绍几种方法。

1. 等效变换分析法

所谓电路的等效变换分析法，就是把一个较复杂的电路化简为一个较简单的电路，甚至化简为一个单回路电路或双节点电路，然后在这一简化的电路中求解未知电量 i 或 u。这种方法只能对一些较为简单的电路有效。

（1）无源二端网络等效

不含电源的二端网络称为无源二端网络。

① 电阻的串联等效。图 2-3-7（a）所示的电阻串联电路，可以等效为图 2-3-7（b）所示的最简电路，由 KVL 及元器件的伏安特性，可得两电路相互等效的条件是

$$R = \sum_{k=1}^{n} R_k \tag{2-3-13}$$

当 $R_1 = R_2 = \ldots = R_n$ 时，有 $R = nR_1$。

串联电路应用较多，如在电工测量中使用电阻串联的分压作用扩大电压表的量程；在电子线路中，常用串联电阻组成分压器分取部分信号电压。

② 电导的并联等效。图 2-3-8（a）所示的电导并联电路，可以等效为图 2-3-8（b）所示的最简电路，由串并联的对偶关系，可得两电路相互等效的条件是

$$G = \sum_{k=1}^{n} G_k \qquad (2\text{-}3\text{-}14)$$

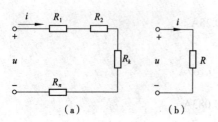

图 2-3-7　电阻的串联等效

图 2-3-8　电导的并联等效

当只有两个电阻元器件并联时，$G = G_1 + G_2$，

或用电阻并联表示为

$$R = \frac{R_1 R_2}{R_1 + R_2}（简记为 R = R_1 // R_2）\qquad (2\text{-}3\text{-}15)$$

当 $R_1 = R_2$ 时，有

$$R = \frac{R_1}{2} = \frac{R_2}{2}$$

并联电路应用也很多，如在电工测量中使用电阻并联的分流作用扩大电流表的量程。

③ 电阻的混联等效。电阻串联和并联混合连接的方式称为电阻的混联。电阻混联的二端网络最简等效电路为一个电阻，如图 2-3-9 所示。

对于简单的无源二端网络，其等效电阻可以通过电阻的串联等效和并联等效来逐步化简，而对于较为复杂的无源二端网络，通常可在其端口外加电压 u，并测得总电流 i，即可由欧姆定律获得等效电阻，阻值为 $R = \dfrac{u}{i}$。

图 2-3-9　电阻混联二端网络的等效电路

（2）有源二端网络的等效

① 恒压源的等效变换。由 KVL 容易得出几个电压源串联等效变换，即电压源合并，如图 2-3-10 所示。

恒压源与任何一个元器件相并联（但不能是另一数值的恒压源，否则违反 KVL）时，等效为恒压源本身，如图 2-3-11 所示。

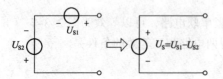

图 2-3-10　恒压源串联等效　　　　图 2-3-11　恒压源并联等效

② 恒流源的等效变换。由 KCL 容易得出几个电流源并联等效变换，即电流源合并，如图 2-3-12 所示。

恒流源与任何一个元器件相串联（但不能是另一数值的恒流源，否则违反 KCL）时，等效为恒流源本身，如图 2-3-13 所示。

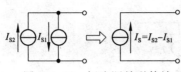

图 2-3-12　恒流源并联等效

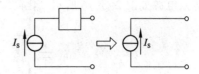

图 2-3-13　恒流源串联等效

③ 实际电压源与实际电流源的等效变换。两个电源模型之间对外电路而言，可以相互等效，如图 2-3-14 所示。变换时，电流源的方向指向电压源的正极。内阻数值不变，电流源与电压源的关系参照式（2-2-23）。

$$U_S = R_0 I_S \text{ 或 } I_S = \frac{U_S}{R_0}$$

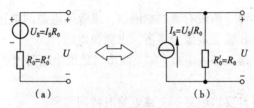

图 2-3-14　两种电源模型的等效变换

【例 2-3-3】求图 2-3-15（a）所示电路的最简等效电路。

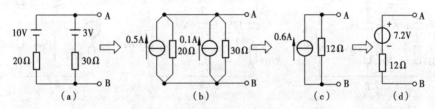

图 2-3-15　用电源变换法化简

解： 用电源等效变换法进行化简，过程如图 2-3-15（b）、（c）、（d）。

④ 任意有源线性二端网络的等效。实际的电源系统中包含有许多供电及用电设备，各用电器（照明灯、电风扇、电视机、电冰箱等）都是并连接在电源的两个接线端上。这种包含有电源并具有两个出线端的电路都是有源二端网络，可等效为一个实际的电压源，即一个恒压源与一个电阻串联，故称此为等效电源法（这个等效方法由法国科学家戴维南提出，故也称戴维南定理）。

该定理如下：对任何一个线性有源二端网络，可等效为一个恒压源与一个电阻串联，恒压源的电压值等于该网络的开路电压 U_{OC}，串联电阻等于该网络除源电阻 R_O（即所有独立电压源作短路处理，独立电流源作断路处理时的无源网络电阻）。

【例 2-3-4】对图 2-3-16（a）所示电路，用等效电源法化简。

解：

① 求 AB 两端的开路电压

$$u_{ABO} = 3 + 30 \times i = 3 + 30 \times \frac{10-3}{20+30} = 7.2\text{V}$$

② 求 AB 两端的除源电阻（令独立电压源为零）

$$R_O = 20 // 30 = 12\Omega$$

等效电源如图 2-3-16 所示。化简结果与用电源等效变换的结果图 2-3-15（d）完全一致。

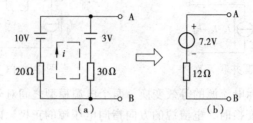

图 2-3-16　用电源变换法化简

2. 等效电源分析法

步骤如下：

① 断开所求支路元器件，构成有源二端网络，求等效电源的电压；

② 令有源二端网络中各独立电源为零值，求除源电阻；

③ 将待求支路元器件接入等效电源（即上两步的结果串联所组成的电源），构成单回路电路，求解即是。

④ 等效电源分析法对只要求解某一支路电量时特别方便。

【例 2-3-5】 电路如图 2-3-17（a），试用等效电源分析求电流 I 及电压 U_{AB}。

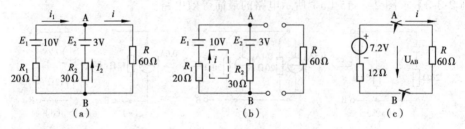

图 2-3-17　等效电源分析法

解：（1）断开待求支路，如图 2-3-17（b），求二端网络的开路电压

$$u_{ABO} = 3 + \frac{10-3}{20+30} \times 30 = 7.2\text{V}$$

（2）令二端网络中电压源为零，即用导线代替电压源，求除源电阻

$$R_0 = \frac{30 \times 20}{30 + 20} = 12\Omega$$

（3）将待求支路接入等效电源，如图 2-3-17（c），求电流及电压

$$i = \frac{u_{ABO}}{R_0 + R} = \frac{7.2}{12 + 60} = 0.1\text{A}$$

$$u_{AB} = iR = 0.1 \times 60 = 6\text{V}$$

3. 典型电路的计算

（1）万用表扩大电流量程的电路分析

万用表只有一个表头，却可以测量多种量程的电流或电压，这是利用万用表并联不同的分流电阻和串联不同的分压电阻来实现。

当万用表挡位开关旋钮置于最小量程挡，全部电阻串联作为分流电阻。而在其余量程，则是将分流电阻的一部分串接在测量机构的支路中，即将实际的分流电阻减少。所以当转换开关置于不同量程时，能改变电流量程的大小。

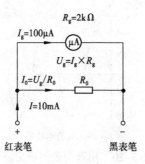

图 2-3-18　例 2-3-6 电路

【例 2-3-6】已知某表头的内阻为 $R_g=2\text{k}\Omega$，满刻度电流 $I_g=100\mu\text{A}$，若将表头测量 10mA 的电流，应并联多大的电阻？电路如图 2-3-18 所示。

解：该表头允许通过的最大电流为 $I_g=100\mu\text{A}=0.1\text{mA}$，最大电压为 $U_g=R_gI_g=2\times10^3\times100\times10^{-6}=0.2\text{V}$。依题意，该表头并联电阻后，所测电流 $I=10\text{mA}$。

根据 KCL，$I_0=I-I_g=10-0.1=9.9\text{mA}$

由电阻的伏安特性得：$I_0=U_g/R_0$，$R_0=U_g/I_0=\dfrac{0.2}{9.9}=20.2\Omega$

（2）万用表扩大电压量程的电路分析

万用表用同一个表头测量多量程的直流电压，这是利用串联不同的分压电值来实现的。

【例 2-3-7】已知某表头的内阻为 $R_g=2\text{k}\Omega$，满刻度电流 $I_g=100\mu\text{A}$，若用此表头测量 10V 的电压，应串联一个多大的电阻？电路如图 2-3-19 所示。

解：该表头允许通过的最大电流为 $I_g=100\mu\text{A}=0.1\text{mA}$，对应电压为

$$U_g=R_gI_g=2\times10^3\times100\times10^{-6}=0.2\text{V}$$

依题意，该表头串电阻后，可测电压 $U=10\text{V}$。

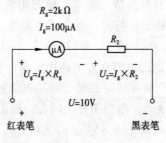

图 2-3-19　例 2-3-7 电路

根据 KVL，$U_2=U-U_g=10-0.2=9.8\text{V}$

由电阻的伏安特性得：$U_2=I_gR_2$，$R_2=U_2/I_g=\dfrac{9.8}{0.1}=98\text{k}\Omega$

本例表明：分压电阻上的电压远远大于表头电压，近似为测量电压。

（3）二极管电路的分析计算

万用表不仅能测量直流电压，还能测量交流电压，这是利用了二极管单向导电性的原理。

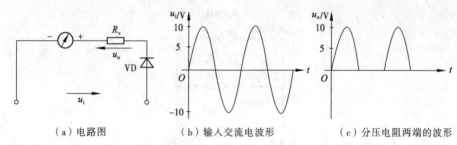

（a）电路图 （b）输入交流电波形 （c）分压电阻两端的波形

图 2-3-20 用万用表测量交流电压

图 2-3-20（a）所示为万用表测量交流电压的电路图，与测量直流电压的电路所不同的是在测量交流电压电路中串联了一个二极管。图中的 R_V 为分压电阻，与测量机构串联的 VD 是整流二极管，它能将输入的交流电变成脉动的直流电流，送入磁电系微安表。

【例 2-3-8】设待测电压 $u_i=10\sin\omega t$，输入波形为正弦波，如图 2-3-20（b）所示。二极管为理想二极管，试画出分压电阻两端的电压 u_o 的波形，并说出二极管在此电路中所起的作用。

解：根据【例 2-3-7】的计算结果，表头电压可以忽略不计，测量的电压近似为分压电阻的电压。

在理想二极管条件下，当 $u_i \geqslant 0$ 时，VD 导通，类似开关闭合，输出 $u_o=u_i$；当 $u_i<0$ 时，VD 截止，类似开关断开，R_V 中无电流通过，$u_o=0$。

画出 u_o 的波形如图 2-3-20（c）所示。

二极管在该电路中起到整流作用，即将正负变化的交流输入电压变换为单方向变化的直流脉动电压。因而表头中流过的电流也是直流电流。这就是为什么万用表可以测量交流电压的原因。

由于通过测量机构的电流是经过整流后的单向脉动电流，而其指针的偏转角是与脉动电流的平均值成正比，但是交流电的大小指的是有效值。为此，万用表设计者经过换算，在交流电压的标度尺上直接按正弦交流电的有效值来刻度。**即万用表交流电压挡的读数是正弦交流电的有效值。**如果测量的交流电压是非正弦波，则会产生误差。

【例 2-3-9】电路如图 2-3-21（a）所示。设 $E=5$V，$u_i=10\sin\omega t$V，二极管为理想二极管，试画出输出电压 u_o 的波形，并说出二极管在此电路中所起的作用。

解：在理想二极管条件下，正向导通时二极管两端电压忽略不计。

本电路中当 $u_i \geqslant 5$V 时，VD 导通，相当于开关闭合，输出 $u_o=5$V；当 $u_i<5$V 时，VD 截止，似开关断开，电路中无电流，即 $u_R=0$。由 KVL，$u_o=u_i-u_R=u_i$。

输出 u_o 的波形画于图 2-3-21（b）中，图中虚线部分为输入 u_i 的波形。

二极管在该电路中起到限幅作用，即把输入电压的一部分传到输出端，而另一部分加以限制，并可通过调整 E 值大小和极性来改变限幅电压大小和方向。

【例 2-3-10】电路如图 2-3-22 所示。设 VD_1、VD_2 为理想二极管，试根据二极管的单向导电特性，求输出端 F 的电位 V_F，并说出二极管所起的作用。

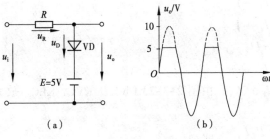

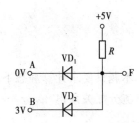

图 2-3-21　二极管的限幅作用　　　　　　图 2-3-22　二极管的钳位作用

解：由图可见，VD$_1$两端的电位差大于VD$_2$，VD$_1$优先导通，导通后，V_F=0V，使VD$_2$处于反偏而截止。可见VD$_1$管起钳位作用，即把F端电位钳制在0V（与输入端A同电位），而VD$_2$管起隔离作用，把输出端F与输入端B隔离开来。

（4）含有三极管电路的分析

在三极管放大电路中一般都有多个电源，对于小信号放大电路，可采用叠加分析法。

【例2-3-11】三极管单管小信号放大电路如图2-3-23（a）所示。试画出直流通路和交流通路，并求静态下的I_B、I_C、I_E、U_{CE}（设已知硅三极管导通电压U_{BE}=0.7V，电流放大倍数β=50，放大电路中$I_C=\beta I_B$，直流电源V_{CC}=12V，R_B=39kΩ，R_C=4kΩ）。

解：图2-3-25（a）所示电路中具有两个电源，其中V_{cc}为直流电源，u_i为交流信号源。根据叠加原理可将图（a）等效为直流电源和交流电源分别作用时（b）、（c）的叠加。

直流电源V_{CC}单独作用时的电路称为直流通路，交流信号源u_i单独作用时的电路称为交流通路。

当直流电源V_{CC}单独作用时（令交流电源值为零，即u_i处用导线代替），所计算的电流和电压值均为直流量。由于在直流稳态电路中，电容C_1、C_2相当于开路，故等效电路如图2-3-23（b）所示，各电量用大写字母表示。

当交流信号源u_i单独作用时（令直流电源值为零，即该处与参考点之间电压为零，用导线代替），由于电容有隔直流通交流的特性，故在画交流通路时电容也可用导线替代，等效电路如图2-3-23（c）所示，各电量用小写字母表示。

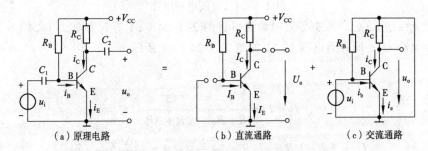

图2-3-23　含有交直流电源的三极管电路分析

根据叠加定理，可求出图2-3-23（a）中各电压、电流的关系式：

$$\begin{cases} i_{\mathrm{B}} = I_{\mathrm{B}} + i_{\mathrm{b}} \\ i_{\mathrm{C}} = I_{\mathrm{C}} + i_{\mathrm{c}} \\ u_{\mathrm{CE}} = U_{\mathrm{CE}} + u_{\mathrm{ce}} \\ u_{\mathrm{o}} = U_{\mathrm{o}} + u_{\mathrm{ce}} \end{cases}$$

本题只要求计算静态下的电量 I_{B}、I_{C}、I_{E}、U_{CE}，由图 2-3-23（b）及 KVL、KLC、放大电路电流分配关系得

$$\begin{cases} V_{\mathrm{CC}} = R_{\mathrm{B}} I_{\mathrm{B}} + U_{\mathrm{BE}} \\ V_{\mathrm{CC}} = R_{\mathrm{C}} I_{\mathrm{C}} + U_{\mathrm{CE}} \\ I_{\mathrm{C}} = \beta I_{\mathrm{B}} \\ I_{\mathrm{E}} = I_{\mathrm{C}} + I_{\mathrm{B}} \end{cases}$$

代入数据并求解，得

$$\begin{cases} I_{\mathrm{B}} = 30\mu\mathrm{A} \\ I_{\mathrm{E}} \approx I_{\mathrm{C}} = 1.5\mathrm{mA} \\ U_{\mathrm{CE}} = 6\mathrm{V} \end{cases}$$

（5）直流电桥电路的分析计算

【例 2-3-12】电桥式传感器电路是工业上广泛使用的一种测量电路，如图 2-3-24（a）所示，R_{X} 可以是一个热敏电阻，也可以是一个力敏电阻，或是一个光敏电阻。U_{AB} 为传感器的输出信号。当 $R=R_{\mathrm{X}}$ 时，电桥平衡，$U_{\mathrm{AB}}=0$；求当 R_{X} 随外部因素变化有增量 $\Delta R_{\mathrm{X}} \neq 0$ 时，U_{AB} 的表达式及等效电路。

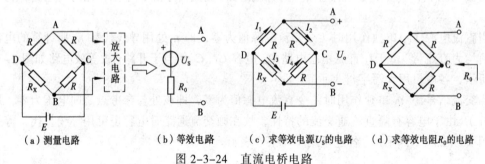

（a）测量电路　　　（b）等效电路　　　（c）求等效电源 U_{S} 的电路　　　（d）求等效电阻 R_0 的电路

图 2-3-24　直流电桥电路

解： 设 $R_{\mathrm{X}} = R + \Delta R_{\mathrm{X}}$，根据等效电源法可将图 2-3-24（a）等效为图 2-3-24（b）。

求等效电源 U_{S}（即开路电压 U_{o}），如图 2-3-24（c）所示。

$$I_1 = I_2 = \frac{E}{2R}$$

$$I_3 = I_4 = \frac{E}{R + R_{\mathrm{X}}} = \frac{E}{2R + \Delta R_{\mathrm{X}}}$$

$$U_{\mathrm{o}} = I_2 R - I_4 R = \frac{E}{2R} R - \frac{E}{2R + \Delta R_{\mathrm{X}}} R = \frac{\Delta R_{\mathrm{X}}}{2R + \Delta R_{\mathrm{X}}} \times \frac{E}{2}$$

即

$$U_{\mathrm{S}} = \frac{\Delta R_{\mathrm{X}}}{2R + \Delta R_{\mathrm{X}}} \times \frac{E}{2}$$

求等效电源内阻（即除源电阻）R_0，如图 2-3-24（d）。

$$R_0 = R /\!/ R + R /\!/ (R + \Delta R_{\mathrm{X}})$$

分析电路可知：不带负载时，$U_{AB}=U_S$。

因 $\Delta R_X << R$，故

$$U_{AB} = \frac{\Delta R_X}{2R + \Delta R_X} \times \frac{E}{2} \approx \frac{E}{4} \times \frac{\Delta R_X}{R} = \frac{E\delta}{4} \qquad (2-3-16)$$

式中：$\delta = \dfrac{\Delta R_X}{R}$ 称为灵敏度，该信号很小，须通过放大电路进一步放大。

技能训练

1. 测量各支路电流

按图 2-3-25（a）接线，并测量各支路电流，将读数记入项目二任务完成情况考核表 2-2 中。

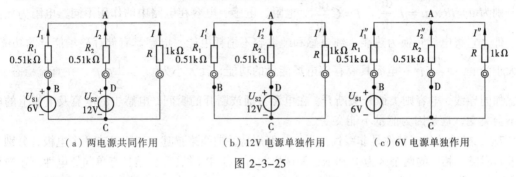

（a）两电源共同作用　　　　（b）12V 电源单独作用　　　　（c）6V 电源单独作用

图 2-3-25

2. 测量各支路电流

分别按图 2-3-25（b）和图 2-3-25（c）接线，并测量各支路电流，将读数记入项目二任务完成情况考核表 2-3 中。

3. 分析数据

分析数据是否符合叠加原理：任何一条支路的电流（或电压），都是各个电源单独作用时在该支路中所产生的电流（或电压）的代数和 。

注意：在测量之前应检测所用元器件的可靠性。

小　　结

通过本项目的学习，读者应进一步掌握万用表的使用与调试。认识指针式万用表内部电气元器件和机械零件，并会进行电路板的焊接及机械组装。在任务 2 中，通过对电路连接及对电流、电压的测量，介绍了电路的一些性质，为任务 3 的学习奠定了基础。

1. 电路由电源、中间环节和负载三部分组成，它的作用是用来实现电能的输送和转换、电信号的传递和处理。电路的基本物理量有电流、电压及功率。若电量随时间变化则用小写字母表示，不随时间变化的电量称为直流量，用大写字母表示。

2. 电流、电压、电动势的实际方向分别是：电流方向为正电荷移动的方向；电压方向为高电位端指向低电位端的方向；电动势方向是电源内部由负极指向正极的方向。

3. 电位是人为引入的一个量，与电压之间有如下关系：某点的电位即该点与参考点之间的电压；a、b 两点之间的电压 U_{ab} 为 a 点电位与 b 点电位之差，即 $U_{ab} = V_a - V_b$。参考点改变，

则各点的电位值相应改变，但任意两点间的电位差（电压）不变。

4. 电路的状态有开路状态、有载工作状态及短路状态三种。短路时，电路中产生很大的短路电流，会危及设备的安全，故应避免；有载工作时，电路的一切电气设备、器件，都应在额定状态或接近额定状态下运行。

5. 根据电压和电流的实际方向可以确定电路元器件的功率性质：当 u、i 的实际方向相同，表明该元器件取用（消耗）功率，为负载性质；若 u、i 的实际方向相反，表明该元器件提供（发出）功率，为电源性质。

6. 电路中常见的基本元器件有电阻、电感、电容、二极管、电压源、电流源等。线性电阻、电感、电容其参数分别为 $R = \dfrac{u}{i}$，$L = \dfrac{\psi}{i}$，$C = \dfrac{q}{u}$，在关联的参考方向下，它们的伏安特性式分别为 $u = iR$，$u = L\dfrac{\mathrm{d}i}{\mathrm{d}t}$，$i = C\dfrac{\mathrm{d}u}{\mathrm{d}t}$。电阻、电感、电容在电路中的作用不同，电阻为耗能元器件，它将电能转换为热能；纯电感和纯电容不消耗电能。电感具有储存磁场能量的功能，其大小为 $w_L = \dfrac{1}{2}Li^2$；电容具有存储电场能量的功能，其大小为 $w_C = \dfrac{1}{2}Cu^2$。在直流稳态下，电感如同导线，电容则类似开关断开。在电源接通或断开的瞬间，电感中的电流及电容上的电压不会突变，这是因为能量不能突变。

7. 二极管的伏安特性是非线性关系，一般用特性曲线来描述。二极管有两个电极，分别为阳极和阴极，相应的两个区为 P 和 N，两区之间有一个 PN 结，PN 结具有单向导电性，正向导通（即阳极接正，阴极接负时，电阻很小，似开关闭合），反向截止（即阳极接负，阴极接正时，电阻趋于 ∞，似开关断开），因此，二极管在电路中的作用是受电压控制的无触点开关。

8. 一个实际的电源既可以用恒压源 U_S 和内阻 R_S 串联的形式表示，也可以用恒流源 I_S 和内阻 R_S' 并联的形式表示。两者之间对外电路可以等效互换，等效的条件是：$R_S' = R_S$，$U_S = I_S R_S$，或 $I_S = \dfrac{U_S}{R_S'}$，且两者提供的电流方向应一致。

9. 受控电源的特点是它的电源不独立，受到其他支路的电流或电压控制。

10. 电路的基本定律主要有基尔霍夫定律，它包括电流定律（KCL）和电压定律（KVL），该定律是分析电路的主要依据。基尔霍夫定律具有普遍性，它不仅适用于直流电路，也适用于交流电路。

11. 最基本电路有两种，即单回路电路和双节点电路。对于单回路电路，回路电流 I 可由全电路欧姆定律求得，任一电阻上的电压可由分压公式求得；对于双节点电路，节点电压 U 可由全电路欧姆定律的对偶形式求得，任一电导上的电流可由分流公式求得。

12. 电路的分析方法较多。一般讲，对于只要求某一支路的电压或电流的问题，宜采用等效电源分析法。若需同时求解各支路电流，则建议采用支路电流法。

13. 支路电流法的求解步骤：

① 在电路中假设出各支路（b 条）电流的变量，且选定其参考方向，并标示于电路中；

② 对 N 个节点可根据 KCL 定律，列写出（N–1）个独立的节点电流方程；

③ 对于 M 个网孔，可根据 KVL 定律，列写出 M 个独立回路电压方程；

④ 联立求解上述所列写的方程，求解出各支路电流变量，进而求解出电路中其他响应。

14. 叠加分析法适用于线性电路。在有多个电源共同作用的线性电路中，任何一条支路的电流或电压，都可以看成是电路中各个独立电源分别单独作用（其他电源为零值，即恒压源短路，恒流源开路，电源内阻均保留）时，在这个支路中所产生的电流或电压的代数和。叠加定理只适用于线性电路的电流或电压计算，功率不满足叠加关系。

15. 等效电源法：任何一个线性有源二端网络，都可以用一个恒压源与一个电阻相串联来等效。其恒压源的电动势等于该网络的开路电压；串联电阻等于相应除源（即该网络的所有独立电源为零值时）二端网络的等效电阻。

项目三

照明电路的安装与测量

任务1　安装照明电路

任务导入

在生产和生活中使用的电能，几乎都是交流电能，即使是电解、电镀、电信等行业需要直流供电，大多数也是将交流电能通过整流装置变成直流电能。本任务通过安装照明电路为后续理论课的学习建立感性认识和学习兴趣。

学习目标

- 知道家用电器的正确连接方法。
- 能说出照明电路的组成及各部件的作用。
- 能实现异地控制照明灯。
- 会按工艺要求安装、调试照明电路。

任务情境

本任务建议在实训室进行，实训台配有630×700mm金属网板、电工常用工具、万用表以及待安装的白炽灯、荧光灯、双联开关、熔断器、PVC管、接线盒等元器件。教学方式宜讲练结合。

相关知识

1. 照明电路的组成

照明电路由用电器、电源、开关及保护环节等组成。安装电路及各元器件如图3-1-1所示，电路原理图如图3-1-2所示。

用电器有固定式（如吸顶灯、吊扇）和可移动式（如台灯、充电器、电视机、洗衣机等）两类，后者需要通过插头与插座配合接入电路；电路中各负载的额定电压应与电源电压一致，且为并联方式接入；开关必须接在相线与负载之间；如果只用一只熔断器，则亦应接在相线上。

2. 照明电路中各部件的作用

（1）白炽灯

白炽灯是利用电流通过灯丝电阻的热效应将电能转换成光能和热能。灯泡的主要工作部分是灯丝，一般用钨丝做成。为了防止断裂，灯丝多绕成螺旋圈式。40W以下的灯泡内部抽成真空；40W以上的灯泡在内部抽成真空后充入少量氩气或氮气等气体，使钨不易挥发，以延长灯丝寿命。灯泡通电后，灯丝在高阻作用下迅速发热和发红，直到白炽灯发光。

图 3-1-1　安装电路及各部分名称

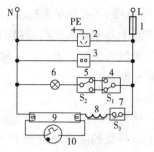

图 3-1-2　照明电路原理图

1-熔断器；2-三孔插座；3-二孔插座；4、5-双联开关；
6-白炽灯；7-单联开关；8-镇流器；9-荧光灯管；
10-辉光启动器

白炽灯灯座又称灯头，主要是接通电源和固定灯泡。灯座一般有螺口和插口两种，如图 3-1-3（a）、（b）所示。螺口式灯头在电接触和散热方面要比插口式灯头好得多。

灯座上有两个接线柱，一个与电源的中性线连接，另一个与来自开关的相线连接。插口平灯座上两接线柱可任意连接；而螺口平灯座两个接线柱，必须把电源中性线线头连接在通螺纹圈的接线柱上，把来自开关的连接线线头连接在通中心弹簧片的接线柱上，以防止更换灯泡时，手触及螺旋部分而触电。螺口灯座的正确连接如图 3-1-3（c）所示。

（a）螺口灯座

（b）插口灯座

与中心弹簧片相连的接线端应接火线

与螺纹相连的接线端应接零线

（c）螺口灯座的正确接法

图 3-1-3　白炽灯灯座

（2）插座、插头

插座分为两孔、三孔插座。非金属外壳用电器通过两孔插座接入电源；带有金属外壳的用电器必须通过三孔插座接入电源。图 3-1-4（a）所示为插头与插座。图 3-1-4（b）所示为插座拆装示意图。

保护接地较长，应先插入

（a）三孔插头与插座实物

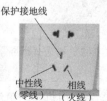

保护接地线

中性线（零线）

相线（火线）

用一字起子打开边框

取出两侧螺钉

反面按字母接线

（b）拆卸安装步骤

图 3-1-4　插座的正确接法

三孔插座的正确连接是：左接中性线 N（又称零线），右接相线 L（又称火线），中接保护线 PE（又称地线）。插座反面标注有字母，即：N、L、E。

地线实际上是不接入用电电路的，它与用电器的外壳相连，一旦用电器发生漏电现象，地线可以将电流散入大地，防止发生触电。如果家庭装有漏电保护器，它可以在发生漏电事故时马上将电源掐断。

（3）电源

室内照明电路的电源一般为 220V 单相交流电。根据安全用电规定，熔断器、开关均须接在相线 L 上。导线的颜色规定如下：

① 相线用红（或黄、绿）线，一般与室内电源引入线相同；

② 中性线用蓝线；

③ 接地引线用黄绿双色线，（插头所用护套线中的接地线多为黑线）。

图 3-1-5 所示为电源引线。

图 3-1-5 电源引线

（4）开关

开关用来接通或断开负载与电源的连接。按控制方式分为单联控制和双联控制两种。

图 3-1-6（a）、（b）所示为双联开关的两种状态，用一只双联开关可以实现单联控制（即相线接中点，灯具接其他两点之一）；用两只双联开关并按图 3-1-6（c）所示接线，可实现异地控制。

（5）熔断器

熔断器用于电源短路保护，应接入电源相线中。

如图 3-1-7 所示为插入式熔断器的拆卸后示意图。

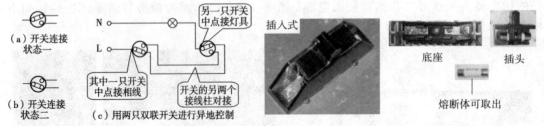

图 3-1-6 双联开关的使用　　　图 3-1-7 插入式熔断器拆卸示意图

（6）荧光灯

荧光灯又叫日光灯，是应用较普遍的一种照明工具。主要由灯管、镇流器、辉光启动器和灯架等部分组成。

① 荧光灯灯管由一根直径为 15～40.5mm 的玻璃管、灯丝和灯丝引脚等组成。玻璃管内

充入少量汞和氩等惰性气体，管壁涂有荧光粉，灯丝由钨丝制成，用以发射电子。

② 镇流器。电感式镇流器如图 3-1-8（a）所示，其主要作用是在辉光启动器断开瞬间，产生瞬时高压点燃日光电感式灯管；此外还有两个作用：一个是在灯丝预热时，限制灯丝所需的预热电流值，防止预热温度过高烧断灯丝，并保证灯丝发射电子的能力；二是在灯管启辉后，维持灯管的工作电压和限制灯管工作电流在额定值内，以保证灯管能稳定工作，延长灯管的使用寿命。

电子式镇流器如图 3-1-8（b）所示。采用开关电源技术和谐振启辉技术，工作频率为 30～60kHz，效率进一步得提高。使用电子式镇流器，不仅彻底消除了电感式荧光灯的频闪和"嗡嗡"噪声，而且功率因素可达到 0.9 以上，比电感式荧光灯提高 80％ 左右。

③ 辉光启动器由氖泡、纸介电容和外壳组成，如图 3-1-9 所示。氖泡内有一个固定的静止触片和一个双金属片制成的倒 U 形触片。辉光启动器中的双金属片起到自动开关的作用；而其中的电容则与镇流器线圈组成 LC 振荡回路，能延长灯丝预热时间和维持脉冲放电，并能吸收电磁波，减少电子设备的干扰。

④ 灯座。灯座的作用是将荧光灯灯管支撑在灯架上，再用导线（或专用的电子线）连接成荧光灯的完整电路。灯座有弹簧式和插入开启式两种，如图 3-1-10 所示。

（a）　　　（b）

图 3-1-8　镇流器　　　图 3-1-9　辉光启动器　　　图 3-1-10　荧光灯灯座

知识拓展

1. 照明电路的安装工艺

① 导线的选色要正确，熔断器及开关必须接相线，螺口灯头中点必须接相线，照明供电与插座供电分开布线；

② 接线要牢固，每个接点上最多只能有两个线头，导线连接时必须按螺丝拧紧的方向（顺时针），导线无剥损，无压皮，无露铜，管内无接头；

③ 预埋 PVC 管或使用线槽，走明线时要求横平竖直，转角垂直；

④ 接头处用绝缘胶布进行绝缘层恢复。具体步骤如下：

- 从导线完整的绝缘层上开始包缠，包缠两根带宽后方可进入无绝缘层的芯线部分。

- 包缠时，绝缘带与导线保持约 55º 的倾斜角，每圈压叠带宽的 $\frac{1}{2}$，如图 3-1-11 所示。

图 3-1-11　绝缘修复

- 绝缘带包缠时，不能过疏，更不允许露出芯线，包缠一定要紧密封。

⑤ 插座的接线要求：三孔插座要求"左零右火中接地"；两孔插座要求水平安装时"左零右火"，垂直安装时"上零下火"。三孔插座中接地的接线桩必须单独引线，不可与零线相连。

⑥ 使用及维修要方便，线盒要求能180°翻盖。用线要节约、选材要适当。

2. 照明电路在建筑安装平面布置图中的相关符号

图3-1-12所示为照明电路在建筑安装平面布置中常见电气图形符号，摘自GB/T4728—2008及GB/T5465—2009。

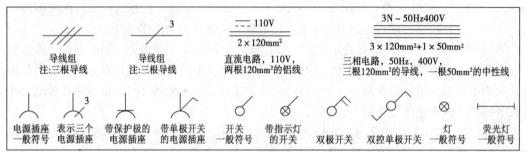

图3-1-12　建筑安装平面布置图中常见的电气图形符号

技能训练

安装照明电路

1. 编制安装计划

将制定的安装计划填入项目三任务完成情况考核表3-3。

2. 列出材料清单

列出材料清单，填入项目三任务完成情况考核表3-4。

3. 按工艺要求安装

4. 检测

（1）通电前用万用表电阻挡自检

① 测各灯具开关是否接相线：万用表接在熔断器出线端和白炽灯灯座上连通中心簧片的接线柱上，分别按下开关两次，一次为零（开关闭合），一次为∞（开关断开）；万用表接在熔断器出线端和荧光灯镇流器入线端，分别按下开关两次，一次为零（开关闭合），一次为∞（开关断开）。

② 测插座连线是否正确（即"上地线、左零线、右火线"）/。

③ 测镇流器：万用表接在镇流器外侧两端（相线、电子线），有一定电阻值为正常，若为∞，则可能是内部接触不良；若为零，则镇流器已坏。

（2）在教师指导下通电

① 分别按下双联开关 S_1、S_2，两处应均能独立控制白炽灯。

② 按下单控开关 S_3，应能独立控制荧光灯（观察荧光灯点亮要比白炽灯慢）。

③ 荧光灯亮后取下辉光启动器观察荧光灯，仍能正常发光。

④ 取下辉光启动器后再重按下单控开关 S_3，观察荧光灯不能点亮。

⑤ 观察各灯具之间应能独立工作。

⑥ 观察插座带负载的情况。

任务 2　测量荧光灯电路

任务导入

本任务通过在实训室快速搭接荧光灯电路、并通过测试了解交流电路中各元器件的特征,为下一任务——分析交流电路建立感性认识和增加学习兴趣。

学习目标

- 知道荧光灯的工作原理及辉光启动器、镇流器的作用。
- 会测量交流电压和电流,并知道所测电压电流为有效值。
- 能根据测量数据得出交流电压有效值不满足 KVL,并引发思考。

任务情境

本任务建议在电工基础实验室进行,理论、实际一体化教学,边实验边讲解。

相关知识

1. 荧光灯电路工作原理

荧光灯电路工作原理图如图 3-2-1 所示。当合上开关 S,电源电压经过镇流器、灯丝,加在辉光启动器的 U 形动触片和静触片之间,引起辉光放电。放电时产生的热量使双金属 U 形动触片膨胀并向外伸张与静触片接触(相当于自动开关闭合),接通电路,使灯丝预热并发射电子。与此同时,由于 U 形动触片和静触片相接触,两触片间电压为零而停止放电,使 U 形动触片冷却并复原而脱离静触片(相当于自动开关断开)。在动触片断开瞬间,由于电流突变,镇流器两端产生瞬间高压(见项目二任务 2 电感元器件伏安特性式 2-2-18),使灯管内的惰性气体被电离而引起弧光放电。随着弧光放电,灯管内温度升高,液态汞汽化游离,引起汞蒸汽弧光放电而产生不可见的紫外线。紫外线激发灯管内壁的荧光粉后,发出近似日光色的灯光。

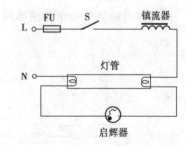

图 3-2-1　荧光灯电路工作原理图

2. 交流电压电流的测量

用万用表测量交流电压时应将挡位开关旋钮拨到交流电压挡,所选量程应高于被测电压值。表笔不分正负极,并接在待测元器件的两点之间。所测的交流电压值为有效值。

用万用表测量交流电流时应将挡位开关旋钮拨到交流电流挡,所选量程应高于被测电流值。表笔不分正负极,利用专用测量线串接在待测支路中,如图 2-2-27 所示。所测的交流电流值亦为有效值。

知识拓展

正弦交流电有效值

有效值是根据电流的热效应来定义的，即某一交流电流通过电阻，经过一个周期所产生的热量与另一直流电流通过相同电阻经过相同时间所产生的热量相等，则以此直流电流的数值作为交流电流的有效值。

对于直流电路，一个周期内产生的热量为 $\qquad I^2RT$ （3-2-1）

对于交流电路，一个周期内产生的热量为 $\qquad \int_0^T i^2 R\mathrm{d}t$ （3-2-2）

根据有效值的定义，$I^2RT = \int_0^T i^2 R\mathrm{d}t$

即 $\qquad I = \sqrt{\dfrac{1}{T}\int_0^T i^2 \mathrm{d}t}$ （3-2-3）

当周期电流为正弦量时，设 $i = I_m \sin\omega t$，代入上式可得

$$I = \sqrt{\frac{1}{T}\int_0^T (I_m \sin\omega t)^2 \mathrm{d}t} = \sqrt{\frac{I_m^2}{T}\int_0^T \frac{(1-\cos\omega t)}{2}\mathrm{d}t} = \frac{I_m}{\sqrt{2}} = 0.707 I_m \qquad （3-2-4）$$

同样可得相应的正弦电压、正弦电动势的有效值为

$$U = \frac{U_m}{\sqrt{2}} = 0.707 U_m, \quad E = \frac{E_m}{\sqrt{2}} = 0.707 E_m$$

结论：正弦交流电量（电压、电流、电动势）的最大值是其有效值的 $\sqrt{2}$ 倍。

技能训练

1. 按图接线

荧光灯电路等效电路图如图 3-2-2（a）所示，对应的实物接线如图 3-2-2（b）所示。

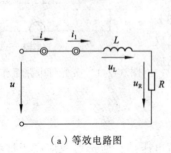

（a）等效电路图

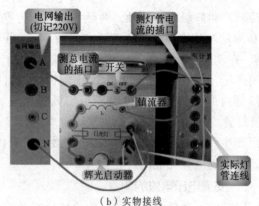

（b）实物接线

图 3-2-2 荧光灯电路

2. 通电测试

经检查确认无误方可接通电源。当灯管正常发光后，用交流电压表（或万用表的交流电压挡）分别测量电源两端、镇流器两端以及灯管两端的电压；用交流电流表测量电路总电流（即流过镇流器的电流），并将测量值填入项目三任务完成情况考表 3-1 中。

3. 计算与思考

计算：电路总功率与荧光灯管和镇流器功率，思考：为什么 $IU \neq IU_R + IU_L$，它们三者之间有什么关系？这三种功率分别称为什么？

计算：电路总电压与荧光灯管和镇流器各分电压，思考：为什么 $U \neq U_L + U_R$，它们三者之间有什么关系？所测量的交流电压值是什么值？在交流电路中基尔霍夫电压定律表现应为何种形式？

计算：镇流器两端电压与电流之比，思考：为什么不等于所测量的镇流器线圈电阻？在交流电路中电感元器件两端的电压与电流之比是什么？

任务3 分析交流电路

（任务导入）

- 根据上一任务的测量数据引出正弦交流电路的分析计算方法。

（学习目标）

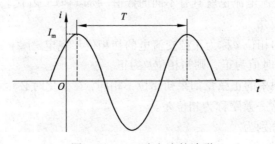

- 知道表征正弦交流电的"三要素"及相量表示法。
- 知道 R、L、C 三个基本元器件在正弦交流电路中的伏安特性（即数量及相位关系）。
- 能区分有功功率、无功功率、视在功率。
- 会借助电压（电流）三角形，求解串联（并联）正弦交流电路。
- 知道提高电路功率因数的意义和方法。

（任务情境）

同上一任务。

（相关知识）

1. 正弦交流电的表示

（1）正弦交流电的三要素

正弦交流电是指大小和方向随时间作正弦规律变化的电量（电动势、电压或电流），它的波形如图3-3-1所示。

图 3-3-1 正弦电流的波形

正弦交流电流的数学表达式为

$$i = I_m \sin(\omega t + \varphi) \qquad (3-3-1)$$

式中：i 为瞬时值，I_m 为最大值，ω 为角频率，φ 为初相位（或初相角）。

由式（3-3-1）可见，当 I_m、ω、φ 一经确定，则 i 随时间的变化关系也就确定了，所以把角频率、最大值和初相位称为确定正弦量的三要素。

① 要素之一——反应波形变化的快慢（可用周期、频率或角频率表示）。

- 周期 T。交流电每重复变化一次所用的时间称为周期 T，单位是秒（s）。

- 频率 f。交流电每秒重复变化的次数称为频率 f，单位是赫兹（Hz），它与周期互为倒数，即

$$f = \frac{1}{T} \qquad (3-3-2)$$

- 角频率 ω。交流电每秒钟经过的电角度称为角频率。正弦交流电每变化一周所经历的电角度为 $360°$ 或 2π，所以角频率与周期及频率之间的关系是

$$\omega = \frac{2\pi}{T} = 2\pi f \qquad (3-3-3)$$

角频率的单位是弧度/秒（rad/s）。

我国发电厂发电机产生的交流电的频率 f 为 50Hz，称为工业标准频率，简称工频。工频交流电的周期 $T = \frac{1}{50} = 0.02s$，角频率 ω 为 314rad/s。

② 要素之二——波形变化的幅度（最大值）。

- 瞬时值。交流电在变化过程中某一时刻的值称为瞬时值，规定用英文小写字母 i、u、e 等表示。瞬时值是时间的函数，瞬时值有正、有负，也可能为零。

- 最大值。交流电的最大瞬时值称为最大值（又称峰值），规定最大值用带有下标 m 的英文大写字母表示，如 I_m、U_m、E_m 等。

- 有效值。正弦交流电在实际中常用有效值来计量，如万用表的交流电压或交流电流挡的读数以及电气设备铭牌上的额定电压和额定电流均指它们的有效值，规定有效值使用大写英文字母表示，如 I、U、E 等。由式 3-2-4 可得到正弦交流电的有效值与最大值之间的关系为：$I = \frac{I_m}{\sqrt{2}}$，$U = \frac{U_m}{\sqrt{2}}$，$E = \frac{E_m}{\sqrt{2}}$。

③ 要素之三——波形的起点（初相位）。

- 相位。由正弦交流电的表达式（3-3-1）可知，交流电对应不同时刻 t 具有不同的 $(\omega t + \varphi)$ 值，对应该值的交流电流也就具有不同的数值。所以 $(\omega t + \varphi)$ 代表了交流电的变化进程，称为相位（或相位角）。

- 初相位。$t=0$ 时的相位 φ 称为正弦交流电的初相位（规定 $|\varphi| \leq \pi$），由表达式（3-3-1）可知，$t=0$ 时的瞬时值为正，则初相位 φ 为正。

- 相位差。两个同频率的正弦量如果初相位不相同，在变化时必然一先一后，并永远保持着这样的差距，这一差距称为相位差。

设有两个正弦电流分别为

$$i_1 = I_{1m} \sin(\omega t + \varphi_1)$$
$$i_2 = I_{2m} \sin(\omega t + \varphi_2)$$

则其相位差为

$$(\omega t + \varphi_1) - (\omega t + \varphi_2) = \varphi_1 - \varphi_2 \qquad (3\text{-}3\text{-}4)$$

由上式可知，两个同频率正弦量的相位差，就是它们的初相之差。

记为

$$\varphi = \varphi_1 - \varphi_2 \ \ (\,|\varphi| \leqslant \pi\,)$$

若 $\varphi_1 - \varphi_2 > 0$，则称电流 i_1 超前电流 i_2，或称电流 i_2 滞后电流 i_1，如图 3-3-2（a）所示。

若 $\varphi_1 - \varphi_2 = 0$，则称电流 i_1 与电流 i_2 同相位（简称同相），如图 3-3-2（b）所示。

若 $\varphi_1 - \varphi_2 = \pm 180°$，则称电流 i_1 与电流 i_2 反相位（简称反相），如图 3-3-2（c）所示。

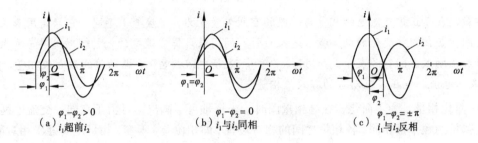

图 3-3-2　两正弦交流电的相位关系

由式（3-3-1）及波形图可以看出，正弦量的最大值（或有效值乘以 $\sqrt{2}$）反映正弦量变化的范围，角频率（或周期、频率）反映正弦量变化的快慢；初相角反映正弦量的初始位置。

【例 3-3-1】已知某正弦电压 $u = 220\sqrt{2}\sin 314t$ V，求该电压的最大值、角频率、频率和周期各为多少？

解：将式（3-3-1）与 $u = 220\sqrt{2}\sin 314t$ 对比，可知

$$U_m = \sqrt{2}U = \sqrt{2} \times 220 = 311.1V$$

$$\omega = 314\text{rad/s}$$

$$f = \frac{\omega}{2\pi} = \frac{314}{2 \times 3.14} = 50\text{Hz}$$

$$T = \frac{1}{f} = \frac{1}{50} = 0.02\text{s}$$

（2）正弦交流电的相量表示

用三角函数或波形图来分析计算交流电路相当烦琐。如果把正弦交流电改用相量来表示，则电路的计算就会简单得多。

① 旋转相量。用旋转相量表示正弦交流电的方法如下：设有一正弦交流电 $u = U_m \sin(\omega t + \varphi_0)$，其三要素最大值、角频率和初相位分别为 U_m、ω、φ_0。在平面坐标系中作一有向线段 **OA**，线段的长度正比于正弦量的最大值 U_m，线段与 X 轴的夹角为正弦量的初相位 φ_0，该相量在逆时针方向旋转的角速度为交流电的角频率 ω，在任一时刻该相量与 X 轴的正向夹角均为此正弦交流电的相位角 $(\omega t + \varphi_0)$，旋转相量如图 3-3-3（a）所示。则该相量任一时刻在 Y 轴上的投影 $u = U_m \sin(\omega t + \varphi_0)$ 即为此时刻交流电的瞬时值，如图 3-3-3（b）所示。

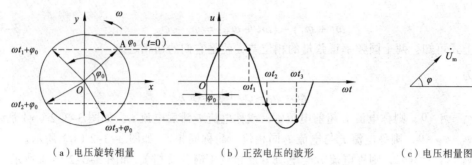

（a）电压旋转相量 （b）正弦电压的波形 （c）电压相量图

图 3-3-3 正弦电量的表示

注意，表示正弦交流电的相量与一般的空间矢量（力、速度等）不同，它只是用来表示一个随时间按正弦规律变化的电学量，是人为引入的用来计算交流电的一种辅助工具，用大写英文字母加辅助黑点的符号表示，如用 $\dot{I}_m$、$\dot{U}_m$、$\dot{E}_m$ 表示电流、电压、电动势的最大值相量，用 $\dot{I}$、$\dot{U}$、$\dot{E}$ 表示电流、电压、电动势的有效值相量。

② 简化相量。为了简化，在画相量图时，坐标轴可不画出，且由于在同一交流电网中，所有正弦量的频率都相同，各相量之间的相对位置（即相位差）不变，相量之间处于相对静止。所以相量旋转的角速度 ω 也可不标出，即只需画其初始位置的相量，如图 3-3-3（c）所示。

同一电路中几个同频率正弦量的相量，可画在同一相量图上。相量作图法如下：

- 用线段表示基准线，即 X 轴（可省略）。
- 确定并画出有向线段的长度单位。
- 从原点出发，有几个相量就作出几条有向线段，它们与基准线的夹角分别为各自的初相角。规定逆时针方向的角度为正，顺时针方向的角度为负。
- 在上述有向线段上按第二步规定单位长度及各自的比例取线段，使各自的长度符合最大值或有效值，并在线段末加箭头。

【例 3-3-2】 已知正弦电流的解析式为：

$$i_1 = 4\sin\left(314t + \frac{\pi}{3}\right)A, \quad i_2 = 3\sin\left(314t - \frac{\pi}{6}\right)A，试绘出它们的波形图和相量图，并求它们$$

彼此之间的相位差。

解：波形图和相量图分别如图 3-3-4（a）、（b）所示。从解析式中可求出相位差 $\varphi = \dfrac{\pi}{3} - \left(-\dfrac{\pi}{6}\right) = \dfrac{\pi}{2}$，这从相量图上也很容易求出。

（3）正弦量的加减运算——相量求和法

在分析正弦交流电路时，经常会遇到求多个电量代数和的问题，例如回路电压方程，节点电流方程等。由数学可以证明，几个同频率的正弦量加减运算后正弦量频率不变。因此，几个同频率正弦量之和可采用相量求和法。步骤如下：

① 将已知的同频率的正弦量分别用最大值相量（或有效值相量）表示（具体视方便而定）。
② 根据相量图求相量和。
③ 根据频率不变的原则写出正弦量解析式（注意将有效值换算为最大值）。

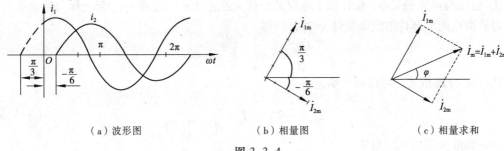

（a）波形图　　　　　　　（b）相量图　　　　　　（c）相量求和

图 3-3-4

【例 3-3-3】 求【例 3-3-2】中两个电流之和。

解：用相量图求出两个相量 $\dot{I}_{1m}$ 和 $\dot{I}_{2m}$ 之和 $\dot{I}_m$，如图 3-3-4（c）所示。

由相量图可知

$$I_m = \sqrt{I_{1m}^2 + I_{2m}^2} = \sqrt{4^2 + 3^2} = 5A$$

初相 φ 也可由相量图中求出

$$\varphi = \arctan\left(\frac{I_{1m}}{I_{2m}}\right) - \frac{\pi}{6} = 23.1°$$

写出完整的正弦函数解析式应为：

$$i = 5\sin(314t + 23.1°)A$$

求 i_1 与 i_2 之差也可用相量图进行，因为

$$i = i_1 - i_2 = i_1 + (-i_2)$$

所以，可将 $\dot{I}_{2m}$ 反相后得出 $-\dot{I}_{2m}$，再与 $\dot{I}_{1m}$ 相加。

2. 单一参数在正弦交流电路中的特性

在电阻、电容、电感中三种理想元器件，电阻无论是在直流还是交流电路中总是消耗能量的，为耗能元器件；而电容和电感在直流电路和交流电路中所起的作用则不同：在直流稳定状态下，电感呈短路状态，电容呈开路状态；在交流电路中，电感要激起感应电动势，电容则处于反复充放电状态，它们都对电流起阻碍作用，但它们却不消耗电能。即电感和电容均为储能元器件。

由于在交流电路中，电压和电流都是交变的，因此有两个不同的方向。通常把其中一个方向规定为参考方向，且电流和电压的参考方向规定为一致（即关联方向）。这样，如果交流电在某一瞬间的实际方向与参考方向相同时，则该瞬时值为正；反之，则为负。

（1）纯电阻电路

只有电阻的电路称为纯电阻电路，如图 3-3-5（a）所示。

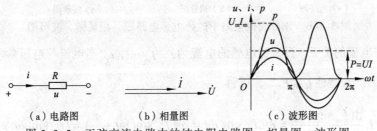

（a）电路图　　　　（b）相量图　　　　　　（c）波形图

图 3-3-5　正弦交流电路中的纯电阻电路图、相量图、波形图

① 电压与电流的关系。设作用于电路的正弦交流电压 $u = U_m \sin \omega t$ ，当电压与电流取关联方向时，由电阻元器件的伏安特性 $u=Ri$ ，可得

$$i = \frac{U_m}{R} \sin \omega t = I_m \sin \omega t$$

比较 u 、 i 解析式，可得以下结论：

$$I_m = \frac{U_m}{R}, \ \ 或 I = \frac{U}{R} \tag{3-3-5}$$

电压和电流同频率同相位。

电压和电流的相量图、波形图分别如图 3-3-5（b）、（c）所示。

② 纯电阻电路的功率如下：

- 瞬时功率。瞬时电压与瞬时电流的乘积称为瞬时功率，用小写英文字母 p 表示。

$$p = ui = U_m \sin \omega t \times I_m \sin \omega t = U_m I_m \sin^2 \omega t = UI(1 - \cos 2\omega t)$$

瞬时功率的波形画在图 3-3-5（c）上。由波形图可以看出，电压和电流同时为正或同时为负，故 p 始终为正值。这说明电阻 R 总是从电源吸取电能并转换为热能，即电阻是耗能元器件。

- 平均功率。瞬时功率无实际意义，通常所说的交流电路的功率指的是平均功率（又称有功功率），用大写英文字母 P 表示。它等于瞬时功率在交流电一个周期内的平均值。在瞬时功率中， $\cos 2\omega t$ 的平均值为零，因而有

$$P = UI = I^2 R = \frac{U^2}{R} \tag{3-3-6}$$

由此可得出结论：纯电阻电路中，电阻消耗的功率等于电压与电流有效值的乘积，与直流电路的功率的符号和计算公式、单位完全一样。

（2）纯电感电路

线圈的电阻若小到可以忽略不计，则这种线圈组成的交流电路称为纯电感电路，如图 3-3-6（a）所示。

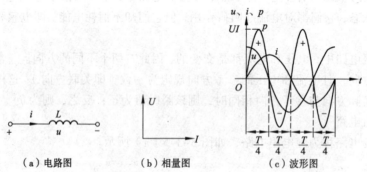

| （a）电路图 | （b）相量图 | （c）波形图 |

图 3-3-6　正弦交流电路中的纯电感电路图、相量图、波形图

① 电压与电流的关系。设流过电感的电流为 $i = I_m \sin \omega t$ ，当电流与电压参考方向一致时，由电感元器件的伏安特性 $u = L\dfrac{di}{dt}$ ，可得

$$u = L\frac{d(I_m \sin \omega t)}{dt} = \omega L I_m \cos \omega t = \omega L I_m \sin(\omega t + \frac{\pi}{2}) = U_m \sin(\omega t + \frac{\pi}{2})$$

比较 u、i 解析式，可得以下结论：

$$I_m = \frac{U_m}{\omega L} = \frac{U_m}{X_L}，\text{或 } I = \frac{U}{X_L} \tag{3-3-7}$$

令

$$X_L = \omega L = 2\pi f L \tag{3-3-8}$$

式中：X_L 称为电感的感抗，单位也是欧姆（Ω）。

感抗 X_L 反映了电感元器件阻碍交流电流通过的能力。在某一电压下，感抗越大，则电流越小；而感抗的数值取决于电感和电流的频率。同一电感对不同频率的电流呈现不同的感抗。频率越高，感抗越大；反之，频率越低，感抗越小。由此可见，感抗具有导通低频电流、阻碍高频电流的作用，对直流电流则畅通无阻，相当于短路。电感的这一特性在电子技术中常被利用进行滤波和选频。

电压和电流同频率，在相位上，电压超前电流 90°。

电压和电流的相量图、波形图分别如图 3-3-6（b）、（c）所示。

② 纯电感电路的功率如下：

● 瞬时功率。纯电感电路中的瞬时功率为

$$p = ui = U_m \sin(\omega t + \frac{\pi}{2}) I_m \sin \omega t = U_m I_m \sin \omega t \cos \omega t = UI \sin 2\omega t$$

瞬时功率的波形画在图 3-3-6（c）中。由瞬时功率的波形可以看出，在电流的第一、三两个 $\frac{T}{4}$ 内，i 和 u 同方向，瞬时功率为正，表明线圈从电源吸取电能，并将其转换为磁场能量储存在线圈磁场内。此时，线圈相当于一个负载。在电流的第二、四两个 $\frac{T}{4}$ 内，i 和 u 反方向，瞬时功率为负，表明线圈将储存的磁场能量转换成电能返送给电源。此时，线圈相当于一个电源。所以线圈总是与电源不断地交换能量，不消耗电能。

● 平均功率。电感在一个周期内瞬时功率时正时负，平均功率 $p=0$，即纯电感不消耗能量。因此，交流电路中的限流元器件一般不采用电阻，而选用电感。例如荧光灯电路的镇流器、交流电动机的起动器等，均采用电感限流。

● 无功功率 Q。虽然电感元件不消耗功率，但电源要对它供给电流。由于实际电源的额定电流是有限的，因而电感元器件对电源来说是一种"负担"，要占用电源设备的容量。这是供电部门所不希望的。对于这种不做功的"负担"，用无功功率来衡量，称为无功功率，用 Q_L 表示，规定无功功率为其值为瞬时功率的最大值，即

$$Q_L = UI = \frac{U^2}{X_L} = I^2 X_L \tag{3-3-9}$$

为了与有功功率区别，无功功率的单位用 var（乏）表示。

无功功率并不是"无用"的功率，它的含义是表示电源与电感性负载之间能量的交换。许多设备在工作中都和电源存在着能量的交换，如异步电动机、变压器等要依靠磁场的变化来工作，磁场的变化会引起磁场能量的变化，这就说明设备和电源之间存在能量的交换，因此发电机除了发出有功功率以外，还要发出适量的无功功率以满足这些设备的需要。

（3）纯电容电路

电容器接入直流电源，仅在充、放电的暂态过程中有电流，而在稳态时无电流，电路为断路状态。但在交流电路中，电源对电容器反复地进行充、放电，电路中就一直有电流。

当忽略电容的介质损耗和漏电现象时，电容元器件组成的交流电路为纯电容电路，如图 3-3-7（a）所示。

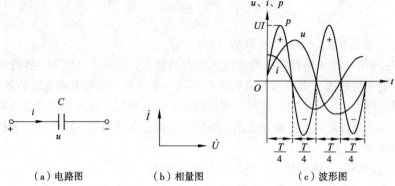

<table>
<tr><td>（a）电路图</td><td>（b）相量图</td><td>（c）波形图</td></tr>
</table>

图 3-3-7　正弦交流电路中的纯电容电路图、相量图、波形图

① 电压与电流的关系。设电容两端的电压为 $u = U_m \sin \omega t$，当电流与电压参考方向一致

时，由电容元器件的伏安特性 $i = C \dfrac{\mathrm{d}u}{\mathrm{d}t}$，可得

$$i = C \frac{\mathrm{d}(U_m \sin \omega t)}{\mathrm{d}t} = \omega C U_m \cos \omega t = \omega C U_m \sin(\omega t + 90°) = I_m \sin(\omega t + 90°)$$

比较 u、i 解析式，可得以下结论：

$$I_m = \frac{U_m}{\dfrac{1}{\omega C}} = \frac{U_m}{X_C}, \text{或} I = \frac{U}{X_C} \tag{3-3-10}$$

令

$$X_C = \frac{1}{\omega C} = \frac{1}{2\pi f C} \tag{3-3-11}$$

式中：X_C 为电容的容抗，单位也是欧姆（Ω）

容抗 X_C 反映了电容器阻碍交流电流通过的能力。在某一电压下，容抗越大，则电流越小；而容抗的数值取决于电容和电流的频率。同一电容对不同频率的电流呈现不同的容抗。它与频率成反比。由此可见，容抗具有导通高频电流、阻碍低频电流的作用，对直流电流则完全隔断。正好与纯电感电路中的情况相反。电容的这一特性在电子技术中也常被利用进行滤波和选频。

电压和电流同频率，在相位上，电流超前电压 90°。

电压和电流的相量图、波形图分别如图 3-3-7（b）、（c）所示。

② 纯电容功率

• 瞬时功率。纯电容电路中的瞬时功率为

$$p = ui = U_m \sin \omega t I_m \sin\left(\omega t + \frac{\pi}{2}\right) = U_m I_m \sin \omega t \cos \omega t = UI \sin 2\omega t$$

瞬时功率的波形画在图 3-3-7（c）中。由瞬时功率的波形可以看出，瞬时功率时正时负，当 $p>0$，表明电容器从电源吸取电能，并将其转换为电场能量储存在电容内，此时，电容相当于一个负载。当 $p<0$，表明电容将储存的电场能量转换成电能返送给电源。此时，电容相当于一个电源。所以电容总是与电源不断地交换能量，而不消耗能量。

• 平均功率。电容在一个周期内瞬时功率时正时负，平均功率 $p=0$，即纯电容不消耗能量。

• 无功功率。在纯电容电路中，没有能量的损耗，只存在电源与电容器间的能量交换。同样要占用电源设备的容量。对于这种不做功的"负担"，与电感的无功功率 Q_L 相似，称为电容元器件的无功功率，用 Q_C 表示。规定无功功率为瞬时功率的最大值，即

$$Q_C = UI = \frac{U^2}{X_C} = I^2 X_C \tag{3-3-12}$$

Q_C 的单位也是 var（乏）

【例 3-3-4】在收录机的输出电路中，常利用串联线圈来阻止高频干扰信号而让音频信号通过；利用并联电容来滤掉高频干扰信号，保留音频信号。电路示意图如图 3-3-8 所示。已知扼流圈的电感 L=10mH，高频滤波电容 C=0.1μF，干扰信号的频率 f_1=1000kHz，音频信号的频率 f_2=1kHz，求相对于不同频率信号下的容抗、感抗分别为多少？

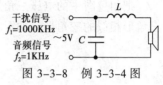

图 3-3-8　例 3-3-4 图

解：（1）对应频率 f_1=1000kHz 的高频干扰信号

感抗

$$X_{L1} = 2\pi f_1 L = 2 \times 3.14 \times 1000 \times 10^3 \times 10 \times 10^{-3} = 62.8 \text{k}\Omega$$

容抗

$$X_{C1} = \frac{1}{2\pi f_1 C} = \frac{1}{2 \times 3.14 \times 1000 \times 10^3 \times 0.1 \times 10^{-6}} \approx 1.6\Omega$$

（2）对应频率 f_2=1kHz 的音频信号

感抗

$$X_{L2} = 2\pi f L = 2 \times 3.14 \times 1 \times 10^3 \times 10 \times 10^{-3} = 62.8\Omega$$

容抗

$$X_{C2} = \frac{1}{2\pi f_2 C} = \frac{1}{2 \times 3.14 \times 1 \times 10^3 \times 0.1 \times 10^{-6}} \approx 1.6 \text{k}\Omega$$

本例计算表明电感对高频 1000kHz 的阻抗作用是对音频 1kHz 的 1000 倍，在电路中能有效地阻碍高频干扰信号通过；而电容对高频 1000kHz 的阻抗作用是对音频 1kHz 的 $\frac{1}{1000}$ 倍，即对高频信号有效地起到了旁路过滤作用。

3. 正弦交流电路串联电路的分析

（1）R-L 串联电路的分析

正弦交流电串联电路中最典型的就是荧光灯电路，它可看作由电阻和电感串联而成。R-L 串联电路如图 3-3-9（a）所示，各元器件电压和电流的参考方向标在图上。

① 电压与电流的相位关系。由于串联电路各元器件中电流相同，故选电流 $\dot{I}$ 为参考相量（即初相位为零）。电流在电阻上产生的电压降 $\dot{U}_R$，其大小为 $U_R = RI$，其相位与 $\dot{I}$ 相同；电流在电感上产生的电压降 $\dot{U}_L$，其大小为 $U_L = X_L I = \omega LI$，其相位超前 $\dot{I}$ 90°。据此，可绘出 R-L 串联电路的电压与电流相量图，如图 3-3-9（b）所示。

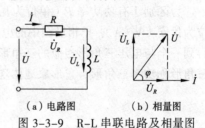

（a）电路图　　（b）相量图
图 3-3-9　R-L 串联电路及相量图

② 电压与电流的数量关系。根据 KVL 及相量图可得

$$U = \sqrt{U_R^2 + U_L^2} = \sqrt{(RI)^2 + (X_L I)^2} = \sqrt{(R^2 + X_L^2)}I = ZI$$

令

$$Z = \sqrt{R^2 + X_L^2} \tag{3-3-13}$$

可得常见的欧姆定律形式

$$I = \frac{U}{Z} \qquad (3\text{-}3\text{-}14)$$

式中：Z 称为阻抗，单位为欧姆（Ω）。式（3-3-14）称为交流电路的欧姆定律。

总电压 $\dot{U}$ 超前电流 $\dot{I}$ 的角度

$$\varphi = \arctan \frac{U_L}{U_R} \qquad (3\text{-}3\text{-}15)$$

把相量图中的电压三角形的各边同时除以电流有效值 I（即缩小 I 倍），可得到一个与电压三角形相似的三角形，如图 3-3-10 所示。

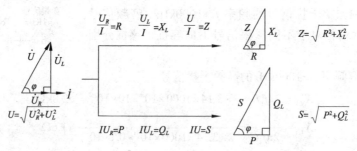

图 3-3-10   R-L 串联电路电压、阻抗、功率三角形

它的三条边分别为 R，X_L，Z，这个三角形称阻抗三角形。它体现了电阻、感抗和阻抗之间的关系，即 $Z = \sqrt{R^2 + X_L^2}$。当电路参数 R、L 及 f，U 一定时，往往从阻抗三角形入手，先求阻抗 Z，再求出电流 I 及电流和电压 U 之间的相位关系，$\varphi = \arctan \dfrac{X_L}{R}$ 或 $\varphi = \arccos \dfrac{R}{Z}$。

③ 功率与功率因数。由于电阻和电感分别是耗能元器件和储能元器件，因此，在 R-L 串联电路中，既有负载电阻实际消耗的功率（称为有功功率，其大小为 $P = I^2 R = U_R I$），又有电感与电源之间能量的交换（称为无功功率，其大小为 $Q_L = I^2 X_L = U_L I$），电源提供的总功率为电路两端的电压与电流有效值的乘积，它既不是有功功率，也不是无功功率，称为视在功率，用 S 表示。即

$$S = UI \qquad (3\text{-}3\text{-}16)$$

为区别于有功功率 P（单位为瓦，W）和无功功率 Q（单位为乏，var），视在功率 S 的单位为伏安（V·A）。把相量图中的电压三角形的各边同时乘以电流有效值 I（即扩大 I 倍），可得到一个与电压三角形相似的三角形，如图 3-3-10 所示。它的三条边分别为 P，Q_L，S，这个三角形称功率三角形，它形象地体现了有功功率、无功功率和视在功率之间的关系，即

$$S = \sqrt{P^2 + Q_L^2} \qquad (3\text{-}3\text{-}17)$$

$$P = S \cos \varphi \qquad (3\text{-}3\text{-}18)$$

$$Q_L = S \sin \varphi \qquad (3\text{-}3\text{-}19)$$

有功功率、无功功率和视在功率是三个不同的概念。通常所讲的电功率，在没有注明的情况下，都是指有功功率。一般用电设备铭牌上标明的额定功率是指额定的有功功率，而电源设备（发电机或变压器）铭牌上标明的额定容量是指额定的视在功率。

从功率三角形可知，电源提供的功率不能被感性负载完全吸收，这样就存在电源功率的利用问题。为了反映这种利用，把有功功率与视在功率的比值称做功率因数，即

$$功率因数 = \frac{有功功率}{视在功率} = \frac{P}{S} = \cos\varphi \qquad (3\text{-}3\text{-}20)$$

功率因数 $\cos\varphi$ 是交流电路运行状态的重要指标。由 $P = S\cos\varphi = IU\cos\varphi$ 可知，$\cos\varphi$ 越大，电源所发出的电能转换为热能或机械能越多，而与电感或电容之间相互交换的能量就越少，电源的利用率就越高。另外，在同一电压下，要输送同一功率，功率因数 $\cos\varphi$ 越大，则电路中电流越小，电路中的损失也越小。

电力系统中的用电器多数是感性负载（如交流异步电动机），它们的功率因数往往很低，为提高电力系统的功率因数，通常采用下面两种方法：

- 提高自然功率因数。主要是指合理选用电动机，即不要用大容量的电动机带动小功率负载。另外尽量不让电动机空转；
- 并联补偿法。在感性电路两端并联适当的电容（将电感与电源之间的能量交换为电感与电容之间的能量交换，以减轻电源的负担）。

（2）R–L–C 串联电路

R–L–C 串联电路如图 3–3–11（a）所示，各元器件电压和电流的参考方向标在图上。

① 电压与电流的相位关系。R–L–C 串联电路的分析方法与前面相似。设电流 $\dot{I}$ 为参考相量。电流在电阻上产生的电压降 $\dot{U}_R$ 与 $\dot{I}$ 相同，$\dot{U}_L$ 相位超前 $\dot{I}$ 90°，$\dot{U}_C$ 相位滞后 $\dot{I}$ 90°，据此，绘出 R–L–C 串联电路的电压与电流相量图，如图 3–3–11（b）所示。

② 电压与电流的数量关系。由 KVL 及相量图可得

$$U = \sqrt{U_R^2 + (U_L - U_C)^2} = \sqrt{R^2 I^2 + (X_L - X_C)^2 I^2} = \sqrt{R^2 I^2 + X^2 I^2} = ZI$$

令
$$Z = \sqrt{R^2 + X^2} \qquad (3\text{-}3\text{-}21)$$

令
$$X = X_L - X_C \qquad (3\text{-}3\text{-}22)$$

式中：Z 称为阻抗，单位为欧姆（Ω）；X 称电抗，单位也为欧姆（Ω）。

电抗即为感抗与容抗之差，在电抗上的电压降 U_X 称为电抗压降，即

$$U_X = XI = (X_L - X_C)I = U_L - U_C \qquad (3\text{-}3\text{-}23)$$

③ 电压、阻抗、功率三角形。由 $\dot{U}_R$、$\dot{U}_X$、$\dot{U}$ 组成的三角形称为电压相量三角形。若把电压三角形各边的边长同除以电流 I，就得到阻抗三角形；若将电压三角形各边的边长同乘以 I，就得到功率三角形，如图 3–3–11（c）、（d）、（e）所示，从这三个相似三角形上均可求得功率因数。

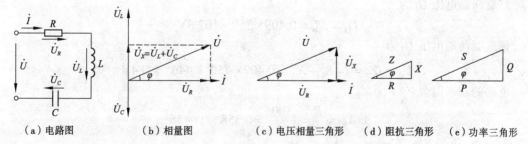

（a）电路图　　　　（b）相量图　　　　（c）电压相量三角形　　（d）阻抗三角形　　（e）功率三角形

图 3–3–11　R–L–C 串联电路电压相量三角形、阻抗三角形、功率三角形

$$\cos\varphi = \frac{U_R}{U} = \frac{R}{Z} = \frac{P}{S} \qquad (3\text{-}3\text{-}24)$$

在功率三角形中，有功功率 P、视在功率 S、无功功率 Q 分别如下：

$$P = U_R I \qquad (3\text{-}3\text{-}25)$$

$$S = UI \qquad\qquad (3\text{-}3\text{-}26)$$

$$Q = U_X I = (U_L - U_C)I = Q_L - Q_C \qquad\qquad (3\text{-}3\text{-}27)$$

④ 电路的性质。由相量图 3-3-11（b）可知，若 $U_L > U_C$（即 $X_L > X_C$），$\varphi > 0$（总电压 $\dot{U}$ 超前电流 $\dot{I}$），电路的无功功率 Q 为正，此时电路称为电感性电路。若 $U_L < U_C$（即 $X_L < X_C$），$\varphi < 0$（总电压 $\dot{U}$ 滞后电流 $\dot{I}$），电路的无功功率 Q 为负，此时电路称为电容性电路。若 $U_L = U_C$（即 $X_L = X_C$），$\varphi = 0$（总电压 $\dot{U}$ 与电流 $\dot{I}$ 同相），电路不需电源提供无功功率，即 $Q = 0$。此时电路称为电阻性电路又称串联谐振或电压谐振电路。

R-L-C 串联电路可以看成是交流电路的一种普遍电路，如果去掉电容 C，则变成 R-L 电路，若去掉电感 L，则变成 R-C 电路，若去掉三个参数中的任意两个，则构成单一参数电路。

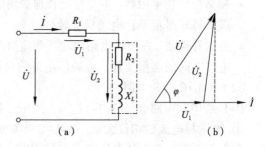

【例 3-3-5】荧光灯电路是典型的 R-L 串联电路，荧光灯管（相当于电阻 R_1），镇流器（相当于线圈电阻 R_2 与 L 串联的电感线圈），其电路如图 3-3-12（a）所示。已知灯管电阻 $R_1 = 250\Omega$，镇流器电阻 $R_2 = 50\Omega$，电感 $L = 1.42H$，电源为工频 220V。求电路中的电流 I，加在灯管两端的电压 U_1，镇流器两端的电压 U_2，电路的功率因数 $\cos\varphi$、灯管消耗的功率 P_1 及镇流器消耗的功率 P_2，并绘出相量图。

图 3-3-12　例 3-3-5 图

解： 电路总电阻 R 为

$$R = R_1 + R_2 = 250 + 50 = 300\Omega$$

镇流器感抗 X_L 为

$$X_L = \omega L = 314 \times 1.42 = 446\Omega$$

电路阻抗 Z 为

$$Z = \sqrt{X_L^2 + R^2} = \sqrt{446^2 + 300^2} = 537.5\Omega$$

电路中电流 I 为

$$I = \frac{U}{Z} = \frac{220}{537.5} = 0.409\text{A}$$

灯管两端电压 U_1 为

$$U_1 = IR_1 = 0.409 \times 250 = 102.3\text{V}$$

镇流器两端电压 U_2 为

$$U_2 = IZ_2 = I\sqrt{R_2^2 + X_L^2} = 0.409 \times \sqrt{50^2 + 446^2} = 184\text{V}$$

电路的功率因数 $\cos\varphi$ 为

$$\cos\varphi = \frac{R}{Z} = \frac{300}{537.5} = 0.558 , \quad \varphi = 56°$$

各电压，电流相量如图 3-3-12（b）所示。

灯管消耗的功率 P_1 为

$$P_1 = I^2 R_1 = U_1 I = 102.3 \times 0.409 = 41.7\text{W}$$

镇流器消耗的功率 P_2 为

$$P_2 = I^2 R_2 = 0.409^2 \times 50 = 8.36\text{W}$$

【**例 3-3-6**】图 3-3-13（a）所示的 R-C 串联电路是电子电路中常见的一节移相电路。已知电源 U_i 的频率 f=800Hz，C=0.047μF，R=2500Ω，求输出电压 U_o 与 U_i 的相位差。

解：输出电压 $\dot{U}_o$ 即电阻电压 $\dot{U}_R$，与 $\dot{I}$ 同相位，电容电压 $\dot{U}_C$ 滞后 $\dot{I}$ 90°，设电流 $\dot{I}$ 为参考相量，绘出电压与电流相量图如图 3-3-13（b）所示。

根据 KVL，$\dot{U}_i = \dot{U}_R + \dot{U}_C = \dot{U}_o + \dot{U}_C$，并从相量图上求 $\dot{U}_o$ 与 $\dot{U}_i$ 的相位差

$$\tan\varphi = \frac{U_C}{U_R} = \frac{IX_C}{IR} = \frac{X_C}{R} = \frac{1}{2\pi fCR} = \frac{1}{2\pi \times 800 \times 0.047 \times 10^{-6} \times 2500} = 1.69$$

$\varphi = 59.4°$，即输出电压超前输入电压 59.4°。

通常 R-C 电路都采用三节移相电路，如图 3-3-13（c）所示，以实现移相 180° 的目的。

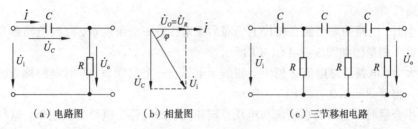

（a）电路图　　　　　（b）相量图　　　　　（c）三节移相电路

图 3-3-13　例 3-3-6 图

🦌 **知识拓展**

1. 正弦交流电并联电路的分析

正弦交流电并联电路中最典型的就是感性负载（R-L）两端并联电容 C，以提高电路的功率因数。

（1）电压与电流的相位关系

在图 3-3-14（a）所示的电路中，设外加交流电压为 $\dot{U}$，因各支路两端电压相同，故选电压为参考相量。在 R-L 支路中产生的电流为 $\dot{I}_1$，其大小为

$$I_1 = \frac{U}{Z_1} = \frac{U}{\sqrt{R^2 + X_L^2}} = \frac{U}{\sqrt{R^2 + (\omega L)^2}} \qquad (3-3-28)$$

电流 $\dot{I}_1$ 在相位上滞后电压 $\dot{U}$ 的角度（又称负载的功率因数角）为

$$\varphi_1 = \arctan\frac{X_L}{R} = \arctan\frac{\omega L}{R} \qquad (3-3-29)$$

流过电容支路的电流 $\dot{I}_C$ 的大小为

$$I_C = \frac{U}{X_C} = \omega CU \qquad (3-3-30)$$

电流 $\dot{I}_C$ 在相位上超前电压 $\dot{U}$ 90°。

电压、电流相量如图 3-3-14（b）所示。总电流可根据 KCL，由相量求和，即：

$$\dot{I} = \dot{I}_1 + \dot{I}_C \qquad (3-3-31)$$

（2）并联电容与功率、功率因数的关系

有功功率：并联电容不改变有功功率，即并联电容前后有功功率应相等

$$P = U_R I_1 = UI_1\cos\varphi_1 = UI\cos\varphi \qquad (3-3-32)$$

功率因数：式（3-3-32）中 $\cos\varphi_1$ 为负载的功率因数，$\cos\varphi$ 为电路的功率因数。

无功功率：并联电容所产生的无功功率与感性负载的无功功率性质相反，即线圈和电容器之间有一部分能量交换，相互补偿

$$Q = Q_L - Q_C = UI_1\sin\varphi_1 - UI_C = UI\sin\varphi \qquad (3-3-33)$$

电路的视在功率

$$S = UI \qquad (3-3-34)$$

并联电容：可由式（3-3-30）、（3-3-33）、（3-3-32）求得

$$C = \frac{P}{2\pi fU^2}(\tan\varphi_1 - \tan\varphi) \qquad (3-3-35)$$

（3）电路性质

当 $\dot{I}_C$ 较小时，电路的总电流在相位上仍滞后于电压 $\dot{U}$ 一个角度 φ，此时电路称为电感性电路或感性电路。相量图如图 3-3-14（b）所示。

当 $\dot{I}_C$ 较大时，电路的总电流在相位上超前于电压 $\dot{U}$ 一个角度 φ，此时电路称为电容性电路或容性电路。相量图如图 3-3-14（c）所示。

当 $\dot{I}_C$ 大小合适时，电路的总电流与电压 $\dot{U}$ 同相位，此时整个电路呈电阻性，这种情况又称并联谐振。相量图如图 3-3-14（d）所示。从功率角度看，此时电感线圈所需要的无功功率全部由电容提供，即整个电路的无功功率等于零，功率因数 $\cos\varphi=1$，总电流最小，总阻抗最大。在电子技术中也常利用并联谐振时阻抗高的特点来选择信号或消除干扰。

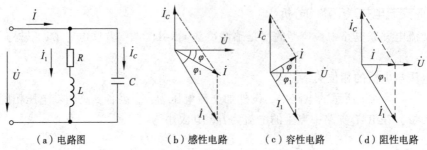

（a）电路图　　　（b）感性电路　　　（c）容性电路　　　（d）阻性电路

图 3-3-14　RL 与 C 并联电路及三种不同情况时的相量图

【例 3-3-7】今有 40W 荧光灯一盏，如图 3-3-15 所示。使用时灯管与镇流器串连接在电压 $U=220V$，$f=50Hz$ 的电源上。灯管工作时属于纯电阻负载，镇流器可近似看作纯电感，已知灯管两端电压 $U_R=110V$，试求：（1）流过灯管的电流 I_1 及负载的功率因数 $\cos\varphi_1$；（2）欲将电路功率因数提高到 $\cos\varphi=0.8$，应并联多大的电容，此时电路总电流为多少？

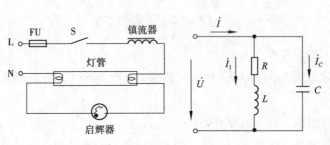

图 3-3-15　例 3-3-7 图

解：（1）流过灯管的电流为
$$I_1 = \frac{P}{U_R} = \frac{40}{110} = 0.36\text{A}$$

负载的功率因数为
$$\cos\varphi_1 = \frac{P}{I_1 U} = \frac{40}{0.36 \times 220} = 0.5 , \qquad \varphi_1 = 60°$$

（2）欲将电路功率因数提高到 $\cos\varphi=0.8$，即 $\varphi=36.9°$，应并联电容
$$C = \frac{P}{2\pi f U^2}(\tan\varphi_1 - \tan\varphi) = \frac{40}{2 \times 3.14 \times 50 \times 220^2}(\tan 60° - \tan 36.9°) = 2.58\mu\text{F}$$

此时电路的总电流为 $I = \dfrac{P}{U\cos\varphi} = \dfrac{40}{220 \times 0.8} = 0.227\text{A}$

由计算可知：功率因数提高后，电路的总电流小于感性支路电流，因此减少了电源的负担。

2. 非正弦交流电路的分析

除了正弦交流以外，在电工电子技术中，还常遇到如图 3-3-16 所示的非正弦周期电流的波形。

数学推导和实验证明，非正弦周期量可以分解成许多不同频率的正弦量之和。本书附录 B 给出了在电工技术中常见的几个非正弦周期量的展开式。

例如方波，它的展开式为

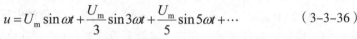

$$u = U_\text{m}\sin\omega t + \frac{U_\text{m}}{3}\sin 3\omega t + \frac{U_\text{m}}{5}\sin 5\omega t + \cdots \qquad （3\text{-}3\text{-}36）$$

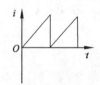

　（a）锯齿波　　　（b）矩形波　　　（c）放大电路中的波形　（d）铁心线圈的尖峰波　（e）单相半波整流波形

图 3-3-16　常见的非正弦周期电流

其中角频率为 ω 的对应量称为基波，角频率为 3ω 的对应量称为三次谐波，角频率为 $n\omega$ 的对应量称为 n 次谐波等。

（1）非正弦周期量的有效值

正弦交流电的大小是用有效值来表示的，非正弦周期量也同样如此。

非正弦电流、电压、电动势的有效值等于各次谐波有效值平方和的平方根，即

$$I = \sqrt{I_0^2 + I_1^2 + I_2^2 + \cdots}$$
$$U = \sqrt{U_0^2 + U_1^2 + U_2^2 + \cdots} \qquad （3\text{-}3\text{-}37）$$
$$U = \sqrt{E_0^2 + E_1^2 + E_2^2 + \cdots}$$

（2）非正弦周期电路的平均功率

非正弦周期电流电路的平均功率等于各次谐波所产生的平均功率之和，即

$$P = P_0 + P_1 + P_2 + \cdots + P_n + \cdots \qquad （3\text{-}3\text{-}38）$$

例如：某电路中的电流、电压分别为

$$i = I_0 + \sqrt{2}I_1\sin(\omega t + \varphi_{i1}) + \sqrt{2}I_2\sin(2\omega t + \varphi_{i2}) + \cdots$$
$$u = U_0 + \sqrt{2}U_1\sin(\omega t + \varphi_{u1}) + \sqrt{2}U_2\sin(2\omega t + \varphi_{u2}) + \cdots$$

则电路消耗的平均功率（有功功率）P 为

$$P = U_0 I_0 + U_1 I_1 \cos \varphi_1 + U_2 I_2 \cos \varphi_2 \qquad (3\text{-}3\text{-}39)$$

式中：φ_1、φ_2…为各次谐波中电压与电流的相位差。

（3）非正弦周期电路的电抗

当电感 L 一定时，感抗和频率成正比，基波的感抗 $X_{L1}=\omega L$，对 K 次谐波的感抗为

$$X_{Lk} = k\omega L = kX_{L1} \qquad (3\text{-}3\text{-}40)$$

当电容 C 一定时，容抗和频率成反比，基波的容抗为 $X_C = \dfrac{1}{\omega C}$，对 K 次谐波的容抗为

$$X_{Ck} = \frac{1}{k\omega C} = \frac{X_{C1}}{k} \qquad (3\text{-}3\text{-}41)$$

电感和电容对各次谐波表现出不同的电抗，这一概念应充分重视。

技能训练

在电感性负载两端并联合适的电容提高功率因数

1. 按图接线

上一任务中曾按图 3-3-17（a）接线并测出各元器件的电压及灯管支路电流（即总电流），现请按图 3-3-17（b）所示分别接入容量不等的电容（注意在总电流的插孔与测量灯管支路的电流插孔之间引出线接电容），并将测量各支路的电流数据记入项目三任务完成情况考表 3-2 中。

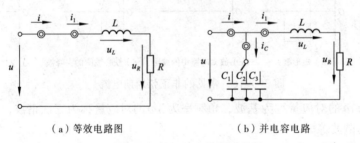

（a）等效电路图 （b）并电容电路

图 3-3-17　荧光灯电路接线

2. 观察、计算、思考

观察：并联电容对灯管的亮度是否有影响？（看测量灯管支路的电流有无变化？）

计算：电路总电流与各支路电流的关系，思考：为什么 $i \neq i_1 + i_C$，所测量的交流电流值是什么值？在交流电路中基尔霍夫电流定律表现应为何种形式？

思考：并联不同的电容对总电流值的影响，为什么并联适当的电容会使总电流减少？电容与电感在交流电路中各有什么特殊的作用？

小　结

通过安装、测试照明电路及学习相应的内容，读者应知道照明电路的安装要求；知道正弦交流电的表述方法，会用相量法运算；会分析纯电阻、电感、电容以及由它们组成的串、并联电路；知道典型的应用电路；了解谐振电路、非正弦周期电路分析方法。

1. 随时间按正弦规律变化的电流、电压、电动势称为正弦交流量。交流电某一时刻的实

际方向与参考方向一致时，这一时刻的数值为正，相反时为负值。

2. 在正弦交流电路中，同一电量用不同的符号，其含义各不相同，如 i 为瞬时值，I_m 为最大值，I 为有效值，$\dot{I}_m$(或$\dot{I}$) 为最大值（或有效值）的电流相量。

3. 正弦交流电的一般形式为 $i=I_m\sin(\omega t+\varphi)$，其中 I_m 为电流的最大值，ω 为角频率，φ 为初相位，它们是确定一个正弦量的三要素。

4. 正弦交流电的有效值是与其热效应相当的直流值。有效值与最大值的关系是

$$最大值=\sqrt{2}\times有效值$$

各种交流电气设备的铭牌数据及交流测量仪表所测得的电压和电流，都是有效值。

5. 两个同频率的正弦交流电的相位之差称为相位差，它等于两者的初相之差。相位差确定了两个正弦量之间的相位关系。一般的相位关系是超前、滞后，特殊的相位关系有同相、反相。

6. 几个同频率的正弦量的加减运算可用相量法进行。

7. 三种单一参数正弦交流电路比较列入表 3-1-1 中。

表 3-1-1　单一参数正弦交流电路的比较

项目	纯电阻电路	纯电感电路	纯电容电路
电阻或电抗（Ω）	R	$X_L=\omega L=2\pi fL$	$X_C=\dfrac{1}{\omega C}=\dfrac{1}{2\pi fC}$
电压与电流数值关系	$U_R=RI$	$U_L=X_LI$	$U_C=X_CI$
电压与电流相位关系	$\dot{U}_R$ 与 $\dot{I}$ 同相位	$\dot{U}_L$ 超前 $\dot{I}$　90°	$\dot{U}_C$ 滞后 $\dot{I}$　90°
功率	有功功率 $P=U_RI=RI^2$（W）	无功功率 $Q_L=U_LI=X_LI^2$（var）	无功功率 $Q_C=U_CI=X_CI^2$（var）

8. R-L-C 串联的交流电路是具有一定代表性的电路，求解时可借助相量电压三角形与阻抗三角形、功率三角形，如图 3-3-18 所示。（注意：因阻抗、功率为非正弦量，故对应的三角形为非相量三角形）。

其中：
$$U=\sqrt{U_R^2+(U_L-U_C)^2},\ Z=\sqrt{R^2+(X_L-X_C)^2},\ S=\sqrt{P^2+(Q_L-Q_C)^2}$$

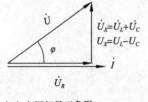
（a）电压相量三角形

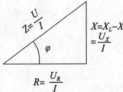
（b）阻抗三角形

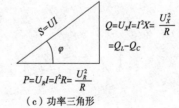
（c）功率三角形

图 3-3-18　题 8 图

有功功率（平均功率）　$P=UI\cos\varphi$，单位是瓦（W）；

无功功率 $Q=UI\sin\varphi$，单位是乏（var）；

视在功率 $S=UI$，单位是伏安（V·A）；

功率因数为

$$\cos\varphi=\frac{U_R}{U}=\frac{R}{Z}=\frac{P}{S}$$

9. 有功功率与无功功率的区别

有功功率：消耗在电阻性元器件上的功率，实现了能量不可逆转（如热能、机械能），称为有功功率；

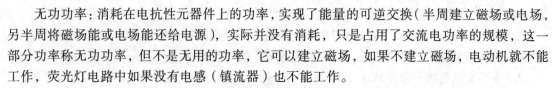

无功功率：消耗在电抗性元器件上的功率，实现了能量的可逆交换（半周建立磁场或电场，另半周将磁场能或电场能还给电源），实际并没有消耗，只是占用了交流电功率的规模，这一部分功率称无功功率，但不是无用的功率，它可以建立磁场，如果不建立磁场，电动机就不能工作，荧光灯电路中如果没有电感（镇流器）也不能工作。

10. 电路的性质：在具有 R、L、C 多元器件的电路中，若总电压相位超前总电流，电路为感性；若总电压相位滞后总电流，电路为容性；若总电压与总电流同相位，电路为阻性，又称谐振电路。

11. 提高功率因数 $\cos\varphi$，对充分发挥供电设备的能力、减少输电损耗等具有重要意义。对感性负载来说，提高功率因数最简便的办法是在感性负载两端并联合适的电容。

12. 非正弦交流电路的分析方法是：根据附录 B，将非正弦周期电压源分解成几个不同频率的正弦电压源（包括直流分量），再利用线性电路中的叠加原理，把非正弦电压作用下产生的电流看成是各次谐波电压单独作用于电路时所产生的电流瞬时值之和。

项目四

三相电路的安装与测量

任务1　认识三相电路

任务导入

在上一个项目中所安装的照明电路是单相交流电供电，而实际供配电系统都采用三相制。那么单相负载在三相制供电线路中是如何连接的呢？本任务将带领读者学习电力系统及三相电路的相关知识。

学习目标

- 认识发电、变电、输电、配电和用电等环节。
- 能概述电力系统。
- 知道三相制输电的优越性。
- 会安装、测试由三相灯组负载连接的星形电路。
- 知道对称负载与不对称负载的特点，并能根据测量数据归纳出对称负载作星形连接的线电压-相电压、线电流-相电流之间的关系。
- 知道中性线在不对称负载电路中的作用。

任务情境

本任务建议在电工基础实验室进行，该实训室应具有网络教学环境，便于在线观看电力系统教学视频。建议理论、实践一体化教学，边实验边讲解。

相关知识

1. 基本概念

电力系统是由发电厂、变电所、输电线、配电系统及负荷组成的。是现代社会中最重要、最庞杂的工程系统之一。

电力网络是由变压器、电力线路等变换、输送、分配电能设备所组成的。规定35kV及以上的电力网，称为电力系统的输电网；10kV及以下的电力网，称为配电网。

动力系统在电力系统的基础上，把发电厂的动力部分（例如火力发电厂的锅炉、汽轮机和水力发电厂的水库、水轮机以及核动力发电厂的反应堆等）包含在内的系统。

2. 电力系统的组成

电力系统是由发电、变电、输电、配电和用电等环节组成的电能生产与消费系统。它的功能是将自然界的一次能源（又称天然能源，包括化石燃料、核燃料、生物质能、水能、风能、太阳能、地热能、海洋能、潮汐能等）通过发电动力装置（主要包括锅炉、汽轮机、发电机及电厂辅助生产系统等）转化成电能，再经输、变电系统及配电系统将电能供应到各负荷中心，通过各种设备再转换成动力、热、光等不同形式的能量。

（1）发电厂

利用风力推动发电机叫风力发电；利用煤、石油、天然气等燃料燃烧产生的热量推动发电机叫火力发电；利用水力带动发电机叫水力发电；此外原子能也可以用来发电，它的主要原料是铀，1克铀相当于2.8吨煤燃烧所释放的能量；自然界可以用来发电的物质很多，取之不尽，用之不绝，它等待着人们去开发和利用。图4-1-1所示为一组发电厂外景图片。

（a）中国最大的火力发电厂
——福建漳州后石电厂

（b）亚洲最大的风能基地
——新疆达坂城风力发电厂

（c）世界规模最大的水电站——三峡水电站

（d）秦山第三核电厂

（e）甘肃武威全国第一个荒漠化太阳能发电厂

（f）武汉靳春凯迪生物质能热电厂

图4-1-1　一组发电厂外景

人们生活中所用的电是发电厂提供的，由于发电厂往往建在能源基地附近，远离用电用户，这就引起了大容量、远距离输送电力的问题。当电流在线路中流过时，会造成压降、功率损耗等。为了减少这些损耗，发电厂发出的电力一般要经过发电厂内的升压变压器升压后输送，然后再经降压变压器分配到用户。由于电能的产生、输送、分配及使用过程几乎是在同一瞬间完成，所以为了提高供电的可靠性及经济性，通常把分散在各地区的发电厂及用户通过电力网连接起来组成高电压、大电流的电力系统进行集中管理、统一调度和分配电力。图 4-1-2 所示为一组输电、变电、配电外景图片。

输电线路　　　　　　　　　　区域变电站　　　　　　　　　　企业配电房

图 4-1-2　一组输电、变电、配电外景

（2）变电所

变电所又称变电站，其作用是接受电能、变换电压和分配电能。根据变电所在电力系统中所处的地位和作用可分为以下几类。

枢纽变电所：位于电力系统的枢纽点，电压等级一般为 330kV 及以上，联系多个电源，出线回路多，变电容量大。全所停电后将造成大面积停电或系统瓦解。枢纽变电所对电力系统运行的稳定和可靠性起着重要作用。

中间变电所：中间变电所位于系统主干环线或系统主要干线的接口处，电压等级一般为 220～330kV，汇集 2～3 个电源和若干线路，主要作用是降压向地区用户供电。

地区变电所：地区变电所是一个地区和一个中、小城市的主要变电所，电压等级一般为 110～220kV。

企业变电所：企业变电所是大、中型企业的专用变电所，电压等级一般为 35～220kV。企业变电所包括企业总降压变电所和车间变电所。

终端变电所：终端变电所位于配电线路的终端接近负荷处，高压侧电压由 10～110kV，经降压后直接向用户供电。

（3）电力网

电力网的作用是输送和分配电能，按供电范围、输送功率和电压等级分为

地方电网：电压等级一般为 110kV 及以下，输送功率较小，主要供给地方负荷。

区域电网：电压为 220kV 以上，供电范围广，输送功率大，主要供给区域性变电所。

远距离输电网：电压在 550kV 及以上，输电线路长度超过 330km 的电力网。

（4）电能用户

电能用户又称电力负荷，指所有消耗电能的用电设备或用电单位。

按对供电可靠性的要求，电力负荷通常分为三级。

一级负荷：如火车站、大会堂、炼钢炉、重点医院的手术室等，中断供电将造成人身伤亡或带来大的经济损失，或在政治上造成重大的影响电力负荷。对一级负荷，应采用双电源供电，且设应急电源。

二级负荷：中断供电将在政治经济上造成较大损失的电力负荷。对二级负荷应采用双回路供电。

三级负荷：即一般的电力负荷，属不重要负荷，对供电无特殊要求。

（5）负载

在交流电网中负载分为单相负载和三相负载两类。

（a）单相负载

（b）三相负载

图 4-1-3　负载示例

单相负载：负载只需要单相电源供电，通常功率较小的负载（工作电流小于 30A）均为单相负载，如照明灯，电风扇、洗衣机、电冰箱、小功率电炉、电焊机、电视机等。

三相负载：负载需要用三相电源供电，通常功率较大的负载（工作电流大于 30A）均为三相负载，如三相交流电动机、大功率三相电炉、三相整流装置等。

在三相负载中，若每相负载的阻抗值及负载性质完全相同，就称为三相对称负载，否则为三相不对称负载。单相负载按一定方式连接成的三相负载一般都是不对称负载；三相对称负载若发生某相断路或短路，也变为不对称负载。

单相负载是如何连接在三相电路中的呢？观察某个住宅小区某单元的电表，用户被分成了三组，一组接入 A-N 之间（称为 A 相负载），一组接在 B-N 之间（称为 B 相负载），还有一组接在 C-N 之间（称为 C 相负载）。这样就构成了三相负载。图 4-1-4 所示为由灯组构成的三相负载实物图。

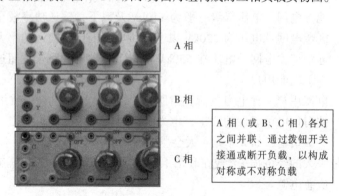

A 相

B 相

C 相

A 相（或 B、C 相）各灯之间并联、通过拨钮开关接通或断开负载，以构成对称或不对称负载

图 4-1-4　由灯组负载构成三相负载

知识拓展

1. 三相电源的产生（观看在线视频）

三相交流电动势是由三相交流发电机产生的。图 4-1-5（a）所示为三相发电机的示意图。它的结构主要包括电枢和磁极两部分，电枢外表面槽中嵌放有三套对称绕组，即三个绕组在材料、尺寸、匝数和绕法上完全相同，只是在空间彼此互差 120°电角度。三相绕组始端分别用 A、B、C 表示，末端分别用 X、Y、Z 表示，分别称为 A 相、B 相、C 相，在工厂或企业配电站或厂房内的三相电源线（用裸铜排时）一般用黄色、绿色、红色分别表示 A 相、B 相、C 相。

磁极安装在转子上，当转子由原动机以角速度 ω 拖动旋转时，三相绕组即切割磁场而感应出三相交流电动势，由于它们在空间相互差 120°电角度，使得各相绕组所感应的电动势彼此达到最大值的时刻不同，即它们的相位互差 120°电角度。

这三个电动势的 e_A、e_B、e_C 的参考方向如图 4-1-5（c）所示。

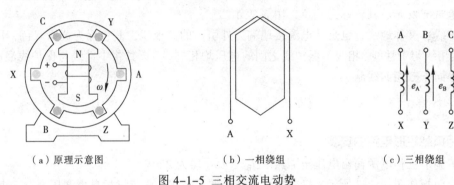

（a）原理示意图　　　　　（b）一相绕组　　　　　（c）三相绕组

图 4-1-5　三相交流电动势

2. 三相交流制的优点

我国电能的生产、输送及分配均采用三相交流电，这是因为三相交流电在发电、输电和用电方面有许多优点。

① 如果采用单相供电，需要两根输电线；如果采用三相供电，理论上需要六根线，但经实验证明，对称三相交流电任意瞬时总电流为零，故用三根线就可输送三倍的电能。

② 同样尺寸的三相发电机比单相发电机输出的功率大，且运行平稳、振动小。

③ 三相交流电提供给电动机等设备时，容易产生旋转磁场使设备正常工作，且三相电动机也比单相电动机性能平稳可靠。

④ 制造三相发电机、三相变压器等大量的低压设备的成本相对其他多相（如六相、九相）制较低。

3. 三相三线制、三相四线制、三相五线制

图 4-1-6 所示为某小区供电示意图。左边为变压器初级绕组，表示经发电、输电等环节传递供小区的三相电源，其中性点连接但不接地（三相三线制）。右边为变压器次级绕组，它们的三个绕组的末端接在一起并且接地（这里的接地为电力系统的接地端），再从这三个绕组的公共端接出一根线（蓝线），而这三个绕组的始端分别用黄、绿、红三色线引出。这四根线构成三相四线制。为方便居民家中的设备统一接地，增加安全性，我国现在也与国际接轨，普遍采用三相五线制，即增加保护线，以保障安全）。

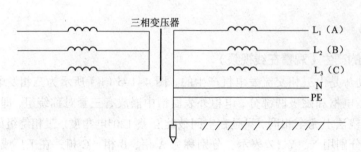

图 4-1-6　小区供电示意图——三相五线制中性点接地的供电系统

相线：又称火线，即从三个线圈始端引出的导线，它能使试电笔氖泡发光。三相分别用色标和文字区别，在颜色上用黄、绿、红表示，在文字上，我国用 A、B、C 表示，国际上用 L_1、L_2、L_3 表示。

中性线：又称零线，即从三个线圈末端公共点（即中性点）接地后引出的主干线，它不能使试电笔氖泡发光。其色标为蓝色，用 N 表示。

保护线：又称地线，也是从电源接地端另外引出的一根线，其色标为黄绿双色，用 PE 表示。虽然相线与中性线、相线与保护线之间的电压均相同，但严禁将中性线与保护线混淆使用，否则将等同于三相四线制。

技能训练

三相负载星形电路的安装

（1）调节三相电源输出电压至 U_{AB}、U_{BC}、U_{CA} 均为 220V

电源面板如图 4-1-7 所示，将选择开关置于调压输出，调节三相自耦调压器（三相调压器逆时针旋到底后从零开始增加电压值），观察 A、B、C 三相电压表，并用万用表从调压输出端测量 A–B、B–C、C–A 之间电压直至 220V。

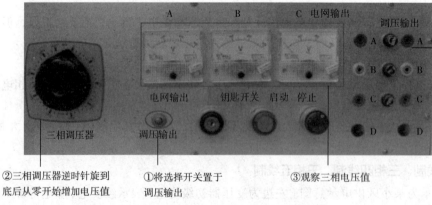

图 4-1-7　调节电源输出电压

（2）关闭电源后按图 4-1-8 所示电路图接线

由三相自耦调压器 A、B、C 端输出三相对称电源，（从虚线框外部接线）接入三相灯组负载，并将 X、Y、Z 端连接，注意串入待测支路电流的专用插孔。

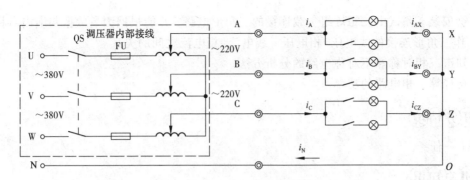

图 4-1-8　灯组负载作星形连接

（3）检查无误后并确认调压输出为 220V，接通电源并测试电压和电流

按项目四任务完成情况考核表 4-1 中的要求进行测量，并记入表 4-1 中。有关说明如下：

① 表中 Yo 表示有中性线星形连接，即图 4-1-8 中的 X、Y、Z 端连接并与中性线 N-O 相连；"Y" 表示无中性线星形连接，即 X、Y、Z 相连后不与中性线连接或将中性线断开。

② 不对称三相负载的设置方法是指使每相开关接通的灯数不等。

③ 线电流是指电源相线电流，即 I_A、I_B、I_C，相电流指负载中流过的电流，即 I_{AX}、I_{BY}、I_{CZ}。线电压指相线之间电压，即 U_{AB}、U_{BC}、U_{CA}，相电压指负载两端电压，即 U_{AX}、U_{BY}、U_{CZ}。

（4）观察现象

主要观察各相灯组亮暗的情况，特别要注意观察中性线的作用，应能得出以下结论：

① 有中性线时，若负载对称，则中性线电流 $I_N=0$，且中性线两端电压 $U_{NO}=0$，此时断开中性线不会影响电路的正常工作，各灯泡仍能正常发光。

② 有中性线时，即使负载不对称，各灯泡仍能正常工作，亮度相同，且 $U_{AX}=U_{BY}=U_{CZ}$。

③ 无中性线时，若负载不对称，则各灯泡不能正常工作，即亮度不同，各相电压不等，灯泡较亮的那相电压较高，容易烧坏灯泡；较暗的那相电压较低，不能正常照明。

④ 不论负载对称与否以及是否有中性线，线电流均等于相电流。

⑤ 线电压的大小与负载无关，只与电源调压输出有关。

⑥ 在对称负载或不对称负载（但必须有中性线）的电路，其线电压大于相电压（数值上约为 $\sqrt{3}$ 倍的关系）。

结论：三相四线制中的中性线作用是使不对称负载获得相同的相电压，从而确保各相负载均能正常工作。

任务 2　分析三相电路

任务导入

根据上一任务的测量数据引出三相交流电路的分析计算方法。

三相发电机转子安装现场

学习目标

- 知道正弦三相电源的特点。
- 知道三相负载有两种连接方式，并知道根据负载额定电压选择。

- 会安装、测试由三相灯组负载连接的三角形电路，并能根据测量数据归纳出对称负载作三角形连接的线电压–相电压、线电流–相电流之间的关系。
- 知道三相对称和不对称电路的分析方法。
- 会计算三相电路的功率。

 任务情境

同上一任务。

 相关知识

1. 三相交流电源

（1）三相交流电源的特点

三相交流电源具有以下三个特点：

① 频率相同。

② 最大值相等。

③ 相位上互差 120°电角度。

具有以上三个特点的电动势称为三相对称电动势。它们的波形图和相量图分别如图 4-2-1（a）、（b）所示。

$$\begin{cases} e_A = E_m \sin \omega t \\ e_B = E_m \sin(\omega t - 120^\circ) \\ e_C = E_m \sin(\omega t + 120^\circ) \end{cases} \qquad (4\text{-}2\text{-}1)$$

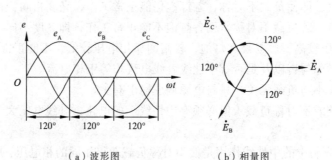

（a）波形图　　　　　　（b）相量图

图 4-2-1　三相对称电动势的波形图、相量图

从图 4-2-1 中不难得出以下结论：

① 三相对称交流电动势在任一瞬间其三个电动势的代数和为零，即

$$e_A + e_B + e_C = 0$$

② 三相对称交流电动势的相量和也等于零，即

$$\dot{E}_A + \dot{E}_B + \dot{E}_C = 0$$

（2）三相四线制提供的电压

三相电源的符号通常用发电机的线圈表示，如图 4-2-2（a）所示，为了简便，也可不画发电机的线圈连接方式，只画三根输电线，再将电源中性点引出的线共同组成三相四线制，如图 4-2-2（b）所示。

三相四线制可提供两种电压，一种是相线与相线之间的电压，称为线电压，例如 U_{AB}、U_{BC}、U_{CA} 统记为 U_L；另一种是相线与中性线之间的电压，称为相电压，记作 U_p，$U_p = U_A = U_B = U_C$。我国三相四线制提供的线电压规定为 380V，相电压为 220V，这两种电压之间的关系不难从相量图 4-2-3 上求出。即：

$$U_L = \sqrt{3}U_p \qquad （4-2-2）$$

从图 4-2-3 可以看出，线电压超前相应的相电压 30°。即 u_{AB} 超前 u_A 30°，u_{BC} 超前 u_B 30°，u_{CA} 超前 u_C 30°。

在三相四线制低压供电系统中，相电压供单相电气设备用；线电压供三相低压动力设备用。

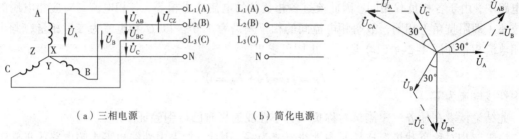

（a）三相电源　　　　　（b）简化电源

图 4-2-2　三相四线制电路

图 4-2-3　三相四线制线电压与相电压的相量图

2. 三相负载的连接方式及线–相电流、线–相电压之间的关系

使用任何电气设备，均要求负载所承受的电压等于它的额定电压，所以负载要采用合适的连接方式，以满足负载对电压的要求。

① 三相负载的星形连接。当负载的额定电压为 220V 时，应将每相负载接在一根相线和中性线之间，这样的接法称为三相负载的星形连接（常用"Y"标记），如图 4-2-4（a）所示。

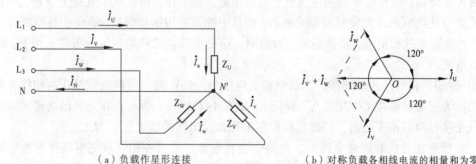

（a）负载作星形连接　　　　　（b）对称负载各相线电流的相量和为零

图 4-2-4　三相负载的星形连接

负载两端的电压称为负载的相电压。在忽略输电线上的压降时，由图 4-2-4 可知，负载的相电压就等于电源的相电压。负载的相电压 U_p 和线电压 U_L 的关系仍然是：$U_{YL} = \sqrt{3}U_{YP}$。

星形负载接上电源后，电路中就有电流。通过每相负载的电流叫相电流，用 I_u，I_v，I_w 表示，统记为 I_p。把流过相线的电流叫线电流，用 I_U，I_V，I_W 表示，统记为 I_L。它们的参考方向标在图中。由图 4-2-4（a）可见，各线电流就是各相电流。即

$$I_{YL} = I_{YP} \qquad （4-2-3）$$

对于三相电路的每一相来说，就是一个单相电路，所以各相电流与相电压的数量关系和相

位关系都可以用单相电路的方法来分析。设相电压为 U_P，该相的阻抗为 Z_P，按交流电路的欧姆定律可得每相电流，即

$$I_P = \frac{U_P}{Z_P} \tag{4-2-4}$$

各相电压与电流的相位差就是各相负载的阻抗角，可按下式计算：

$$\varphi = \arctan\frac{X}{R} \tag{4-2-5}$$

式中：X 和 R 分别为该相的电抗和电阻。

从图 4-2-4 中可以看出，负载作星形连接时，中性线电流为各相电流的相量和。在三相对称电路中，由于各相负载相同，因此流过各相负载的电流大小相等，各相电流与对应相电压的相位差（即阻抗角）相同，故每相电流间的相位差仍为 120°。以 U 相电流为参考相量，画出各相电流相量如图 4-2-4（b）所示。由图可求出：

$$\dot{I}_N = \dot{I}_U + \dot{I}_V + \dot{I}_W = 0$$

即中性线电流为零。

此结论读者在任务一中测试对称负载有中性线连接时已得到验证。

由于三相对称负载星形连接时中性线电流为零，因此，省去中性线也不影响电路的正常工作。这样三相四线制实际变成了三相三线制。通常在高压输电时，由于三相负载都是对称的三相变压器，所以均采用三相三线制。

当三相负载不对称时，各相电流不对称，通过计算可知，此时中性线电流不为零，故中性线不能取消。中性线的作用是：平衡各相电压，保证三相成为三个互不影响的独立电路，此时各相负载电压等于电源的相电压，它不会因为负载变动而变动。但若中性线断开，则各相电压就不再相等（见任务一中测量数据表 4-1），根据串联分压的原理知：阻抗较大的相电压高，电器将可能烧坏；阻抗较小的相电压低，电器不能正常工作。所以电工规程上规定，三相电路干线上的中性线不允许安装开关和熔断器，而且中性线常用钢丝制成，以免中性线断开引起事故。当然在装接三相负载，特别是单相负载时，应尽量使负载较均匀地分布在三相上，以减小中性线电流。

② 三相负载的三角形连接。当负载额定电压为 380V 时，应将负载接在两相线之间，这种接法称为三角形连接（常用"△"标记），如图 4-2-5（a）所示。在三角形连接中，由于各相负载是接在两根相线之间，因此负载的相电压就是电源的线电压，即 $U_{\triangle L}=U_{\triangle P}$。

三角形连接的负载接通电源后，电路中会有电流，流过各相负载的电流称为相电流，用 I_u、I_v、I_w 表示，统记为 I_P。流过相线的电流叫线电流，用 I_U，I_V，I_W 表示，统记为 I_L。各电流的参考方向如图 4-2-5（a）所示。

各相电流的计算方法仍同单相电路：

$$I_P = \frac{U_P}{Z_P} \tag{4-2-6}$$

各相电压与电流的相位差角就是各相负载的阻抗角，可按下式计算：

$$\varphi = \arctan\frac{X}{R} \tag{4-2-7}$$

式中：X 和 R 为该相的电抗和电阻。

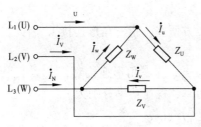
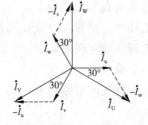

（a）负载作三角形连接　　　　　　（b）对称负载的线电流与相电流关系

图 4-2-5　　三相负载的三角形连接

下面再讨论线电流和相电流的关系：

若各相负载是对称的，则各相电流也对称。作出 $\dot{I}_u$、$\dot{I}_v$、$\dot{I}_w$ 的相量图，如图 4-2-5（b）所示。根据 KCL：

$$\dot{I}_U = \dot{I}_u - \dot{I}_w = \dot{I}_u + (-\dot{I}_w)$$

利用相量合成法，不难求得：

$$I_U = \sqrt{3}I_u$$

同理可求得 $I_V = \sqrt{3}I_v$，$I_W = \sqrt{3}I_w$。所以对三相对称负载来说，线电流和相电流的数量关系的通式为

$$I_L = \sqrt{3}I_P \tag{4-2-8}$$

从图 4-2-5(b)可以看出，线电流滞后相应的相电流 30°。在不对称负载中，电流是不对称的，因此不可应用式 4-2-8。

3. 三相电路的分析

三相交流电路可以看成是三个单相交流电路的组合。

对于各相负载对称的三相电路，可以根据单相负载计算其中的一相相电流、相电压，再按对称关系画出其他两相电流和电压的相量图；根据负载的连接方式计算出线电流、线电压。

对于负载不对称的三相电路，则必须分相计算，再根据 KCL 和 KVL 及相量图示法求解线电流、线电压。

而对于功率的计算，三相电路总的有功功率和无功功率是各相电路的有功功率和无功功率之和，即

$$P = P_u + P_v + P_w = U_u I_u \cos\varphi_u + U_v I_v \cos\varphi_v + U_w I_w \cos\varphi_w \tag{4-2-9}$$

$$Q = Q_u + Q_v + Q_w = U_u I_u \sin\varphi_u + U_v I_v \sin\varphi_v + U_w I_w \sin\varphi_w \tag{4-2-10}$$

式中：U_u、U_v、U_w、I_u、I_v、I_w 和 φ_u、φ_v、φ_w 分别为各相负载的相电压、相电流和阻抗角。

三相电路的视在功率为

$$S = \sqrt{P^2 + Q^2} \tag{4-2-11}$$

如果三相负载是对称的，即表明各相有功功率、无功功率、视在功率均相等，则有

$$\begin{cases} P = 3U_p I_p \cos\varphi \\ Q = 3U_p I_p \sin\varphi \\ S = 3U_p I_p \end{cases} \tag{4-2-12}$$

式中：φ 是各相负载的阻抗角。

在实际工作中，测量线电流比测量相电流要方便些（指三角形连接），因此三相功率的计算通常用线电流、线电压来表示。

由于对称负载作星形连接时，$U_L = \sqrt{3}U_P$，$I_L = I_P$，作三角形连接时，$U_L = U_P$，$I_L = \sqrt{3}I_P$，因此可得，三相对称交流电路的有功功率、无功功率、视在功率分别为

$$\begin{cases} P = \sqrt{3}U_L I_L \cos\varphi \\ Q = \sqrt{3}U_L I_L \sin\varphi \\ S = \sqrt{3}U_L I_L \end{cases} \qquad (4-2-13)$$

式中：φ 仍然是各相负载的阻抗角。

【例 4-1-1】有一三相负载，每相电阻 $R=6\Omega$，感抗 $X_L=8\Omega$，接在线电压 $U_L=380V$，$f=50Hz$ 的三相对称电源上。分别求负载接成星形和三角形时的相电流、线电流及负载的有功功率，并进行比较。

解：由于电源电压对称，各相负载对称，则各相电流相等，各线电流相等。

（1）负载作星形连接时

$$U_{YP} = \frac{U_L}{\sqrt{3}} = \frac{380}{\sqrt{3}} = 220V$$

$$Z = \sqrt{R^2 + X_L^2} = \sqrt{6^2 + 8^2} = 10\Omega$$

$$I_{YP} = \frac{U_P}{Z} = \frac{220}{10} = 22A$$

$$I_{YL} = I_{YP} = 22A$$

$$\varphi = \arctan\frac{X_L}{R} = \arctan\frac{8}{6} = 53.1°$$

$$P_Y = \sqrt{3}U_L I_L \cos\varphi = \sqrt{3} \times 380 \times 22 \times \cos 53.1° = 8.68kW$$

（2）负载作三角形连接时 $\qquad U_{\triangle P} = U_{\triangle L} = 380V$

$$I_{\triangle P} = \frac{U_P}{Z_P} = \frac{380}{10} = 38A$$

$$I_{\triangle L} = \sqrt{3}I_{\triangle P} = \sqrt{3} \times 38 = 66A$$

$$P_\triangle = \sqrt{3}U_L I_L \cos\varphi = \sqrt{3} \times 380 \times 66 \times \cos 53.1° = 26kW$$

（3）比较： $\qquad \dfrac{I_{\triangle P}}{I_{YP}} = \dfrac{38}{22} = \sqrt{3}$，$\dfrac{I_{\triangle L}}{I_{YL}} = \dfrac{66}{22} = 3$，$\dfrac{P_\triangle}{P_Y} = \dfrac{26}{8.68} = 3$ $\qquad (4-2-14)$

结论：在线电压一定时，同一组三相对称负载作三角形连接时的线电流及电功率均是作星形连接时的三倍。要使负载正常工作，必须根据负载的额定电压来决定负载的连接方式。若将正常工作为星形连接的负载错接成三角形，则由于电流和功率过大而烧坏负载。反之，把正常工作的三角形连接的负载错接成星形，则因电流和功率过小而使负载不能正常工作。

知识拓展

1. 三相交流电路有功功率的测定

（1）三相四线制有功功率的测定

① 不对称负载，需用三块功率表测量各相负载的功率，然后将所测数据相加。接线图如图 4-2-6 所示。

② 对称负载，只需用一块功率表测量某一相负载的功率，再乘以 3 即可。

对于电阻性负载的交流电路（例如灯组负载），若没有功率表，也可以用电压表和电流表测出相电压和相电流值，根据单相交流电路的有功功率 $P=UI\cos\varphi$（电阻性负载 $\cos\varphi=1$）算出某相功率。

（2）三相三线制功率的测定

三相三线制电路中不论负载对称与否，也不论负载是星形接法还是三角形接法，均可用二表法进行功率测量。接线如图 4-2-7 所示。

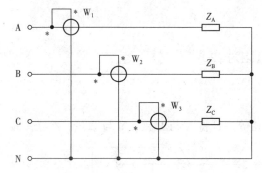

图 4-2-6　三表法测量三相功率　　　　图 4-2-7　二表法测量三相功率

接线规则如下：两只功率表的电流线圈分别串联接入任意两相线电流，两只功率表的电压线圈的"*"端分别接到该电流线圈所在的一相，另一端钮同时接到没有功率表电流线圈的第三相。则两只功率表的读数的代数之和，就是三相负载的总功率。这里的代数之和的意思是指由于负载的功率因数不同，两只功率表的读数，可能为正数，也可能其中之一为负数或零，这时应把出现负数的功率表电流线圈端钮反接，使其指针正偏。但应记住其读数是负值，然后将两只功率表的读数按代数和的方法相加，即为三相负载的总功率。注意：任意一表的单独读数是无意义的。

2. 三相交流电路无功功率的测定

单相交流电路的无功功率 $Q=UI\sin\varphi=UI\cos(90°-\varphi)$。

只要适当改变功率表的接线方法，就可以利用功率表来测量无功功率。例如用一只功率表测量三相对称负载电路的无功功率，接线图如图 4-2-8（a）所示。由图可见，流过功率表电流线圈的是 A 相电流 i_A，而电压线圈测量的是线电压 U_{BC}，根据三相对称交流电路的相量图，如图 4-2-8（b）所示，可知线电压 U_{BC} 和相电压 U_A 之间有 90° 的相位差，而相电压和相电流之间的相位差为 φ，这样 U_{BC} 和 i_A 之间的相位差为 $90°-\varphi$，功率表的读数反映了 $U_{BC}I_A\cos(90°-\varphi)$ 的大小，根据星形连接线电压与相电压的关系，可得：

$U_{BC}I_A\cos(90°-\varphi)=\sqrt{3}U_AI_A\sin\varphi$，因此只要将功率表的读数再乘以 $\sqrt{3}$，就得到三相负载总的无功功率。

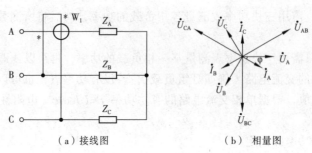

(a) 接线图   (b) 相量图

图 4-2-8 用功率表测量三相无功功率

技能训练

安装三相负载三角形连接电路

1. 调节三相电源输出电压至 U_{AB}、U_{BC}、U_{CA} 均为 220V

方法同上一任务。

2. 对称负载作三角形连接

按图 4-2-9 所示线路接线，各相并联的灯数相等，且将 X 与 B 接，Y 与 C 接，Z 与 A 接。

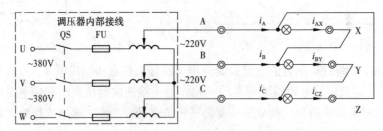

图 4-2-9 对称负载作三角形连接

3. 测量电压和电流

经检查无误后，接通电源，按项目四任务完成情况考表 4-2 中的要求进行测量，并记入表 4-2 中。

4. 观察现象与数据分析

① 线电压没有变化（与表 4-1 对比），但各灯泡与星形接法时相比明显变亮。

② 相电压与表 4-1 中对称负载的星形连接相比要高（等于电源线电压）。

③ 线电流大于相电流（数值上约是相电流的 $\sqrt{3}$ 倍）。

④ 在线电压相同的情况下，测量对称负载作三角形连接的线电流和作星形连接的线电流，

两者之比为 3，即 $\dfrac{I_{\triangle 线}}{I_{Y 线}}=3$。

结论：

① 负载的亮暗与相电压大小有关。

② 要想让星形连接的灯组电路获得三角形连接的灯组电路的同样亮度，必须将星形连接电路的线电压 220V 调高至 380V（约 $\sqrt{3}$ 倍）。

5. 测定或计算三相负载的功率

结果填入项目四任务完成情况考核表 4-2 中。

小　结

通过安装与调测由三相电源、调压器、灯泡组接的电路，以及相关知识的学习，读者应能理解三相电源与三相负载的概念，能正确选择三相负载的连接方式，会分析计算三相电路。

1. 凡符合频率相同、最大值相等、相位互差120°的电量（如电动势、电压、电流）统称为三相对称电量，三相对称电量在任意瞬间它们的瞬时值代数和为零、相量和亦为零。

2. 若三相负载中每相的阻抗值相等、阻抗角相等、且阻抗性质相同，则称之为三相对称负载。三相对称负载的电路可采用三相三线制供电。由单相负载组成的三相电路或由照明和动力负载混合组成的三相电路，一般都不对称，必须采用三相四线制。中性线的作用就在于它能保证三相负载成为三个互不影响的独立电路，使负载正常工作，电路发生故障时还可缩小故障的影响范围。

3. 三相负载可接成星形或三角形，接入的原则是负载两端的相电压应等于其额定电压。不论哪种接法，每相负载均可看作是单相电路，所以仍可用讨论单相电路的方法来讨论各相负载中电流与电压的相位和数量关系。三相对称负载的电流、电压、功率关系见表4-1-1。

表4-1-1　三相对称负载两种接法的电流、电压、功率关系

接法	星　　形	三　　角　　形
线、相电压	$U_{\text{YL}} = \sqrt{3}U_{\text{YP}}$	$U_{\triangle \text{L}} = U_{\triangle \text{P}}$
线、相电流	$I_{\text{YL}} = I_{\text{YP}}$	$I_{\triangle \text{L}} = \sqrt{3}I_{\triangle \text{P}}$
有功功率	$P_{\text{Y}} = 3U_{\text{YP}}I_{\text{YP}}\cos\varphi = \sqrt{3}U_{\text{YL}}I_{\text{YL}}\cos\varphi$	$P_{\triangle} = 3U_{\triangle \text{P}}I_{\triangle \text{P}}\cos\varphi = \sqrt{3}U_{\triangle \text{L}}I_{\triangle \text{L}}\cos\varphi$
无功功率	$Q_{\text{Y}} = 3U_{\text{YP}}I_{\text{YP}}\sin\varphi = \sqrt{3}U_{\text{YL}}I_{\text{YL}}\sin\varphi$	$Q_{\triangle} = 3U_{\triangle \text{P}}I_{\triangle \text{P}}\sin\varphi = \sqrt{3}U_{\triangle \text{L}}I_{\triangle \text{L}}\sin\varphi$
视在功率	$S_{\text{Y}} = 3U_{\text{YP}}I_{\text{YP}} = \sqrt{3}U_{\text{YL}}I_{\text{YL}}$	$S_{\triangle} = 3U_{\triangle \text{P}}I_{\triangle \text{P}} = \sqrt{3}U_{\triangle \text{L}}I_{\triangle \text{L}}$

以上只适用于对称负载电路的计算，对于不对称的负载，则应先求解出各相相关电量（如相阻抗、阻抗角、相电压、相电流、相功率等），再求出电路总的有功功率 $P = P_{\text{u}} + P_{\text{v}} + P_{\text{w}}$，总的无功功率 $Q = Q_{\text{u}} + Q_{\text{v}} + Q_{\text{w}}$，总的视在功率 $S = \sqrt{P^2 + Q^2}$。

4. "相"与"相量"的区别："相"是三相交流电路中引入的一个量，由于A相、B相、C相的交流电量在同一时间大小不等，相位也不同。为了表明瞬态特征而引入"相量"指交流量可以用平面上的、以时间为变量的逆时针旋转的矢量来表示，与力学中的空间方向矢量不一样，称为相量。

项目四　三相电路的安装与测量

项目五

常用低压电器的认识与选用

任务1　绕制小型变压器

任务导入

　　许多电气设备，如电机、变压器、电工测量仪表以及其他各种电磁元器件中，不仅有电路存在，而且还有磁路存在。本任务通过拆装变压器来学习电磁的相关知识。

学习目标

- 能概述磁路及铁磁材料的特性。
- 知道铁磁损耗以及降低铁磁损耗的方法。
- 熟记铁心线圈中的交流电压、频率、磁通之间的关系。
- 会分析含有铁心线圈的交流电路。
- 会绕制小型变压器。
- 知道变压器有"三变"（变压、变流、变阻抗）作用。

任务情境

　　本任务建议在具有网络资源及具有相关实训条件的教室进行，采取视频教学（可以互联网上下载与小型变压器的绕制有关的视频）、多媒体教学，理论、实践一体化教学；组织学生参观：如电力变压器、电子变压器、车间机床控制变压器等。

相关知识

1. 小型变压器的绕制

小型变压器绕制过程如图 5-1-1 所示。

（a）准备导线

（b）测量硅钢片尺寸
并计算窗口面积

（c）准备绝缘材料

（d）制作木心

（e）用弹性纸制作骨架

（f）将木心塞入骨架

（g）穿入绕线机轴，紧固并垫上绝缘纸

（h）焊接一次绕组引出线并用蜡纸包好

（i）压好黄蜡布，进行绕制

（j）绕满一层后要垫层间绝缘再进行绕制

（k）一组绕组绕好后垫上绝缘层纸继续绕制

（l）结束时将线尾插入绝缘带缝隙中

（m）焊接导线，收紧绝缘带，剪去多余部分，固定线尾，至此绕好了一次绕组

（n）在一、二次线圈之间垫入0.1mm厚的铜铂静电屏蔽层（不封口），铜铂上焊接一根多股线作为接地线

（o）再加一层绝缘纸，留好引出线，然后绕制二次绕组

（p）调整绕线机，回零，以便计数

（q）绕制结束前，将线尾用绝缘带紧固然后引出

（r）再进行烘干

（s）进行铁心嵌片（交叉对嵌）要求整密平整

（t）嵌紧片时可用旋凿撬开夹缝插入，以防挤坏线圈

（u）再用胶锤轻轻敲入，反复敲打整齐

（v）用兆欧表对变压器进行绝缘测试，400V以下的变压器绝缘电阻的阻值不低于1MΩ

（w）再进行空载电压测试，各绕组空载电压允许偏差±5%，中心抽头为±2%

（x）空载电流为5%~8%的额定电流

图 5-1-1　小型变压器绕制过程示意图

2. 磁路及其基本定律

（1）磁路的概念

电流产生磁场，通有电流的线圈内部及周围有磁场存在。在变压器、电机等电气设备中，为了用较小的电流产生较强的磁场，通常把线圈绕在由铁磁性材料制成的铁心上。由于铁磁性材料的导磁性能比非铁磁性材料好得多，因此，当线圈中有电流流过时，产生的磁通绝大部分将集中在铁心中，沿铁心而闭合，这部分磁通通过的路径称为磁路。图 5-1-2 所示为变压器、直流电机及电磁铁的磁路。

与电流总是选择电阻小的路径流过一样，磁通也总是选择高导磁材料作为自己的路径。利用这一原理可以对某些设备进行磁屏蔽。图 5-1-3 所示为一个由高导磁材料做成的壳体，将它放入外磁场中，磁通将从壳体穿过但并不进入壳体内，所以壳体内没有磁场。一些像电表、钟表等容易因外部磁场影响而产生误差的仪表或设备为了避免磁场的影响，可以用高导磁材料做成的屏蔽罩将它罩起来，这种方法称为磁场屏蔽。

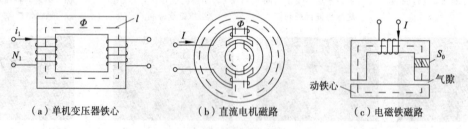

| （a）单机变压器铁心 | （b）直流电机磁路 | （c）电磁铁磁路 |

图 5-1-2　几种磁路实例

扩音机话筒线采用金属丝织成的屏蔽线，收音机中的振荡线圈、中频变压器等都装在金属壳里，并将金属壳接地，使它们免受内外电磁场的影响，这些都是利用了磁场屏蔽的作用。

（2）磁路的基本定律

① 磁路的欧姆定律。在图 5-1-2（a）所示的单相变压器磁路中，如果磁力线的平均长度（即磁路中心线长度）为 l，匝数为 N_1 的线圈中通过的交流电流为 I_1，则

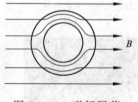

图 5-1-3　磁场屏蔽

$$\Phi = \frac{F}{R_{\mathrm{m}}} = \frac{I_1 N_1}{\dfrac{l}{\mu S}}$$

（5-1-1）

式（5-1-1）因外观与电路的欧姆定律相似（推导略），故称为磁路欧姆定律。式中：

Φ：为磁通（对应于电流），单位为韦伯（Wb）；

F：为磁通势（对应于电动势），$F = N_1 I_1$，单位为安（A）；

R_{m}：磁阻（对应于电阻），单位为（亨）$^{-1}$。

l、S、μ 分别为磁路长度、磁路截面积及铁磁材料的磁导率。由于铁磁材料的 μ 不是常数，所以磁阻也不是常数。式（5-1-1）一般只用于定性分析。

表 5-1-1 列出了磁路与电路的对应关系。

表 5-1-1　磁路与电路的对应关系

电　　　　路	磁　　　　路
电流 I	磁通 Φ
电阻 $R = \rho \dfrac{l}{S}$	磁阻 $R_m = \dfrac{l}{\mu S}$
电阻率 ρ	磁导率 μ
电动势 E	磁动势 $F = IN$
电路欧姆定律 $I = \dfrac{E}{R}$	磁路欧姆定律 $\Phi = \dfrac{F}{R_m}$

② 全电流定律。

磁路中磁场强度 H 与磁路的平均长度 l 的乘积，在数值上等于磁场的磁通势（推导略），称为全电流定律。

$$NI = lH \qquad\qquad (5-1-2)$$

由于式（5-1-2）与铁磁材料的磁导率无关，故可用于进行定量计算。

3. 铁磁材料

在小型变压器的绕制中有硅钢片叠成的铁心。硅钢片是高导磁率（磁阻低）的铁磁性材料，它能使磁通绝大部分通过由硅钢片叠成的铁心而形成闭合回路。那么铁磁性物质是如何被磁化？又具有哪些特性？

（1）铁磁材料的特性

① 高导磁性。铁磁材料的内部存在许多能导磁的小区域，称为磁畴。在没有外磁场作用时，磁畴杂乱无序地排列，对外不显磁性，如图 5-1-4（a）所示。如果将铁磁材料放进较强的磁场中，各磁畴将顺着外磁场方向转向，形成很强的附加磁场，使总磁场大大增强，如图 5-1-4（b）所示。这种现象称为磁化。

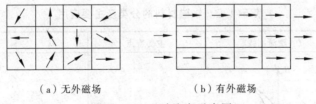

（a）无外磁场　　　　　（b）有外磁场

图 5-1-4　磁畴取向示意图

铁磁性物质的这一磁性能被广泛应用于电工设备中，例如电机、变压器及各种电磁元器件的线圈中都放有铁心。在这种具有铁心的线圈中通入不大的励磁电流，便可以产生足够大的磁通和磁感应强度。

② 磁饱和性。铁磁材料由于磁化所产生的磁场不会随着外加磁场的增加而无限增强。这是因为当外磁场（或励磁电流）增大到一定时，全部磁畴的磁场方向都转到与外加磁场的方向一致，达到饱和值。

铁磁材料的磁化过程如图 5-1-5 所示。该曲线表示 Φ 与 I 之间的关系，由于磁通 Φ 与磁感应强度 B 成正比，磁场强度 H 与电流 I 成正比，故该曲线也表示 B 与 H 之间的关系。

初始磁化时，随着磁畴的转向，电流 I 增加，磁通 Φ 也增加，两者近似线性关系。然后 Φ 随 I 的增加逐渐减慢增加速度。I 增加到一定程度时，全部磁畴都已转向外磁场方向，Φ 随 I 的增加而极其缓慢增加。铁磁材料的磁化到此程度称为饱和。曲线 1 上的 b 点为饱和点，此曲线称为磁化曲线。各种材料的磁化曲线不同，可以从手册中查阅。图 5-1-5 所示的曲线 2 表示空心线圈中电流与磁通的关系。由图可见，空心线圈为线性电感，它的电磁关系为线性关系。在相同的励磁电流下，铁磁材料比非铁磁材料的磁感应强度要大得多。铁磁材料的 B 及 H 值通常选用在 ab 段之间的数值（又称曲线的膝部），这样使铁心不致磁化到饱和状态，又提高了材料的利用率。

③ 磁滞性。当铁心线圈中通有交流电流（大小和方向都变化）时，铁心就受到反复磁化。电流变化一个周期，磁感应强度 B 随磁场强度 H 变化的关系如图 5-1-6 所示。反复磁化的过程为正方向磁化→去磁→反方向磁化→去磁→再正方向磁化……由图可知，当 H 减小到零值时，铁心中仍保留一部分剩磁 B_r，永久磁铁的磁性就是由剩磁产生的。如果要使铁心中的剩磁消失，必须加反向电流才能使剩磁完全消失，使 $B=0$ 的 H 值称为矫顽磁力 H_C。在反复磁化的过程中，B 值的变化总是落后于 H 值的变化，称为磁滞，故称此闭合曲线为磁滞回线。

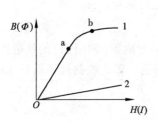

图 5-1-5 磁化曲线

1—铁磁材料；2—非铁磁材料

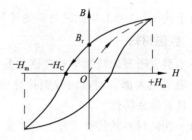

图 5-1-6 磁滞回线

（2）铁磁材料的分类及其应用

铁磁材料根据磁滞回线的形状及其在工程上的应用，可分为三类，如表 5-1-2 所示。

表 5-1-2 铁磁材料的分类及主要应用

分　类	磁滞回线	主要特点	材　料	主要应用
软磁性材料		导磁系数高，容易磁化和退磁，磁滞损耗小	硅钢片、铸钢、铁氧体	硅钢片、铸钢常用于制造电机、变压器、电磁铁等铁心磁路
硬磁性材料		剩磁大	钴钢、钨钢、锰钢等	常用于制造永久磁铁、扬声器和电工仪表等

分　类	磁滞回线	主要特点	材　料	主要应用
矩磁性材料		受较小的磁化就可以达到饱和，而去掉外磁场后，仍保持磁饱和	锰镁铁氧体、锂镁铁氧体和一些铁镍合金等	常用于制造存储器磁心

（3）铁磁损耗

铁磁材料在交变电流反复磁化过程中会发热，铁心内部发热消耗的功率称为铁心损耗。铁心损耗包括涡流损耗和磁滞损耗。

① 涡流损耗。当铁心线圈有交流电流通过时，铁心内就有变化的磁通产生，因而在铁心内会产生感应电动势和感应电流，由于这种电流在铁心中自成闭合回路，如图 5-1-7（a）所示，其形状如同水中漩涡，所以称为涡流。涡流通过铁心所引起的发热，与电路中的损耗 RI^2 具有相同的性质。

影响涡流损耗的因素很多，比如铁心的电导率和厚度、铁心体积、电源频率以及最大磁感应强度等。

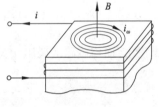

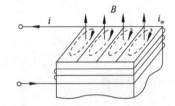

（a）在整块铁磁材料中　　　　（b）将整块铁心用硅钢片叠成，　　　（c）电机转子实物（铁心采用
　　感应的涡流　　　　　　　　　　可减小涡流　　　　　　　　　　硅钢片叠成）

图 5-1-7　减少涡流的办法

在电机、变压器设备中，由于涡流的存在，将使铁心发热，这不仅消耗电能，降低电气设备的效率，而且由于铁心发热，加速绝缘材料的老化。因此，多数工频交流电气设备的铁心，都采用以下两个方法减小涡流损耗：

一是减小厚度（每片厚度为 0.35~0.5mm），二是增大材料的电阻率（例如在软磁性材料中掺入硅元素）。如图 5-1-7（b）所示，将整块铁心用硅钢片叠成，这样既增大材料的电阻率，且由于叠片层间相互绝缘，又减小了涡流流通的截面积，因此可减小涡流，从而减小了涡流损耗。

另一方面，利用涡流的感应加热原理，可以制成电磁炉、高频感应炉，如图 5-1-8 所示。

（a）电磁灶　　　　　　　　（b）高频感应炉

图 5-1-8　涡流的应用实例

高频感应炉可进行高频熔炼及高频焊接。感应加热原理也常用于真空管、示波器及显像管中残存于金属表面少许气体的排放中。另外利用磁场对涡流的力效应，制成磁电式、感应式电工仪表及电力拖动中的各种制动器。

② 磁滞损耗。磁滞损耗的产生原因是交流磁化过程中，铁磁材料内的磁畴来回翻转而消耗能量。它与材料的性质、电源频率以及最大磁感应强度等有关。为减小磁滞损耗，可采用磁滞回线狭窄的软磁材料作铁心。

4. 交流铁心线圈的电压与磁通的关系

在图 5-1-2（a）所示的单相变压器铁心中，若在匝数为 N_1 的线圈中通入正弦交流电流 i_1，则在铁心内部将产生近似于按正弦规律变化的磁通，设 $\Phi = \Phi_m \sin \omega t$，根据电磁感应定律，在线圈中产生感应电动势，若忽略线圈电阻和漏磁通，则该线圈两端的电压与感应电动势平衡，即

$$u_1 = -e_1 = N_1 \frac{\mathrm{d}\Phi}{\mathrm{d}t} = N_1 \frac{\mathrm{d}}{\mathrm{d}t} (\Phi_m \sin \omega t) = N_1 \omega \Phi_m \cos \omega t = U_{1m} \sin\left(\omega t + \frac{\pi}{2}\right)$$

电压的有效值为

$$U_1 = \frac{U_{1m}}{\sqrt{2}} = \frac{N_1 \omega \Phi_m}{\sqrt{2}} = 4.44 N_1 f \Phi_m \tag{5-1-3}$$

磁通最大值为

$$\Phi_m = \frac{U_1}{4.44 N_1 f} \tag{5-1-4}$$

上式表明：交流铁心线圈中的磁通最大值和端电压的有效值成正比，而与磁路的磁阻无关。交流铁心线圈的这一特性可称为恒磁通特性。

5. 变压器的工作原理

（1）变压器的结构

通过小型变压器的绕制，可知最简单的变压器是由一个闭合的软磁铁心和两个套在铁心上相互绝缘的绕组所构成，如图 5-1-9 所示。

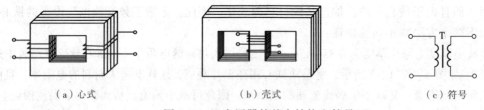

（a）心式　　　　　　　　　（b）壳式　　　　　　　　　（c）符号

图 5-1-9　变压器的基本结构和符号

① 铁心：提供磁路，分为心式结构和壳式结构两种，如图 5-1-9（a）、（b）所示，图 5-1-9（c）所示为普通变压器的电气符号及文字符号，中间的竖线代表铁心。

② 绕组：建立磁场，与交流电源相接的绕组叫做一次绕组（又称原绕组），与负载相连的绕组称为二次绕组（又称副绕组）。根据需要，变压器的二次绕组可以有多个，以提供不同的交流电压。常见的变压器输出工频电压有 42V、36V、24V、12V 和 6V。

③ 附件。为了防止变压器运行时因铜损和铁损引起变压器温度过高而被烧坏，必须采取冷却措施。小容量的变压器多采用空气自冷式，大容量的变压器多采用油浸自冷、油浸风冷或强迫油循环风冷等方式。大型电力变压器在油箱壁上还焊有散热管，以增加散热面积和变压器

油的对流作用。图 5-1-10 所示为三相电力变压器。

图 5-1-10　三相电力变压器

（2）变压器的工作原理

① 变压原理。设一、二次绕组的匝数分别为 N_1 和 N_2。在忽略漏磁通和一、二次绕组的直流电阻时，由于一、二次绕组同受交变主磁通的作用，所以两个绕组中产生的感应电动势 e_1 和 e_2 的频率与电源频率相同。由交流铁心线圈的电磁关系（式 5-1-3），得

$$U_1 = \frac{U_{1m}}{\sqrt{2}} = \frac{N_1 \omega \Phi_m}{\sqrt{2}} = 4.44 N_1 f \Phi_m$$

$$U_2 = \frac{U_{2m}}{\sqrt{2}} = \frac{N_2 \omega \Phi_m}{\sqrt{2}} = 4.44 N_2 f \Phi_m$$

$$\frac{U_1}{U_2} = \frac{N_1}{N_2} = K \tag{5-1-5}$$

K 称为变压器的变压比。上式表明，变压器一次、二次绕组的电压比等于它们的匝数比。当 $K > 1$，即 $U_1 > U_2$ 时，为降压变压器；当 $K < 1$，即 $U_1 < U_2$ 时，为升压变压器。由此可见，只要选择一次、二次绕组的匝数比，就可实现升压或降压的目的。

【例 5-1-1】在图 5-1-11 所示三绕组变压器中，$U_1 =$ 220V，$N_1 = 1000$，要求二次绕组空载电压分别为 127V 和 36V 时，二次绕组 N_2 和 N_3 匝数各为多少？

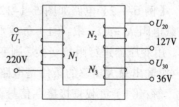

图 5-1-11　例 5-1-1 图

解： 由式（5-1-5）得

$$N_2 = \frac{U_2}{U_1} N_1 = \frac{127}{220} \times 1000 = 577 匝$$

$$N_3 = \frac{U_3}{U_1} N_1 = \frac{36}{220} \times 1000 = 164 匝$$

实际工作中，因为有损耗，故二次绕组匝数应在计算结果基础上加 5%~10%。

② 变流原理。变压器在变压过程中只起到能量传递的作用，无论变换后的电压是升高还是降低，电能都不会增加。根据能量守恒定律，在忽略损耗时，变压器的输出功率 P_2 应与变压器从电源中获得的功率 P_1 相等，即 $P_1 = P_2$。于是当变压器只有一个二次绕组时，应有下述关

系:

$$I_1 U_1 = I_2 U_2$$

或

$$\frac{I_1}{I_2} = \frac{U_2}{U_1} = \frac{N_2}{N_1} = \frac{1}{K} \qquad (5-1-6)$$

上式表明，变压器一次、二次绕组的电流比与一次、二次绕组电压比或匝数比成反比，而且一次绕组的电流随二次绕组的电流的变化而变化。

③ 阻抗变换原理。如图 5-1-12 所示，若把带负载的变压器（图中点线框部分），看成是一个新的负载并以 R'_L 表示，而对无损耗变压器来说，只起到功率传递作用，所以有

$$I_1^2 R'_L = I_2^2 R_L$$

将式（5-1-6）代入上式可得

$$R'_L = \frac{I_2^2}{I_1^2} R_L = K^2 R_L \qquad (5-1-7)$$

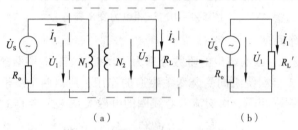

（a）　　　　　　　　　　（b）

图 5-1-12　变压器的阻抗变换

上式表明，负载 R_L 接到变压器二次绕组上从电源中获取的功率和负载 $R'_L = K^2 R_L$ 直接接在电源上所获取的功率是完全相同的。也就是说，R'_L 是 R_L 在变压器一次绕组中的交流等效电阻。变压器的这种特性常用于电子电路中的阻抗匹配，使负载获得最大功率。如广播喇叭，其扬声器负载的阻抗只有几十欧、十几欧，而广播室的放大器要求负载的阻抗值一般为几千欧，这就必须通过变压器连接负载，以获得所需要的等效阻抗，达到理想的播音效果。

【例 5-1-2】电路如图 5-1-12 所示，某交流信号源输出电压 $U_S=120$V，其内阻 $R_0=800\Omega$，负载电阻 $R_L=8\Omega$。求：（1）负载直接接在信号源上所获得的功率；（2）若要负载上获得最大功率，用变压器进行阻抗变换，则变压器的匝数比应该是多少？此时负载所获得的功率是多少？（电源输出最大功率的条件是电路中负载电阻与信号源内阻相等）。

解：（1）负载直接接在信号源上所获得的功率为

$$P = I^2 R_L = \left(\frac{U_S}{R_0 + R_L}\right)^2 \times R_L = \left(\frac{120}{800+8}\right)^2 \times 8 = 0.176\text{W}$$

（2）负载通过变压器再接入信号源，变压器一次绕组等效电阻为 R'_L，根据电源输出最大功率的条件令 $R'_L = R_0$，由式（5-1-7）得

$$K = \sqrt{\frac{R'_L}{R_L}} = \sqrt{\frac{R_0}{R_L}} = \sqrt{\frac{800}{8}} = 10$$

此时负载上获得的最大功率为

$$P = I^2 R'_L = \left(\frac{U_S}{R_0 + R'_L}\right)^2 \times R'_L = \left(\frac{120}{800+800}\right)^2 \times 800 = 4.5\text{W}$$

可见经变压器的匝数匹配后，负载上获得的功率大了许多。

【例5-1-3】已知电源电压为380V，电动机直接接入电源起动时电源回路电流为589.4A，现将该电动机经过变压器降压后再接入电源（设 U_2=64%U_1），求电源回路电流（即变压器一次绕组电流）为多少？并与电动机直接接入电源时进行比较。

解： 电机直接接入电源时的总阻抗为

$$Z = \frac{U}{I}$$

将此负载通过变压器接入电源，则由式（5-1-7）得

变压器一次绕组等效阻抗为

$$Z' = K^2 Z$$

变压器原边的电流为

$$I' = \frac{U}{Z'} = \frac{U}{K^2 Z}$$

降压起动与直接起动比较：

$$\frac{I'}{I} = \frac{\dfrac{U}{K^2 Z}}{\dfrac{U}{Z}} = \frac{1}{K^2} = \frac{1}{\left(\dfrac{U_1}{U_2}\right)^2} = \left(\frac{U_2}{U_1}\right)^2 = 0.64^2 \tag{5-1-8}$$

即经降压起动后电源回路的电流为

$$I' = 0.64^2 \times 589.4 = 241.4\text{A}$$

比较的结果：经变压器降压起动的电流为直接起动时的 $\dfrac{1}{K^2}$ 倍。

🦌 **知识拓展**

1. 几种典型变压器

（1）自耦变压器

一般变压器的一、二次绕组相互绝缘，没有电的联系，仅有磁的耦合。而自耦变压器（又称调压器）只有一个绕组，即一、二次绕组共用一部分。所以，自耦变压器的一、二次绕组除了有磁的耦合外，还有电的联系。图5-1-13（a）所示为自耦变压器的外形。

自耦变压器的工作原理与普通变压器一样，一、二次绕组的电压和电流仍有下面关系：

$$\frac{U_1}{U_2} = \frac{N_1}{N_2} = K$$

$$\frac{I_1}{I_2} = \frac{N_2}{N_1} = \frac{1}{K}$$

自耦变压器的原理图如图5-1-13（b）所示，其二次绕组一端制成能沿整个线圈滑动的活动触点，二次绕组电压可以从零到稍高于 U_1 的范围内均匀变化。

单相自耦调压器可在照明装置中用来调节亮度。三相自耦调压器常用于三相鼠笼式异步电动机的降压起动线路中以及需要进行三相调压的实验场所。

与普通变压器相比，自耦变压器用铜少，重量轻，尺寸小，使用方便。但由于二次绕组电

路与一次绕组电路有电的直接联系，故不能用于要求一、二次绕组电路隔离的场合。

使用时应注意：

① 一、二次绕组不能对调，否则可能会烧坏绕组，甚至造成电源短路；

② 接通电源前，应先将滑动触头调到零位，接通电源后再慢慢转动手柄，将输出电压调至所需值。

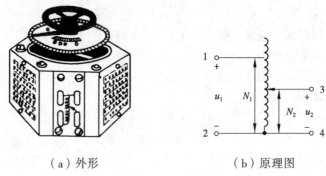

（a）外形　　　　　　　　（b）原理图

图 5-1-13　自耦变压器的外形及电路原理

（2）控制变压器

在机床控制线路中，通常为了安全及控制的需要变换各种不同的电压。图 5-1-14 所示为一组控制变压器实物图及电气符号。控制变压器的二次绕组一般为多绕组。

图 5-1-14　控制变压器实物及电气符号

（3）三相电力变压器

在电力系统中，用来变换三相交流电压、输送电能的变压器称为三相电力变压器。三相电力变压器的一、二次绕组可以根据需要分别接成星形或三角形，三相电力变压器常见连接方式有 Y/Y₀ 和 Y/△ 两种，如图 5-1-15（a）、（b）所示。其中分子表示高压绕组接法，分母表示低压绕组的接法，Y₀ 表示接成星形，并从中性点引出中性线。Y/Y₀ 接法常用于给三相四线制电路供电的配电变压器，这种接法不仅给用户提供了三相电源，同时还提供了单相电源。Y/△ 接法常用于在变电站做降压或升压用。

（4）仪用互感器

在电力系统中，常要测量高电压和大电流。用一般电压表和电流表直接测量，不仅量程不够，而且操作起来也不安全。因此，常用变压器将高电压变换成低电压、大电流变换成小电流，然后再用普通的电压表和电流表来测量。这种供测量用的变压器称为仪用互感器。仪用互感器分为电压互感器和电流互感器两种。

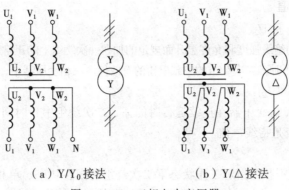

（a）Y/Y₀接法　　　　　　（b）Y/△接法

图 5-1-15　三相电力变压器

① 电压互感器。电压互感器将高电压降至 100V 以下，供测量用。图 5-1-16 所示为用电压互感器测量电压的原理图。

根据式（5-1-5）$U_1=KU_2$，测出的电压 U_2 乘以互感器的变压比，即为一次绕组电压 U_1。

若选用与电压互感器配套的电压表（表盘刻度直接按互感器一次绕组电压刻度），则可直接读出被测电压 U_1。

使用电压互感器时应注意：电压互感器的铁心、金属外壳及低压绕组一端必须接地，以防止绝缘损坏时，一次绕组的高压串入二次绕组造成危险；二次绕组不得短路，否则，二次绕组短路电流会烧坏绕组。为此，在互感器的二次绕组安装熔断器作短路保护。

② 电流互感器。电流互感器将大电流变换成 5A 以下，供测量用。图 5-1-17 所示为电流互感器测量电流的原理图。

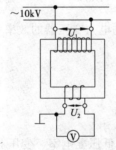

图 5-1-16　电压互感器电路

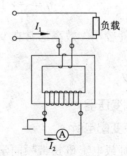

图 5-1-17　电流互感器电路

根据式（5-1-6）$I_1=\dfrac{1}{K}I_2$，测出的电流 I_2 乘上变压比的倒数，即为被测电流 I_1。

若使用与电流互感器配套的电流表，则可从电流表上直接读出一次绕组电流 I_1。

使用电流互感器时应注意：电流互感器的铁心和二次绕组的一端必须接地；二次绕组不得开路。由于二次绕组匝数比一次绕组匝数多，若二次绕组开路，则二次绕组会感应出危险的高电压，危及安全。

在项目一任务 3 中介绍的钳型电流表实质上是由一只电流互感器、钳形扳手和一只整流系仪表所组成，如图 1-3-7 所示，被测载流导线相当于电流互感器的一次绕组，在铁心上的是电流互感器的二次绕组，二次绕组与整流系仪表接通。根据电流互感器一、二次绕组间的变比关系和换算，使得整流系仪表的指示值为被测量的数值。

2. 变压器的额定值

（1）额定电压 U_{1N} 和 U_{2N}

U_{1N} 是根据变压器的绝缘强度和允许温升而规定的加在一次绕组上的正常工作电压的有效值。U_{2N} 指一次绕组加上额定电压时，二次绕组的空载电压的有效值。三相变压器中，U_{1N} 和 U_{2N} 均指线电压。

（2）额定电流 I_{1N} 和 I_{2N}

额定电流 I_{1N} 和 I_{2N} 指变压器在连续运行时的一、二次绕组中长时间允许通过的最大电流。三相变压器的额定电流是指线电流。

（3）额定容量 S_N

额定容量 S_N 指变压器在额定工作状态下二次绕组的视在功率。单相变压器的额定容量：$S_N = U_{2N}I_{2N}/1000$（kV·A）；三相变压器的额定容量：$S_N = \sqrt{3}U_{2N}I_{2N}/1000$（kV·A）

3. 变压器的功率、损耗与效率

（1）变压器的功率

输出功率 $P_2 = U_2 I_2 \cos\varphi_2$

输入功率 $P_1 = U_1 I_1 \cos\varphi_1$

（2）变压器的损耗

变压器的输入功率与输出功率之差 $P_1 - P_2$ 称为变压器的功率损耗。它包括铜损耗 P_{Cu}（即一、二次绕组电阻 R_1、R_2 上所消耗的电功率）和铁损耗 P_{Fe}（即铁心中的磁滞损耗与涡流损耗）。

（3）变压器的效率

变压器的输出功率与输入功率之比称为变压器的效率。即

$$\eta = \frac{P_2}{P_1} \times 100\% = \frac{P_2}{P_2 + P_{Cu} + P_{Fe}} \times 100\%$$

变压器的损耗较小，效率通常在 95% 以上。大容量的电力变压器的效率可达 98%～99%。

技能训练

1. 绕制小型变压器

2. 参观学校变配电所

由电气工程师或电工班长带领同学参观高压配电室、低压配电室、变压器室等。

了解变压器的结构、高压电源的进线方式和低压电源的出线方式以及变压器的台数和容量等。

注意：在参观时一定要服从指挥，注意安全，未经许可不得进入禁区，更不许触动任何按钮。

任务2　认识常用低压电器

任务导入

在对用电设备或非电对象的切换、控制、保护、检测和调节的过程中会用到各种电器，如各种开关、继电器、接触器、熔断器等。本任务通过拆装交流接触器，来认识常见的低压电器。

- 知道低压电器的分类；
- 会根据具体用途正确选用电器；
- 熟记常用低压电器的文字符号及图形符号；
- 会拆装交流接触器；
- 知道接触器的两种工作状态实质是控制线圈得、失电的结果；
- 知道低压电器的常见故障及维修方法。

任务情境

本任务建议在具有网络资源的电工技术实训室进行，采取视频教学（资源从互联网上下载与交流接触器有关的视频）、多媒体教学，实物展示教学。

相关知识

1. 低压电器的基本概念

"低压电器"是指工作电压在交流 1000V 以下、直流 1200V 以下的电器。

低压电器的组成通常包括两个部件：感受部件和执行部件。感受部件能感受外界的信号，做出有规律的反应。在自动切换电器中，感受部件大多由电磁机构组成；在手动电器中，感受部件通常为操作手柄、按钮等。

低压电器的分类

（1）按功能分

① 执行电器——用来完成某种动作（主电路的通断）。例如：接触器等。

② 控制电器——用来控制电路的通断。例如：继电器、开关类电器等。

③ 主令电器——发出控制"指令"，控制其他自动电器的动作。例如：按钮、转换开关等。

④ 保护电器——用来保护电源、电路及用电设备，使它们不在短路、过载等故障状态下运行，以免造成电器损坏。例如：熔断器、热继电器等。

（2）按动作方式分类

① 自动切换电器——按照信号或某个物理量的变化而自动动作。例如：接触器、继电器等。

② 非自动电器——通过人力操作而动作。例如：开关、按钮等。

（3）按动作原理分类

① 电磁式电器——根据电磁工作原理而动作。例如：电磁铁、接触器、中间继电器、电压（或电流）继电器等。

② 非电磁式电器——依靠外力（人力或机械力）或某种非电量的变化而动作。例如：行程开关、按钮、速度继电器、热继电器等。

2. 开关类电器

低压开关主要用做隔离、转换及接通和分断电路。常作为机床电路的电源开关，或用于局部照明电路的控制以及小容量电动机的起动、停止和正反转控制等。

常用的低压开关电器包括刀开关、转换开关、隔离开关和自动开关等。

（1）刀开关

刀开关（又称闸刀开关），是结构最简单、应用最广泛的一种手动电器。刀开关按极数分单极、双极、三极开关。图 5-2-1 所示为三板刀开关实物及元器件符号。

① 作用：用来不频繁接通和分断电路，或用来将电路与电源隔离。适用额定电压为交流 380V 或直流 440V、额定电流不超过 60A 的电气装置以及电热、照明等各种配电设备中，供不频繁地接通和切断负载电路及短路保护。

② 主要类型有：大电流刀开关、隔离开关、熔断式刀开关等。常用的产品有：HD、HS 系列刀开关；HK 系列开启式隔离开关；HH 系列封闭式隔离开关；HB 系列熔断式刀开关等。

③ 刀开关使用时应注意的问题如下：

- 选用。如果是电灯、电热负载，开关的额定电流应不小于所有负载的额定电流之和；如果是电力负载，电动机容量不超过 3kW 时可选用，且开关的额定电流应不小于电动机额定电流的 2.5 倍。

- 安装。刀开关安装时，应使得手柄置于向上位置时电路为接通状态。若倒装，手柄可能因自动下落而引起误动作合闸，将可能造成人身和设备安全事故。接线时，电源进线应接在开关上面的进线端上，用电设备应接在开关下面熔体的出线端上。开关用作电动机的控制开关时，应将开关的熔体部分用导线直接，并在出线端另外加装熔断器作短路保护。

（2）组合开关

组合开关又称转换开关。它实质上也是一种特殊的刀开关，与一般刀开关的操作手柄不同的是在平行于安装面的平面内向左或向右转动（一般刀开关在垂直安装面的平面向上或向下转动）。

① 作用。组合开关主要用于交流 380V 以下或直流 220V 以下的电路，作为电源引入开关，或作为 5kW 以下的小容量电动机的直接起动和换向，也可作为机床照明电源的控制开关。

② 结构。组合开关结构紧凑，安装面积小，操作方便。图 5-2-2 所示为组合开关的实物及电气符号。若将组合开关拆卸，可见其具体的零件，如图 5-2-3 所示。拆卸次序为：顶盖与手柄连轴 12→凸轮 11→绝缘杆 10→支架 9→支架 8→静动触点 7→支架 6→静动触点 5→支架 4→静动触点 3→支架 2 和底座 1。

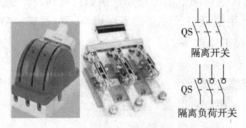

图 5-2-1 三极刀开关实物图及电气符号　　图 5-2-2 三极组合开关实物图及电气符号

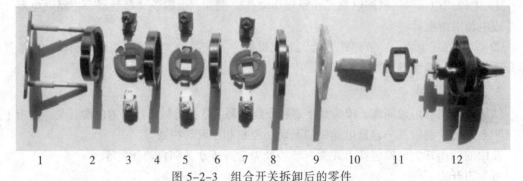

图 5-2-3 组合开关拆卸后的零件

③ 工作原理。组合开关有三对触头，手柄每次转动 90°时带动三对触头接通和断开。图 5-2-4 和图 5-2-5 所示分别为组合开关接通和断开状态下的电阻测量情况及内部情况示意图。

图 5-2-4　组合开关接通状态　　　　图 5-2-5　组合开关断开状态

由于组合开关在转轴上装有储能弹簧，因此动作速度与手柄旋转速度无关。

④ 选用。选用组合开关时应根据电源的种类、电压等级、所需触头数及电动机的额定电流。开关的额定电流应取电动机的额定电流的 1.5~2 倍。

3. 主令电器

主令电器是指在电气自动控制系统中用来发出信号指令的电器。它的信号指令将通过继电器、接触器和其他电器的动作，接通和分断被控制电路，以实现对电动机和其他产生机械的远距离控制。常用的主令电器有按钮、行程开关、接近开关、万能转换开关等。

（1）按钮

按钮又称控制按钮或按钮开关，是一种手动控制电器。

① 用途。短时接通或分断 5A 以下的小电流电路，向其他电器发出指令的电信号，控制其他电器动作。

② 结构。由按钮帽、复位弹簧、桥式触点和外壳等组成。图 5-2-6 所示为按钮实物图及电气符号。

③ 动作特点：先断后合，手松复位。即压下按钮帽时常闭触点先断开，常开触点后闭合；松开按钮帽时触点复位，且仍是闭合的触点先断开，断开的触点后闭合。

（2）行程开关

行程开关又称位置开关或限位开关，它的作用与按钮相同，是利用生产设备的某些运动部件的机械位移碰撞操作头，使其触点产生动作，从而接通和断开其他控制电路，以实现机械运动和电气控制的要求。如图 5-2-7 所示为某工作台自动往返时运动部件与行程开关的操作头碰撞。

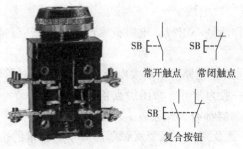 

图 5-2-6　按钮实物图及电气符号　　　图 5-2-7　机械装置碰撞行程开关

① 用途。通常用于限制机械运动的位置或行程，使运动机械实现自动停止、反向运动、自由往返运动、变速运动等控制要求。

② 结构。图 5-2-8 所示为一组行程开关的实物图、内部结构及电气符号。

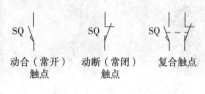

图 5-2-8　常见的行程开关实物图、内部结构及电气符号

③ 选用。行程开关的种类很多，以运动形式分为直动式（又称按钮式）和转动式（又称滚轮式）两种；以触点性质分为有触点和无触点两种。

当机械运动速度很慢，且被控制电路中电流又较大时，可选用快速动作的位置开关；如果被控制的回路很多，又不易安装时，可选用带有凸轮的转动式位置开关；要求工作频率很高，可靠性也较高的场合，可选用晶体管式的无触点位置开关。

4. 接触器

接触器实质上是一种电磁式自动开关。它可进行频繁操作，具有低压释放保护功能，实现远距离控制，是电力拖动自动控制线路中使用最广泛的电器。

（1）用途

用来频繁接通和断开交、直流主电路及大容量控制电路。接触器一般按电流种类分为交流接触器和直流接触器两类。图 5-2-9（a）所示为一组交流接触器实物图。

短路铜环

（a）实物图　　　　　　　　　　（b）铁心上套有短路环

图 5-2-9　交流接触器

（2）结构

接触器主要由电磁机构、触点系统及灭弧装置组成。

① 电磁机构：由线圈、动铁心（衔铁）和静铁心组成。电磁机构产生电磁感应，使触点发生动作。

② 触点（又称触头）系统：主触点用于通断主电路（通断大电流），通常有三对常开主触点；辅助触点用于控制电路（通断小电流），一般为常开、常闭触点各有两对。

③ 灭弧装置：额定电流在 10A 以上的接触器都有灭弧装置，对于小容量的接触器，常采用双断口触点灭弧、电动力灭弧、相间弧板隔弧及陶土灭弧罩灭弧等。对于大容量的接触器，采用纵缝灭弧罩及栅片灭弧。

应特别指出的是，在交流接触器的铁心上装有短路环，又称减震环，如图 5-2-9（b）所示为短路铜环，它的作用是减少交流接触器吸合时产生的震动和噪声。

（3）工作状态

交流接触器有两种工作状态，即：得电状态（动作状态）和失电状态（释放状态）。图5-2-10所示为交流接触器原理示意图。接触器的动触点装在与衔铁相连的绝缘连杆上，其静触点则固定在壳体上。当线圈得电后，线圈产生磁场，使静铁心产生电磁吸力，将衔铁吸合。衔铁带动动触点动作，使常闭触点断开，常开触点闭合，分断或接通相关电路。当线圈失电时，电磁吸力消失，衔铁在反作用弹簧的作用下释放，各触点随之复位。图5-2-10（a）所示为线圈未得电时触点的状态；图5-2-10（b）所示为线圈得电产生电磁吸合力，使衔铁动作，带动触点动作的状态。当线圈失压或欠压时，触点系统均处于释放状态，称为常态，即与图5-2-10（a）所示的状态一致。

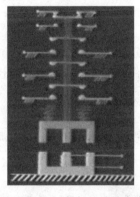 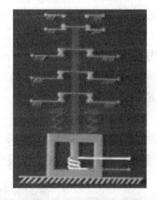

（a）线圈未得电或失电时（常态）　　（b）线圈得电后触点动作

图5-2-10　交流接触器原理示意图

交流接触器的各部分电气符号与实物对照图如图5-2-11所示。

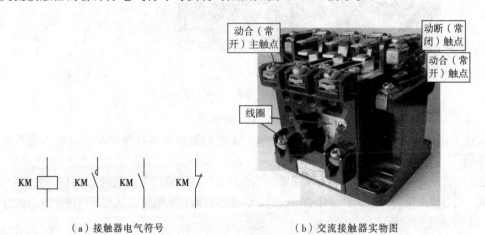

（a）接触器电气符号　　　　　　　　（b）交流接触器实物图

图5-2-11　接触器各部分电气符号及实物图

（4）选用原则

① 类型选择：根据被控制的电动机或负载电流的类型选择，即交流负载应选用交流接触器，直流负载选用直流接触器；如果整个控制系统中主要是交流负载，而直流负载的容量较小时，也可全部使用交流接触器，但触点的额定电流应适当选大些。

② 触点的额定电压：接触器铭牌上的额定电压是指主触点的额定电压，选用时应大于或等于负载回路的额定电压。

③ 主触点的额定电流：接触器铭牌额定电流是指主触点的额定电流。主触点额定电流应大于或等于电动机或负载的额定电流。

④ 吸引线圈的额定电压：一般应与控制回路的电压等级相符。从安全角度考虑可选得低一些（如220V），当控制电路简单且用电不多时，为了节省变压器，可选用380V的线圈。

⑤ 主触点和辅助触点数目：选择时要满足控制线路的要求，如不能满足时，可选用中间继电器。

5. 熔断器

（1）作用

熔断器串联在被保护电路中，用于对电源短路保护。

（2）分类

按使用场合分为工业用和家用两种；按外壳结构分为开启式、半封闭式和封闭式三种；按填充材料方式分为填充材料、无填充材料两种；按动作特性分为延时动作特性、快动作特性、快慢动作特性和超快动作特性等。

（3）结构

熔断器主要由熔体（俗称保险丝）和安装熔体的熔管（或熔座）两部分组成。图5-2-12所示为RL1系列熔断器内部结构及熔断器符号。

 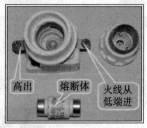

（a）RL1系列熔断器及内部结构　　　　　　　（b）电气符号

图5-2-12　熔断器实物图及电气符号

熔体由易熔金属材料铅、锡、银、铜及其合金制成。

熔管（或熔座）是装熔体的外壳，由陶瓷、绝缘钢纸或玻璃纤维制成，在熔体熔断时兼有灭弧作用。

熔体允许通过一定大小的电流而不熔断，当电路发生短路或严重过载时，熔体中流过很大的故障电流，当电流产生的热量达到熔体的熔点时，熔体熔断而切断电路，从而达到保护电路的目的。

（4）正确安装

对于RL1系列熔断器：安装接线时应注意，熔断器与底座中心弹簧相连的螺钉接进线（电源线），与螺纹相连的螺钉接出线（负载线），即"低进高出"，以防止更换熔体时，手触及螺旋部分而触电。

（5）选用

选择熔断器的类型时，主要依据负载的保护特性和短路电流的大小。例如，用于保护照明和电动机的熔断器，一般是考虑它们的过载保护，这时，希望熔断器的熔化系数适当小些。所以容量较小的照明线路和电动机宜采用熔体为铅锌合金的 RC1A 系列熔断器。而大容量的照明线路和电动机，除过载保护外，还应考虑短路时分断短路电流的能力。若短路电流较小时，可采用熔体为锡质的 RCIA 系列或熔体为锌质的 RM10 系列熔断器。用于车间低压供电线路的保护熔断器，一般考虑短路时的分断能力。当短路电流较大时，宜采用具有高分断能力的 RL1 系列熔断器。当短路电流相当大时，宜采用有限流作用的 RT0 系列熔断器。

熔断器的额定电压要大于或等于电路的额定电压。

熔断器的额定电流要依据负载情况而选择。

① 对于电阻性负载或照明电路，这类负载起动过程很短，运行电流较平稳，一般按负载额定电流的 1～1.1 倍选用熔体的额定电流，进而选定熔断器的额定电流。

② 对于电动机等感性负载电路，这类负载的起动电流为额定电流的 4～7 倍，一般选择熔体的额定电流为电动机额定电流的 1.5～2.5 倍。这样一般来说，熔断器难以起到过载保护作用，而只能用作短路保护，过载保护应使用热继电器。

对于多台电动机，要求：

$$I_{FU} \geqslant （1.5～2.5）I_{NMAX} + \sum I_N$$

式中：I_{FU} 为熔体额定电流，$\sum I_N$ 为其余电动机额定电流之和，I_{NMAX} 为最大一台电动机的额定电流，单位（A）。

6. 继电器

继电器是一种根据电量（电流、电压）或非电量（时间、速度、温度、压力等）的变化自动接通和断开控制电路，以完成控制和保护任务的电器。

（1）热继电器

热继电器是利用过载电流通过热元件产生变形，推动动作机构来带动触点动作，从而切断主电路的一种自动电器。

① 结构及电气符号。热继电器由热元件（驱动器）、触点系统、动作机构、复位按钮和整定电流装置组成。图 5-2-13 所示为三相结构热继电器的内部结构、各部分名称及对应电气符号。

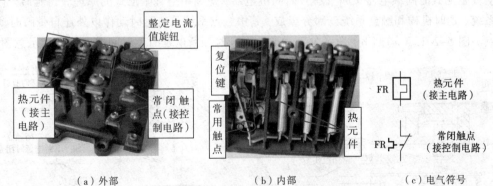

（a）外部　　　　　　（b）内部　　　　　　（c）电气符号

图 5-2-13　三相结构的热继电器各部分名称及电气符号

② 工作原理。热元件通过外部的螺钉与主电路串联。当电流过载达到整定值时，由于流入热元件的电流产生热量，且热元件缠绕在有不同膨胀系数的双金属片上，使双金属片发生形变，推动连杆动作，使常闭触点断开，从而发出信号切断主电路。当热元件冷却后方可按下复位按钮，接通常闭触点。

从热继电器的工作原理可知，由于金属弯曲过程中热量的传递需要较长的时间，因此热继电器不能用作短路保护。

③ 热继电器的选择如下：

- 热继电器的类型：一般选用两相结构的热继电器，当三相电源严重不平衡、工作环境恶劣或遇较少有人照管的电动机，可选用三相结构的热继电器。
- 热继电器的额定电流：一般热元件的额定电流应等于或稍大于电动机的额定电流。
- 热继电器的整定电流：应与电动机的额定电流相等，但当电动机拖动的是冲击性负载、电动机起动时间较长或电动机拖动的设备不允许停电时，热元件的整定电流可比电动机的额定电流高，是电动机的额定电流的 1.1～1.5 倍。

（2）时间继电器

时间继电器是利用电磁原理或机械原理实现触点延时闭合或延时断开的自动控制电器。常用的时间继电器有电磁式、空气阻尼式、电动式和晶体管式四类。图 5-2-14 所示为一组时间继电器实物。

图 5-2-14　几种时间继电器实物图

① 工作原理。这里以应用广泛、结构简单、价格低廉且延时范围大的空气阻尼式时间继电器为主进行介绍。

空气阻尼式时间继电器又叫气囊式时间继电器，是利用空气阻尼式的原理获得延时。它由电磁系统、延时机构和触点系统三部分组成，其中触点系统除有延时动作以外还自带瞬时动作的触点。图 5-2-15（a）、（b）所示分别为通电型延时和断电延时型时间继电器结构示意图。

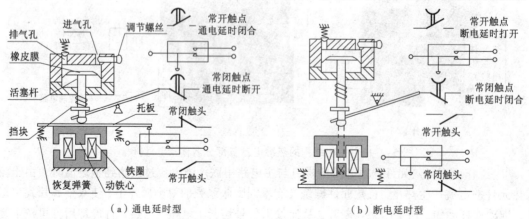

（a）通电延时型　　　　　　　　　　（b）断电延时型

图 5-2-15　空气式时间继电器结构

通电延时型继电器的工作原理：

当线圈得电后，动铁心动作，两对瞬动触点（微动开关）瞬时动作；但活塞杆的动作与进气孔进气的快慢有关（通过调节螺钉可调节进气孔的大小），当进气量达到一定值时，活塞杆到位，从而使常开触点延时闭合，常闭触点延时打开。由结构可知，线圈一但失电，触点瞬时复位。

断电延时型继电器的工作原理请读者自已分析。

② 电气符号。时间继电器电气符号如图 5-2-16 所示。通电延时型的触点动作特点是：线圈得电时触点延时动作；线圈失电时，触点瞬时复位。断电延时型的触点动作特点是：线圈得电时触点瞬时动作；线圈失电时，触点延时动作。瞬时动作的常开触点和常闭触点电气符号与普通触点相同，不再另画。符号中的半圆开口方向为触点延时动作的指向（好比打开降落伞，增大阻力而延缓降落时间）。

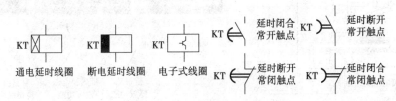

图 5-2-16　时间继电器电气符号

③ 选用。电磁式继电器的结构简单，体积大，延时时间短，为 0.35～5.5s；电动式继电器继电器精确度高，延时时间较长，几秒到几十小时；空气式继电器的结构简单，延时范围较长，为 0.45～180s，精度不高。电子式继电器可靠性强、精度高、寿命长、体积小。选用时应考虑类型、延时方式、线圈额定电压。

- 类型：凡是对延时精度要求不高的场合，可选用价格较低的空气阻尼式时间继电器；对精度要求较高的场合，可选用晶体管式时间继电器。
- 延时方式：应根据控制线路的要求选择延时方式。
- 线圈电压：应根据控制线路的电压选择吸引线圈的电压。

知识拓展

1. 其他开关及主令电器

（1）自动开关

自动开关又称空气开关或自动空气断路器。

① 作用。低压断路器是一种既有手动开关作用，又能自动切断故障的半自动低压电器。当电路发生严重过载、短路以及失压等故障时，能自动切断电路，有效地保护串接在它后面的电气设备，在正常情况下，也可以用于不频繁地接通和断开的电路及控制电动机。其保护参数可以人为调整，且在分断故障电流后一般不需要更换零部件，因而获得了广泛的应用。

② 结构。自动开关的结构如图 5-2-17（a）所示。其主要部分由触点系统、灭弧栅、自动与手动操作机构、脱扣器、外壳组成。常用塑料外壳式的断路器的型号有 DZ5、DZ10、DZ20 等系列。

③ 工作原理。如图 5-2-17 所示，过电流脱扣器的线圈和热脱扣器的热元器件均串联在被保护的三相电路中，欠电压脱扣器的线圈并联在电路中，按下闭合按钮（图中未画出），主触点闭合，接通电源。在正常工作时，外力不能使自由脱扣器移动。而当以下任一脱扣器动作都

将推动自由脱扣器动作，使主触点切断电路。例如：若电路发生短路或超过电流脱扣器动作电流，则过电流脱扣器衔铁动作；当电路过载时，热脱扣器的热元器件发热使双金属片产生足够的弯曲；当电源电压不足，达到欠电压脱扣器释放值时欠电压脱扣器动作；按下分断按钮，分励脱扣器线圈通电，衔铁动作。

图 5-2-17（b）、（c）所示为断路器的实物及符号。

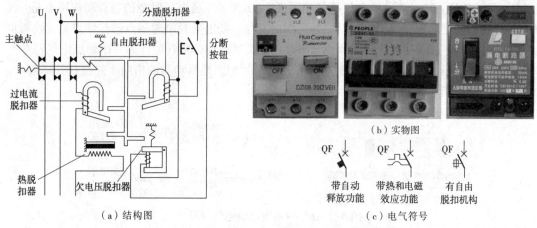

（a）结构图　　　　　　　　　　　　　　　（c）电气符号

图 5-2-17　自动开关的实物图、结构图及电气符号

④ 自动开关的选用原则如下：

● 额定电压和额定电流应不小于电路的额定电压和额定电流；

● 热脱扣器的整定电流要与所控制的负载额定电流一致；

● 过电流脱扣器的瞬时脱扣整定电流应大于负载电路正常工作时的最大电流，对于电动机负载，过电流脱扣器的瞬时脱扣整定电流一般取大于或等于起动电流的 1.7 倍。

（2）漏电保护器

漏电保护器又称漏电保护自动开关或漏电保安器。分单相和三相两种，图 5-2-18 所示为单相漏电保护器实物图。

① 主要用途。当发生人身触电或漏电时，能迅速切断电源，保障人身安全，防止触电事故发生。有的漏电保护器还兼有过载、短路保护，用于不频繁起、停的电动机。

② 结构。如图 5-2-19 所示为电磁式电流型漏电保护器。它由零序电流互感器（感测部分）、电磁脱扣器（动作执行部分）等组成。

③ 工作原理。如图 5-2-19 所示，被保护的主电路所有相线、中性线均穿过零序电流互感器的铁心，构成零序电流互感器一次侧。根据基尔霍夫电流定律可知，当正常工作时，通过零序电流互感器的电流相量之和等于零，故其二次绕组中无感应电动势产生，漏电保护器主开关处于闭合状态。

如果发生漏电或触电事故，负载侧有对地泄漏电流，此时零序电流互感器的相量和不再为零，其二次绕组中将产生互感电动势，加到电磁脱扣器上，当泄漏电流达到一定值（即对应的 I_S 达到整定动作值）时，电磁脱扣器动作，推动主开关的锁扣，分断主电路（俗称跳闸）。

2. 电磁铁

（1）作用

利用载流铁心线圈产生的电磁吸力来操纵机械装置，完成预期动作。它是将电能转换为机械能的一种电磁元器件。

（2）结构

电磁铁主要由线圈、铁心及衔铁三部分组成，铁心和衔铁一般用软磁材料制成。如图 5-2-20 所示。

电磁铁的结构形式很多，如图 5-2-21 所示。按磁路系统形式可分为拍合式、盘式、E 形和螺管式。

图 5-2-18　单相漏电保安器

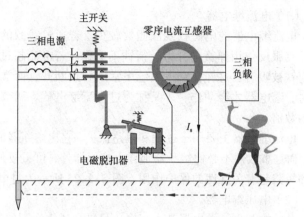

图 5-2-19　电磁式电流型漏电开关工作原理图

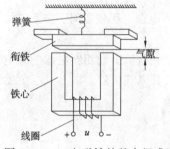

图 5-2-20　电磁铁的基本组成

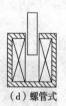

（a）拍合式　　　（b）盘式　　　（c）E形　　　（d）螺管式

图 5-2-21　电磁铁的结构形式

（3）分类

按用途分类，电磁铁可分为牵引电磁铁、制动电磁铁、起重电磁铁及其他类型的专用电磁铁。图 5-2-22 所示为几种典型的电磁铁实物及电气符号。

交流牵引电磁铁　　制动电磁铁　　起重电磁铁　　释能电磁铁　　直流电磁铁　　电气符号

图 5-2-22　电磁铁实物图与电气符号

（4）选用

电磁铁的规格主要有额定电压、吸力、行程、安装规格等，应根据机械方面需要的作用力与行程选择电磁铁的吸力与电磁铁行程，根据控制电路电源情况选择电磁铁的电源；根据机床机械部分空间选择电磁铁的安装尺寸。

3. 电磁式继电器

电磁式继电器分为电流继电器、电压继电器、中间继电器。其内部结构及工作原理均与小型接触器相似。

电磁式继电器和接触器都是用来自动接通或断开电路，它们的主要不同之处在于：继电器用于切换小电流的控制电路，而接触器则用来控制大电流电路，因此继电器触点容量较小（不大于 5A），且无灭弧装置。

（1）电流继电器

电流继电器的电磁铁线圈匝数较少。若通过线圈的电流低于额定值时，电磁铁的吸力不足以克服反作用弹簧的弹力，衔铁不动作。若电流超过额定值，电磁铁的吸力大于弹力，因而衔铁被吸合。这样，触点系统中常闭触点断开，而常开触点就闭合。由于电流超过某额定值时，继电器才会动作，故又称为过电流继电器。调节反作用弹簧的弹力，可以调整动作电流的数值。

电流继电器主要用于过载和短路保护，它比熔断器的结构复杂，但过载保护性能优于熔断器，而且事故后不必像熔断器那样更换元器件，可重复使用。所以，它在电力系统中对电机过载和短路起着关键性的保护作用。图 5-2-23 所示为过电流继电器实物图及其电气符号。

（2）电压继电器

其结构与电流继电器基本相同，只是电磁铁线圈的匝数很多，而且使用时要与电源并联。它广泛应用于失压（电压为零）和欠压（电压小）保护中。所谓失压和欠压保护就是当由于某种原因电源电压降低过多或暂时停电时，电路自动与电源断开；当电源电压恢复时，如不重按起动按钮，则主电路不能自行通电。

另外还有过电压继电器，它是当电路电压超过一定值时，因电磁铁吸力而切断电源的继电器，它用于过电压保护。图 5-2-24 所示为欠电压继电器实物图及其电气符号。

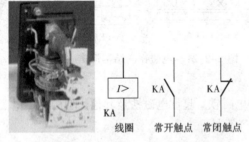
图 5-2-23　过电流继电器

图 5-2-24　欠电压继电器

（3）中间继电器

中间继电器是传输或转换信号的一种低压电器元器件，它的特点是触点数目较多，电流容量可增大，起到中间放大（触点数目和电流容量）的作用。

选用：中间继电器主要根据控制电路的电压等级以及所需触点的数量、种类以及容量等要求来选用。当电路电流小于 5A 时，可用中间继电器代替接触器。

常用的中间继电器有 JZ7 型交流中间继电器、JZ8 型直流中间继电器。图 5-2-25 所示为中间继电器实物及电气符号。

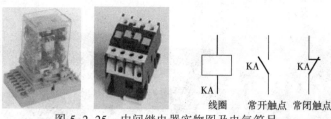

图 5-2-25 中间继电器实物图及电气符号

4. 速度继电器

（1）作用

当检测到电动机运行至一定速度时能使继电器动作，从而切断控制电路。

常用的速度继电器有两种，一种是机械式，直接将电动机的转速取来，以推动触点的离合。另一种为电子式，它能将反映电动机转速的电平取出，以推动触点的离合。

（2）结构

机械式速度继电器主要由转子、定子和触点三部分组成，转子是一个圆柱形永久磁铁，定子是一个笼形空心圆环，由硅钢片叠成，并装有笼型绕组。图 5-2-26 所示为 JY1 系列的速度继电器及内部结构。

图 5-2-26 机械式速度继电器结构及电气符号

（3）工作原理

速度继电器的转子是一个永久磁铁，与电动机或机械轴连接，随着电动机旋转而旋转。定子与鼠笼转子相似，内有短路条，它也能围绕着转轴转动。当转子随电动机转动时，它的磁场与定子短路条相切割，产生感应电动势及感应电流，这与电动机的工作原理相同，故定子随着转子转动而转动起来。当转速达到一定（一般不低于 100～300r/min），杠杆在离心力的作用下，推动常开触点闭合；制动时，当转速低于 100r/min，则该触点恢复断开。若电动机旋转方向改变，则继电器的转子与定子的转向也改变，这时定子就可以触动另外一组触点，使之闭合。当电动机停止时，继电器的触点即恢复原来的常开状态。

（4）选用

速度继电器主要根据所需控制的转速大小、触点数量和触点的电压、电流来选用。如 JY1 型在 3000r/min 的转速以能可靠工作；ZF20—1 型适用于转速为 300～1000r/min 的场合；ZF20—2 型适用于转速为 1000～3600r/min 的场合。

技能训练

拆装交流接触器

图 5-2-27 所示为 CJ10 型交流接触器拆卸后的零件。

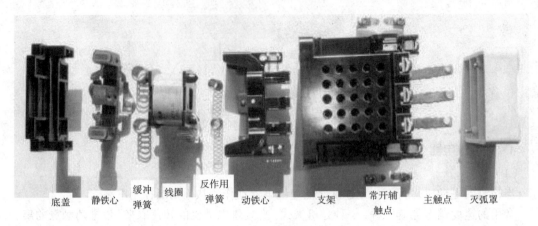

底盖　静铁心　缓冲　线圈　反作用　动铁心　支架　常开辅　主触点　灭弧罩
　　　　　　弹簧　　　弹簧　　　　　　　触点

图 5-2-27　CJ10 型交流接触器拆卸后的零件

拆卸接触器的次序为：灭弧罩→动主触点→常开静触点→底盖→静铁心→缓冲弹簧→线圈→反作用弹簧→动铁心。

装配顺序为拆卸接触器的逆序。

考核评价见项目五任务完成情况考核表。

小　结

本项目通过拆装交流接触器，以及相关知识的学习，让读者对低压电器有一个较全面的认识，重点理解电磁感应在变压器、电磁铁、接触器及电磁式继电器中的应用，熟记正弦交流电作用的线圈其电压与磁通、频率的关系。

1. 低压电器的组成通常包括两个部件：即感受部件和执行部件。感受部件能感受外界的信号，做出有规律的反应。在自动切换电器中，感受部件大多由电磁机构组成；在手动电器中，感受部件通常为操作手柄、按钮等。执行部件是根据指令，执行电路的接通、切断等任务，如触点和灭弧系统。对于自动开关类的低压电器，通常还有中间（传递）部分，它的任务是把感受部件和执行部件两部分连接起来，使它们协调一致，按一定的规律动作。

2. 电磁机构中的铁磁材料具有高导磁性、磁饱和性和磁滞性。根据磁滞回线中的剩磁和矫顽磁力的不同，铁磁材料可分为软磁材料和硬磁材料。在交流电气设备中广泛采用软磁材料。

3. 由铁磁材料组成的磁路具有非线性，由于磁导率 μ 不是常数，故磁路欧姆定律 $\Phi = \dfrac{IN}{R_{\mathrm{m}}} (R_{\mathrm{m}} = \dfrac{l}{\mu S})$ 只能用来定性分析磁路，一般不宜进行定量计算。

4. 铁磁材料的损耗包括涡流损耗和磁滞损耗。为减少涡流损耗，构成磁路的铁磁材料大多用 0.35mm 的薄片叠成，片间涂有绝缘漆。为减少磁滞损耗，构成磁路的铁磁材料大多用软磁材料，如硅钢等。

5. 当一个回路或线圈中的磁通发生变化时，回路或线圈中将产生感应电动势（电压），交流铁心线圈的电磁关系为 $U = 4.44 f N \Phi_{\mathrm{m}}$，即在电压、频率、匝数不变情况下，交流铁心线圈具有恒磁通特性。

6. 变压器是根据电磁感应原理制成的一种静止电气，具有变换电压、变换电流和变换阻抗的作用，但保持电压频率不变。

7. 无损耗的变压器称为理想变压器,理想变压器的三个基本公式为 $\dfrac{U_1}{U_2} = \dfrac{N_1}{N_2} = K$, $\dfrac{I_1}{I_2} = \dfrac{1}{K}$,

$\dfrac{Z_1}{Z_2} = K^2$ 。

8. 由于自耦变压器的一次绕组、二次绕组之间有电的直接联系,使用时应注意:一次、二次绕组不可接反;相线与零线不能接颠倒;调压时从零位开始。

项目六

交流异步电动机的认识与选用

任务1 拆装三相异步电动机

任务导入

在生产、生活中，凡是需要动力的地方，一般都有电动机。而工业生产中80%以上的电力拖动使用的是三相异步电动机，本任务将通过拆装三相异步电动机，帮助读者了解异步电动机的结构，为后续理论学习建立起感性认识和学习兴趣。

学习目标

- 知道拆装调试交流异步电动机的步骤。
- 熟悉三相笼型异步电动机的构造。
- 会判断电动机的三相绕组及首末端。
- 能正确连接三相绕组。

任务情境

本任务的教学建议在具有网络资源及具有拆装电动机条件的相关实训室进行,实训场地应配有拆卸工具。对教学宜采用视频教学,（可从互联网上下载与三相异步电动机拆装的相关视频）,边讲边练。

相关知识

1. 三相笼型异步电动机的拆装

观看电动机拆装视频，并注意观察三相异步电动机的构造。

（1）拆卸

拆卸步骤如图 6-1-1 所示。请注意观察转子的构造，它由铁心、绕组和转轴等浇铸而成，外形很像是一个笼子，并且两端有环将绕组连接，被形象地称为鼠笼式转子。与机座固定的内嵌三套绕组的称为定子。

（2）安装

安装步骤为如图 6-1-1 逆向顺序。

（a）断电后拆去
电源线

（b）用绝缘布
包好线头

（c）卸下传送带

（d）做好相应标记

（e）拆卸风罩

（f）拆卸风扇

（g）拆卸端盖

（h）抽出转子

（i）用拉具取出轴承

（j）借用钢套轻轻敲打

图 6-1-1　拆卸步骤

2. 三相异步电动机的结构

由拆装三相异步电动机可知其主要分为两大部分：定子（固定部分）转子（转动部分）。

（1）定子

定子由机座和装在机座内的铁心及三相定子绕组成，如图 6-1-2 所示。

定子

定子最外层是铸铁机座，起支撑
定子的作用

在铸铁机座里紧固着定子铁心

在定子铁心的槽里嵌有漆包线
绕成的三相绕组

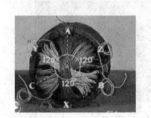
不同的颜色区分，可以看出三相绕组
在空间是对称分布的

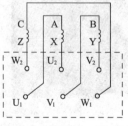
A-X 接到 U_1-U_2
B-Y 接到 V_1-V_2
C-Z 接到 W_1-W_2

图 6-1-2　定子结构

（2）转子

转子按结构的不同可分为笼型转子和绕线型转子两类，分别如图 6-1-3 和图 6-1-4 所示。

转子（是一个实体）　　在转轴上固定着转子铁心和（鼠）笼　　在铁心槽中浇铸铝形成（鼠）笼

转子铁心　　　　　从整个电动机来说由定子铁心
　　　　　　　　　和转子铁心共同组成磁路

图 6-1-3　笼型转子结构

滑环是绕线型异步电动机区别于　　　转子绕组作星形连接　　　转子绕组接线端
笼型电动机的主要标志

图 6-1-4　绕线型转子结构

（3）其他部件，如图 6-1-5 所示。

风罩　　　　　　　　　　风叶　　　　　　　　　　端盖

抽出转动部分　　　　　定子绕组接线盒

图 6-1-5　各部件名称

　　笼型异步电动机的转子的结构简单，因此工作可靠，使用维护方便。适用于中小功率（100kW 以下）的电动机。

绕线型异步电动机的转子较为复杂。转子绕组和定子绕组一样也是三相对称绕组，放在转子铁心槽内，转子三相绕组通常接成星形，每相的始端连接在三个铜制的滑环上，滑环固定在转轴上。环与环、环与转轴都互相绝缘。在环上用弹簧压着碳质电刷。借助电刷将转子绕组从三个接线端引出来并与外电路相连接，使转子绕组串联上一定阻值的可变电阻。当电动机起动时，可变电阻的阻值为最大值，在起动完成后，通过调节该阻值，最终使得该阻值为零。从而改善异步电动机的起动性能或调节电动机的转速。正常情况下，转子绕组短接（与笼型转子原理一样）。绕线型异步电动机适用于需要较大起动转矩的场合，比如吊车（起重机）。

3. 电动机绕组的接线方式

电动机的接线方式应与铭牌标示一致。若为三角形连接，应采取首尾相连，即 U_1 与 W_2 接，U_2 与 V_1 接，V_2 与 W_1 接，如图 6-1-6 所示。若为星形连接，应将尾端连接在一起，即 U_2、V_2、W_2 连接在一起，如图 6-1-7 所示。

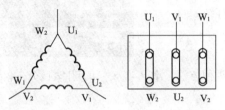
图 6-1-6　绕组作三角形连接的正确接法

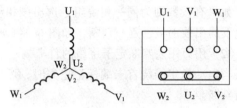
图 6-1-7　绕组作星形连接的正确接法

 知识拓展

1. 关于电机的基本知识

电机是利用电磁原理进行机械能与电能互换的装置。把机械能转换成电能的电机称为发电机；反之，把电能转换成机械能的电机称为电动机。

电动机的分类方式有：

① 按其功能可分为驱动电动机和控制电动机两类。

其中驱动用电动机又分为电动工具用电动机（例如钻孔、抛光、磨光、开槽、切割、扩孔等工具）；家电用电动机（例如洗衣机、电风扇、电冰箱、空调器、录音机、录像机、影碟机、吸尘器、照相机、电吹风、电动剃须刀等）；以及其他通用小型机械设备用电动机（例如各种小型机床、小型机械、医疗器械、电子仪器等）。

控制用电动机又分为步进电动机、伺服电动机、自整角机等。

② 按电能种类分为直流电动机和交流电动机两类。

其中直流电动机又分为串励、并励、他励、复励电动机；交流电动机按电动机的转速与电网电源频率之间的关系分为同步电动机与异步电动机；而异步电动机按转子结构又分为笼型感应电动机和绕线型电动机。

③ 按电源相数可分为单相电动机和三相电动机。

工业生产中多用三相电动机，电动工具及家用电器中多为单相电动机。

④ 按防护形式可分为开启式、防护式、封闭式、隔爆式、防水式、潜水式。

⑤ 按安装结构形式可分为卧式、立式、带底脚式、带凸缘式等。

⑥ 按绝缘等级可分为 E 级、B 级、F 级、H 级等。

⑦ 按运转速度可分为高速电动机、低速电动机、恒速电动机、调速电动机等。

低速电动机又分为齿轮减速电动机、电磁减速电动机、力矩电动机和爪极同步电动机等。

调速电动机除可分为有级恒速电动机、无级恒速电动机、有级变速电动机和无级变速电动机外，还可分为电磁调速电动机、直流调速电动机、PWM 变频调速电动机和开关磁阻调速电动机。

2. 区分定子绕组及首末端

当电动机绕组标识看不清时，必须重新判断，防止因接错线而导致电动机烧毁。

（1）区分三相绕组

当电动机定子绕组标记遗失时，可用万用表进行区分。

将万用表转换开关置于 $R×10\Omega$ 挡，测任意两个引出端电阻，如果有读数则为同一相绕组，选出该相绕组后打结，再对余下的出线测量，逐一判断，如图 6-1-8 所示。

（2）用万用表判断定子绕组的首末端

当电动机定子绕首末端标记遗失时，可用以下两种方法进行判断。

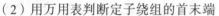

图 6-1-8 用万用表区分三相绕组

① 方法之一——电池法。先假设各相绕组的首末端为 U_1-U_2，V_1-V_2，W_1-W_2，做好标记，再将万用表置于 mA 挡最小量程或 μA 挡最大量程。

任意假定某一相绕组的首、末端，以此为标准判断其他两相绕组的首、末端。例如，将 U 相绕组假定的首端 U_1 接电池正极，末端 U_2 接负极（用手将导线与电池触碰代替开关），另一相绕组例如 V 相，与万用表相连，当开关闭合瞬间，若表针正偏，则与红表笔相连的为末端，与黑表笔相连的为首端，如图 6-1-9（a）所示。再用同样的方法判断出另一相绕组的首、末端。

原理：若 U_1、U_2 分别接电池正负极时，所产生的磁场穿过另外两相绕组，分解后可知 V_2 或 W_2 为 "+"（即接红表笔），如图 6-1-9（b）所示。

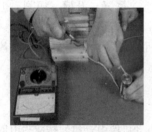

（a）将一相绕组接电池，另一相绕组接 mA 挡最小量程

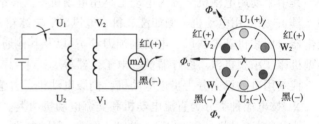

（b）若 U_1 接电池正极，将磁场分解后可知 V_2 或 W_2 为 "+"

图 6-1-9 用电池和万用表判断绕组首、末端的示意图

② 方法之二——剩磁法。先用万用表区分出各相绕组，并假设首末端为 U_1-U_2，V_1-V_2，W_1-W_2，做好标记，将万用表置于 mA 挡最小量程或 μA 挡最大量程。

再将三相绕组假设的首与首、尾与尾连接在一起，并接到万用表的两表笔间，用手旋转转子，若万用表指针不动，则假定的首端或尾端正确，如图 6-1-10 所示。

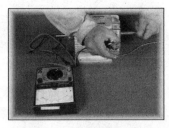

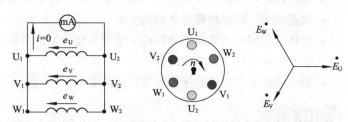

（a）将三相绕组假设的首与首、尾与尾
连接在一起，并接到万用表的
两表笔间，用手旋转转子

（b）正确连接时，三相绕组中产生的电动势为对称电动势，其瞬时值
或相量和为零，故总电流为零，即电流表指针不偏转

图 6-1-10　用剩磁法判断三相绕组的首、末端

若指针偏动，则把其中假设的一组或两相绕组首尾互换，直到表针不动为止。

原理：若连接正确，则三相绕组中产生的电动势为对称电动势，其瞬时值或相量求和为零，故总电流为零，即电流表指针不动。

技能训练

1. 拆装异步电动机

拆卸过程中应注意：

① 做好拆卸前检查和记录工作。熟悉被拆电动机类型及结构特点，并标好线头相序，在端盖、轴承盖等处做记号，以便修复后装配。

② 拆装电动机时应小心搬动和敲击，以免受伤。

③ 拆卸与装配时，不能用手锤直接敲击零部件，必须垫铜块或木块。

④ 抽出转子和安装转子时，动作不要过急，防止碰坏定子绕组。

⑤ 通电试验时一定要在老师在场的情况下才能进行。

2. 判断三相绕组的首、末端

3. 考核要求

见项目六任务完成情况表。

任务 2　测量三相异步电动机直接起动电路

任务导入

为了更好、更高效地使用电动机，应根据生产机械的负载特性选择合适的电动机，同时应考虑电动机的起动、制动、散热、调速、效率等实际问题。本任务将通过观察由刀开关控制的三相异步电动机，帮助读者了解异步电动机的运行特性。

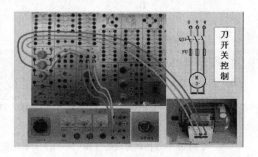

学习目标

● 能说出异步电动机的工作原理。

- 能解释旋转磁场的形成及其与电动机转向、转速的关系。
- 知道功率、转矩和转速之间的关系。
- 能理解异步电动机的工作特性（笼型与绕线型的差别），会合理选用电动机。
- 能概述电动机铭牌参数的含义。
- 能实现异步电动机起停控制和转向改变。

任务情境

同上一任务，并具有电动机实验条件。教学宜采用多媒体教学，先实验观察再讲解理论。

相关知识

1. 三相异步电动机的转动原理

（1）演示实验

如图 6-2-1 所示，用手摇动手柄使磁极转动，转子旋转。摇得快，转子转得快；摇得慢，转子转得慢。反摇时，转子马上反转。

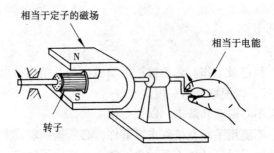

图 6-2-1　旋转磁场带动笼形转子旋转

思考 1：实际中，电动机能量不是靠手柄获得，而是由定子绕组接收电能；

思考 2：在拆装三相异步电动机时也并没有发现磁极，而是由三绕组通入三相对称电流后在空间形成旋转磁场。

（2）旋转磁场

由拆装电动机，可知定子上嵌放有三套对称绕组（即在空间彼此相差 120°，各绕组材料相同、几何尺寸相同），如图 6-2-2（a）所示，其作星形连接时的电路如图 6-2-2（b）所示，由于三相负载对称，故接通电源后，绕组中流过的电流为三相对称电流，如图 6-2-2（c）所示。

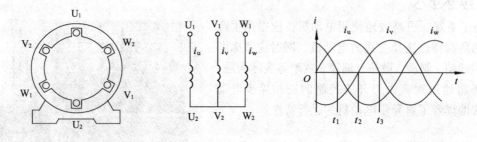

（a）定子三相对称绕组分布　　（b）对称绕组中流入对称电流　　（c）三相对称电流波形

图 6-2-2　定子三相绕组及三相对称电流

当定子三相对称绕组通入三相对称电流后，其合成磁场就在空间自行旋转起来了。由图 6-2-3 所示可知，当三相电流变化一个周期时，合成磁场也正好旋转了一周。

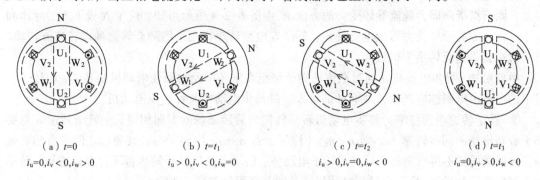

|（a）$t=0$|（b）$t=t_1$|（c）$t=t_2$|（d）$t=t_3$|
|$i_u=0, i_v<0, i_w>0$|$i_u>0, i_v<0, i_w=0$|$i_u>0, i_v=0, i_w<0$|$i_u=0, i_v>0, i_w<0$|

图 6-2-3　旋转磁场的产生（转子未画出）

① 旋转磁场的转向。如图 6-2-2 所示，三相电流相序为 U–V–W，三相绕组 U_1–U_2、V_1–V_2、W_1–W_2 按顺时针方向排列，即绕组中的电流按顺时针方向先后达到最大值，而从图 6-2-3 可知，所产生的旋转磁场的转向恰好也为顺时针。

如果将定子绕组的三相电源线中的任意两相交换，则绕组中三相电流的相序为 U–W–V，即由顺时针变为逆时针，旋转磁场也相应的按逆时针旋转。

② 旋转磁场的转速。上面讨论的旋转磁场只有一对磁极（一个 N 极和一个 S 极），所以叫两极旋转磁场。对两极旋转磁场来说，当三相交流电变化一周时，磁场在空间旋转一周，若定子交流电的频率为 f_1 时，则磁场的转速为 $n_1 = f_1$(r/s)。通常旋转磁场的转速都折合成每分钟多少转，这样两极旋转磁场的转速为 $n_1 = 60f_1$(r/min)。

当旋转磁场具有 p 对磁极时（改变绕组结构和连接方式可获得），旋转磁场的转速为

$$n_0 = \frac{60f_1}{P} \quad (\text{r/min}) \tag{6-2-1}$$

式（6-2-1）表明，n_0 与电网频率有关，故又称为同步转速。我国工频 $f_1=50\text{Hz}$，可得磁极对数与同步转速的对照表，如表 6-2-1 所列。

表 6-2-1　磁极对数与同步转速对照表（对照于工频）

极对数 P	1	2	3	4	5	6
同步转速 n_0/(r/min)	3000	1500	1000	750	600	500

【例 6-2-1】将定子绕组与电源的连接导线中的任意两根对调，如 B 相与 C 相对调，则旋转磁场的方向是什么？

解：反转，因为磁场的转向与通入定子绕组的三相电流的相序有关。

（3）电动机的转动原理

① 转子转动的基本原理。如图 6-2-4 所示，设定子产生的旋转磁场为顺时针方向，转速为 n_0，相对切割转子绕组。

由右手定则判断出感应电动势方向（磁力线垂直穿过右手手心，拇指指向导体切割磁力线相对运动方向，四指指向即为

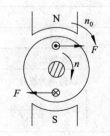

图 6-2-4　转子转动的原理图

感应电动势方向），由于转子绕组在结构上是闭合的，故感应电动势方向也即为感应电流的方向；

再由左手定则判断导体受力的方向（磁力线垂直穿过左手手心，四指与导体中的电流方向一致，则拇指指向即为载流导体受力的方向）；由图 6-2-4 所示可知，位于 N 极下方的导体和位于 S 极下方的导体受力形成电磁转矩，转子在电磁转矩作用下跟随旋转磁场以转速 n 转动。电动机也就将电能转换为机械能。

由此可知，异步电动机是通过载流的转子绕组在磁场中受力而使电动机旋转的，而转子绕组中的电流由电磁感应产生，并非外部输入，故异步电动机又称感应电动机。

② 转子转速与转差率。异步电动机转子转向与旋转磁场的方向相同，但转子转速 n 总要小于旋转磁场的同步转速 n_0，即 $n < n_0$，（原因：若 $n=n_0$，则转子与旋转磁场之间没有相对运动，因而磁场就不再切割转子导条，转子电动势、转子电流以及转矩也都不存在。这样，转子就不可能继续转动），故称为异步电动机，二者关系用转差率 s 表示。

- 定义：转差率 s 表示转子转速 n 与旋转磁场同步转速 n_0 的相差程度，即

$$s = \frac{n_0 - n}{n_0}，\text{或} n = (1-s)n_0 \qquad (6\text{-}2\text{-}2)$$

电动机在额定情况下运行时，n_N 与 n_0 很接近，故转差率 s_N 很小。一般为

$$s_N=0.01\sim0.09 \text{ 或 } s_N=1\%\sim9\%$$

- 应用：转差率是用来说明异步电动机运行情况的一个重要物理量，如在起动瞬间，$n=0$，则 $s=1$。此时转差率最大。

由式（6-2-1）、式（6-2-2）可得转子转速 n 与转差率 s、电源频率 f_1 和极对数 P 之间的关系：

$$n = (1-s)n_0 = (1-s)\frac{60 f_1}{p} \qquad (6\text{-}2\text{-}3)$$

【例 6-2-2】有一台三相异步电动机，在工频下运行，其额定转速 n_N=975r/min。试求电动机的旋转磁场极对数 P 和额定状态下的转差率 s_N。

解：对照表 6-2-1，显然与 n_N=975 r/min 接近的同步转速 n_0=1000 r/min，P=3。

额定状态时的转差率叫做额定转差率，故：

$$s_N = \frac{n_0 - n_N}{n_0} \times 100\% = \frac{1000 - 975}{1000} \times 100\% = 2.5\%$$

2. 异步电动机与变压器之比较

异步电动机与变压器有许多相似和异同之处，如表 6-2-2 所列。

表 6-2-2 变压器与异步电动机之比较

比较	变压器	异步电动机
相似	一次绕组	定子绕组
	二次绕组	转子绕组
	以磁场为媒介	以磁场为媒介
	$\Phi_m = \dfrac{U_1}{4.44 N_1 f}$	$\Phi_m = \dfrac{U_1}{4.44 N_1 f}$
相异	磁场非旋转	磁场旋转
	二次绕组中为"互感电动势"	转子绕组中为"动生电动势"

比较	变压器	异步电动机
相异	二次绕组中电流的频率与一次绕组相同，即 $$f_2=f_1$$	转子中电流的频率与定子绕组中的电流频率不等，即 $$f_2=sf_1$$
	二次绕组中的感抗 X_2 为定值 $$X_2=2\pi f_1 L_2$$	转子绕组中的阻抗 X_2 与 s 有关，（仅在起动瞬间与变压器相似） $$X_2=2\pi f_2 L_2=2\pi sf_1 L_2=sX_{20}$$ （起动瞬间 $s=1$, X_2 最大）
	效率高，静止电器只有铁损耗 P_{Fe} 和铜损耗 P_{Cu}	相对效率低，因转子旋转而增加风阻摩擦损耗

3. 功率与转矩的关系

这是电动机选型时的主要依据。

由力学知识知道，旋转体的机械功率等于作用在旋转体上的转矩与它的机械角速度 Ω 的乘积。设 T_2 为输出转矩，则其大小为

$$T_2=\frac{P_2}{\Omega}=\frac{P_2\times60}{2\pi n}=\frac{1000\times60\times P_2}{2\pi n}=9550\frac{P_2}{n} \qquad （6\text{-}2\text{-}4）$$

式中：T_2、P_2、n 分别为额定输出转矩（N.m）、额定输出功率（kW）、额定转速（r/min）

在电动机的运行中，用户最关心的是电动机转矩与转速之间的关系，称为机械特性。

三相异步电动机的机械特性曲线如图 6-2-5 所示。

图中：

① T_N 为额定转矩，对应的转速 n_N 为额定转速（电动机稳定运行区间为 a-b-c 段上。从这段曲线上看，当负载转矩有较大变化时，异步电动机的转速变化并不大，因此电动机具有硬的机械特性。

② T_{st} 为起动转矩，对应的转速 $n=0$（起动瞬间电动机为静止状态）。由图上看，异步电动机起动时转矩 T_{st} 并不大。（起动转矩必须大于电动机轴上所带的负载转矩 T_L，电动机才能起动，反之，则无法起动）。

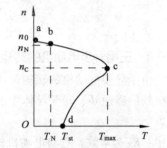

图 6-2-5　三相异步电动机的机械特性曲线

起动转矩是衡量电动机起动性能好坏的重要指标，通常用 $\lambda_{st}=\dfrac{T_{st}}{T_N}$ 表示一台电动机的起动能力。目前国产 Y 系列三相异步电动机的 λ_{st} 约为 2.0。

③ T_{max} 为最大转矩，对应的转速 n_C 为临界转速（电动机轴上负载转矩若大于此转矩，则电动机机将减速停车（沿 c-d 段）。

最大转矩表示了电动机的短时容许过载能力，以过载系数 $\lambda=\dfrac{T_m}{T_N}$ 表示。一般三相异步电动机的 λ 在 1.8～2.2 之间。

知识拓展

1. 电动机的磁极对数与定子绕组的排列有关。

如图 6-2-3 所示，每相绕组只有一个线圈，绕组首（末）端之间相差 120°空间角，则产生的旋转磁场具有一对磁极，即 $p=1$。

如图 6-2-6 所示，定子绕组的每相绕组由两个线圈串联组成，且各相绕组首端相差 60°空间角，则产生的旋转磁场具有两对磁极，即 $p=2$。

磁极对数越多，所用线圈及铁心都要加大，电动机体积也要加大。因此，磁极对数是有限的。

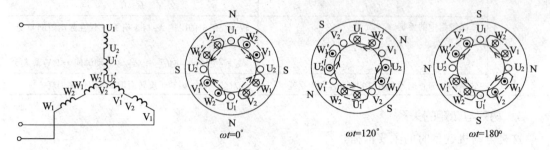

图 6-2-6 四极旋转磁场的定子绕组结构及旋转磁场示意图

2. 异步电动机转子电流及功率因数

由表 6-2-2、交流电路电压与电流及阻抗关系式（3-3-13）、（3-3-14），及功率因数与阻抗的关系（3-3-24）得

$$I_2 = \frac{U_2}{\sqrt{R_2^2 + (sX_{20})^2}}, \cos\varphi_2 = \frac{R_2}{\sqrt{R_2^2 + (sX_{20})^2}} \tag{6-2-5}$$

式（6-2-5）表明，异步电动机转子电流及功率因数均与转差率 s 有关。

3. 三相异步电动机的转矩特性 $T=f(s)$

由于异步电动机的转矩是由载流导体在磁场中受力的作用而产生的，因此转矩的大小与旋转磁场的磁通 Φ、转子导体中的电流 I_2 及转子功率因数有关，即

$$T = K_T \Phi I_2 \cos\varphi_2 \tag{6-2-6}$$

其中：K_T 为常数，它与电动机的结构有关。

式（6-2-6）在实际运用或分析时不太方便，为此将交流铁心线圈的电压与磁通、频率关系式（5-1-4）及式（6-2-5）代入 6-2-6，得

$$\begin{cases} T = K\dfrac{sR_2U_1^2}{R_2^2 + (sX_{20})^2} \\ X_{20} = 2\pi f_1 L_2 \end{cases} \tag{6-2-7}$$

式中：T 为电磁转矩，在近似分析与计算中可看作电动机的输出转矩，单位为 N·m；U_1 为加在定子每相绕组上的电压有效值；s 为电动机的转差率；R_2 为电动机转子每相绕组的电阻；X_{20} 为电动机静止不动时转子每相绕组的感抗值，K 为电动机的结构常数；f_1 为交流电源的频率。

对某台电动机而言，它的结构常数 K 及转子参数、R_2、X_{20} 是固定不变的，因而当加在电动机定子绕组上的电压 U_1 不变时，由式（6-2-7）可知，异步电动机的轴上输出的转矩 T 仅与转差率 s 有关，称 T 与 s 的关系曲线为异步电动机的转矩曲线，如图 6-2-7 所示。

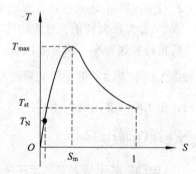

图 6-2-7 三相异步电动机的转矩曲线

读者根据式（6-2-2）$n = (1-s)n_0$，不难将转矩曲线转为机械特性曲线，如图 6-2-5 所示。

在转子结构一定，电压一定时，对式（6-2-7）求导，并令 $\dfrac{\mathrm{d}T}{\mathrm{d}s}=0$，可求得对应最大转矩的转差率

$$s_{\mathrm{m}} = \frac{R_2}{X_{20}} \qquad (6-2-8)$$

4. 三相异步电动机的运行性能

（1）起动

异步电动机与电源接通以后，如果电动机的起动转矩大于负载转矩，则转子从静止开始转动，转速逐渐升高至稳定运行，这个过程称为起动。

① 起动特点。对于笼型异步电动机在起动时具有起动电流大、但起动转矩并不大的特点；而对于绕线型异步电动机可以通过对其转子绕组串接起动电阻器来减小起动电流和增大起动转矩。

分析：异步电动机在起动的瞬间，定子绕组已接通电源，但转子因惯性仍未转动起来，此时刻 $n=0$，相对于旋转磁场的转速差为最大值（转差率 $s=1$），因而转子感应出最大的电流，一般中小型笼型电动机的定子起动电流（指线电流）与额定电流之比大约为 4~7。

在刚起动时，虽然转子电流很大，但转子的功率因数却很低（转子绕组的感抗 X 与转差率 s 成正比），因此由式（6-2-6）可知，起动转矩并不高，最大也只有额定转矩的 2 倍。如果起动转矩过小，就不能在满载下起动。所以，一般机床主电动机都是空载起动，起动后再用机械离合器加上负载。但有的设备（如起重机械），则要求直接带负载起动，这种负载常采用绕线型异步电动机。

由于电动机起动大电流大，因此频繁起动时，绕组热量积累，使电动机过热而损坏绝缘，因此，在实际操作时应尽可能不让电动机频繁起动。例如，在切削加工时，一般只是用摩擦离合器或电磁离合器将主轴与电动机轴脱开，而不是将电动机停下来。

对于大功率电动机也不宜直接起动，因为起动电流大而会引起同一电网中电压的降低，影响其他用电设备。

② 起动方式。对笼型电动机有直接起动和降压起动两种方法；而绕线型电动机则可采用转子串电阻起动。

- 笼型电动机直接起动。直接起动就是利用开关将电动机直接接入电网使其在额定电压下起动。这种方法最简单，设备少，投资小，起动时间短，但起动电流大，一般只适用于小容量电动机（7.5 kW 以下）的起动。较大容量的电动机，在电源容量也较大的情况下，可参考以下经验公式确定能否直接起动：

$$\frac{I_{\mathrm{st}}}{I_{\mathrm{N}}} \leqslant \frac{3}{4} + \frac{供电电源容量（kV \cdot A）}{4 \times 电动机容量（kW）} \qquad (6-2-9)$$

式（6-2-9）的左边为电动机的起动电流倍数，右边为电源允许的起动电流倍数。只有满足该条件，方可采用直接起动。

- 笼型电动机降压起动。如果电动机的容量相对于供电变压器的容量较大，就需要降压起动，即在起动时先降低定子绕组的电压，以减少起动电流，待电动机升速后再加上额定电压运行。

笼型电动机降压起动有定子绕组串电抗器起动、星形—三角形降压起动、自耦变压器降压起动等方法。

- 定子绕组串电抗器起动。这种起动方法是起动时在电动机定子绕组的电路中串入一个三相电抗器，其接线如图6-2-8所示。起动结束时电路换接为全压运行。

  这种方式起动方法简便，但会使电网的功率因数下降。

- 星形—三角形降压起动。如果电动机在正常工作时其定子绕组是连接成三角形的，那么在起动时可把它连接成星形（绕组的相电压为220V），待电动机转速升高到接近额定转速时，再将绕组换接为三角形连接（绕组的相电压为380V），如图6-2-9所示。这种降压起动法，每相定子绕组所承受的电压为正常工作电压的 $\frac{1}{\sqrt{3}}$，故起动电流为直接起动电流的 $\frac{1}{3}$。

由式（6-2-7）可知，$T \propto U_1^2$，因此采用星形—三角形降压起动，起动转矩只有直接起动时起动转矩的 $\frac{1}{3}$。故这种方法只适合于空载或轻载起动。

- 自耦变压器降压起动。如图6-2-10所示，利用自耦变压器将电动机在起动过程中端电压降低，当电动机转速接近额定转速时，切除自耦变压器，电动机全压运行。这种方法适用于容量较大的或因接线方式所限不能采用星形—三角形起动器的笼型电动机。

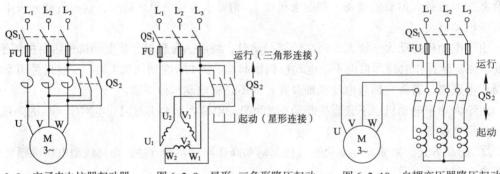

图6-2-8 定子串电抗器起动器　　图6-2-9 星形–三角形降压起动　　图6-2-10 自耦变压器降压起动

由于起动时，电动机定子绕组连接在自耦变压器的低压侧，其电压比为 $K = \dfrac{U_1}{U_1'}$，则电动机的起动电压为 $U_2 = \dfrac{U_1}{K}$。起动电流(线电流)和起动转矩均为直接起动时的 $\dfrac{1}{K^2}$ 倍，见式（5-1-8）。

自耦变压器降压起动的优点是不受电动机绕组接线方法的限制，可按照允许的起动电流和所需的起动转矩选择不同的抽头，常用于起动容量较大的电动机。其缺点是设备费用高，不宜频繁起动。

【例6-2-3】一台三角形连接的三相鼠笼型异步电动机，已知 $P_N=10\text{kW}$，$U_N=380\text{V}$，$I_N=20\text{A}$，$n_N=1450\text{r/min}$，由手册查得 $\dfrac{I_{ST}}{I_N}=7$，$\dfrac{T_{ST}}{T}=1.4$。欲半载起动，电源容量为 200kV·A，试选择适当的起动方法，并求此时的起动电流和起动转矩。

解：① 直接起动：

根据式（6-2-8）$\dfrac{I_{st}}{I_N}=7>\dfrac{3}{4}+\dfrac{200}{4\times10}=5.75$

可知不能采用直接起动。

② 星形—三角形起动：$T_{Yst}=\dfrac{1}{3}T_{st}=\dfrac{1}{3}\times1.4T_N=0.47T_N<0.5T_N$

所以也不能采用星形—三角形起动。

③ 自耦变压器起动：

由题意知 $T_{st}=1.4T_N$，$T_{st}'=0.5T_N$。

按 $T_{st}'=\dfrac{T_{st}}{K^2}$，解得 $K=1.67$，即 $\dfrac{1}{K}=0.6$，故将变压器抽头置于 60% 位置，可用该方法起动。

此时

$$T_N=9550\dfrac{P_N}{n_N}=9550\times\dfrac{10}{1450}=65.86\text{N}\cdot\text{m}$$

$$T_{st}'=\dfrac{1}{K^2}T_{st}=0.6^2\times1.4\times65.86=33.2\text{N}\cdot\text{m}$$

$$I_{st}'=\dfrac{1}{K^2}I_{st}=\dfrac{1}{K^2}(7I_N)=0.6^2\times7\times20=50.4\text{A}$$

- 绕线型电动机转子串电阻起动。若要求在减小起动电流的同时又要增大起动转矩，则应采用绕线型异步电动机的起动。其起动方法是在转子电路中串入电阻（或频敏变阻器）起动；起动后，随着转速的上升将起动电阻逐段切除，如图 6-2-11 所示。另外，由图 6-2-7 和式（6-2-8）可知，在的转子回路中串联合适的电阻，可以使起动转矩增大，且可以使起动时转子电流减小，定子绕组中的起动电流也相应减小。本方法常用于要求起动转矩较大的生产机械上，如卷扬机、起重机等。

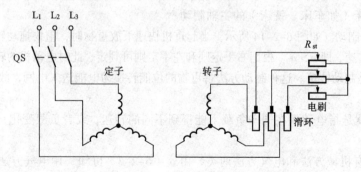

图 6-2-11 绕线型电动机转子串电阻起动接线图

（2）制动

制动就是刹车。电动机的定子绕组断电后，其转动部分由于惯性还会继续转动一段时间才会停止。为了提高生产机械的效率，同时也为了安全，往往要求电动机能迅速停车，故需要对电动机制动。

制动的方法分为机械方法和电气方法，其中电气方法又有能耗制动、反接制动、发电反馈制动等方法。

① 能耗制动。如图 6-2-12 所示，在切断三相电源的同时，接通直流电源，使直流电流通

入定子绕组。直流电流的磁场是固定的，而转子由于惯性继续在原方向转动。根据右手定则和左手定则可确定此时的转子电流与固定磁场相互作用产生的转矩的方向。它与电动机转动方向相反，故起制动作用。

能耗制动是把转子的动能转化为电能再以热能的形式消耗，故称为能耗制动。其优点是：能量消耗小，制动平稳，停车准确可靠，对交流电网无冲击；但需要直流电源，适用于某些金属切削机床。

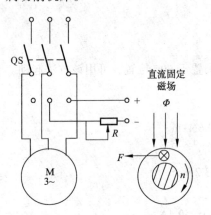
图 6-2-12　能耗制动

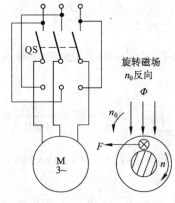
图 6-2-13　反接制动

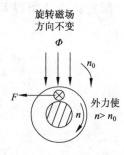
图 6-2-14　发电机反馈制动

② 反接制动。当电动机停车时，可将接到电源的三根导线中的任意两根对调位置，使旋转磁场反向旋转，而转子由于惯性仍沿原方向转动。这时的转矩方向与电动机的转动方向相反，因而起制动作用，如图 6-2-13 所示。反接制动的时间由控制电路来实现，不能长，否则将变为反转。

反接制动因相对速度大，定子电流很大。为了限制电流，对功率较大的电动机进行制动时，必须在定子电路（笼型）或转子电路（绕线型）中接入电阻。反接制动方法简单可靠、效果较好，但能耗较大，振动和冲击也大，对加工精度有影响。反接制动适用于起停不频繁且功率较小的金属切削机床（如车床、铣床）的主轴制动。

③ 发电反馈制动。如图 6-2-14 所示，当起重机快速下放重物时，重物拖动转子，电动机转速超过旋转磁场转速，即 $n > n_0$。根据右手定则和左手定则可判定，此时电动机的转矩与转子旋转方向相反，所以是制动转矩。这种制动方法将重物的位能转换为电能送入电网，故称反馈制动。

（3）调速

所谓调速，就是指电动机在同一负载下能得到不同的转速，或者负载变化，能够保持电动机速度不变。

调速的方法有机械方法和电气方法两类，由式（6-2-3）可知，用电气方法调速有以下三种方法：变极调速、变转差率调速和变频调速。

① 变极调速。由转速公式 $n = (1-s)\dfrac{60f_1}{p}$ 可知，极对数 p 减小一半，旋转磁场的同步转速 n_0 就提高一倍，转子转速 n 也近似提高一倍。

改变极对数与定子绕组的接法有关。变极调速为有级调速，适用于笼型多速电动机中的调速。T68 型卧式镗床的主轴就采用双速电动机来控制；使用 YTD 系列电梯专用双速电动机拖动的交流电梯，电梯起动后运行在高速（$p=3$，$n_1=1000\text{r/min}$），到站后在平层之前换成低速（$p=12$，$n_1=250\text{r/min}$），可以提高乘坐舒适感及保证平层定位准确。

② 对于不同电动机的变转差率调速方法如下：

- 对绕线型电动机。改变转子外接的调速电阻，可以改变转差率 s，即改变 n。
  方法是在绕线型电动机的转子电路中接入调速电阻（和起动电阻一样接入，如图 6-2-11 所示，但与起动电阻不同，它允许长时间通过较大的电流）。改变调速电阻的大小可以平滑调速，这在起重设备中得到广泛应用。变转差率调速优点是设备简单，投资少，但能量损耗较大。
- 对笼型电动机。由图 6-2-15 可知，改变定子电压，也可以调速。当定子电压下降时，电动机的转矩特性曲线是一族临界转差率不变而最大转矩随电压的平方倍下降的曲线。对于通风型负载（负载转矩与转速的平方成正比），如图 6-2-15 所示中的 a、a'、a"点。因此，电风扇多采用串电抗器调压调速或用晶闸管调压调速。

③ 变频调速。交流电动机变频调速是在现代微电子技术基础上发展起来的新技术，它的特点是调速平滑、调速范围宽、效率高、特性好、结构简单、机械特性硬、保护功能齐全，运行平稳安全可靠，在生产过程中能获得最佳速度参数，是理想的调速方式。

变频调速的基本原理是：采用整流电路将三相交流电转换为直流电，再由逆变器将直流电变换为电压和频率可调的三相交流电源，输出到需要调速的电动机上，如图 6-2-16 所示。

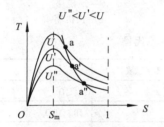

图 6-2-15 调压调速转矩特性曲线

图 6-2-16 变频调速示意图

频率调节范围一般为 0.5～320Hz。

变频调速不仅能提高电动机转速的控制精度，而且还具有显著的节能作用，一般能节能 30%。以风机水泵为例，根据流体力学原理，轴功率与转速的三次方成正比。当所需风量减少，风机转速降低时，其功率按转速的三次方下降。因此，精确调速的节电效果非常可观。与此类似，许多变动负载电动机一般按最大需求来生产电动机的容量，故设计裕量偏大。而在实际运行中，轻载运行的时间所占比例却非常高（例如空调当达到设定温度后，即处于轻载运行）。如采用变频调速，可大大提高轻载运行时的工作效率。因此，变动负载的节能潜力巨大。目前变频调速是我国重点推广的节电新技术。

除了工业相关行业，在普通家庭中，节约电费、提高家电性能、保护环境等受到越来越多的关注，变频家电成为变频器的另一个广阔市场和应用趋势。带有变频控制的冰箱、洗衣机、家用空调等，在节能、减小电压冲击、降低噪声、提高控制精度等方面有很大的优势。

5. 三相异步电动机的选用

（1）铭牌

每台电动机都有自己的铭牌，这对正确选用和维护电动机都是必不可少的。

某电动机出厂铭牌如下：

××××电机厂

编号××××

三相交流鼠笼电动机

型号	Y160L-4	电压	380V	接法	△
功率	15kW	电流	30.3A	定额	连续
转速	1460r/min	功率因数	0.85		
频率	50Hz	绝缘等级	B		
				出厂年月	×年×月

① 型号——用以表明电动机的系列、几何尺寸和极数。Y 系列电动机由四部分组成：第一部分汉语拼音字母表示产品名称代号（Y 系列异步电动机产品名称代号见表 6-2-3）；第二部分表示机座中心高；第三部分英文字母表示机座长度代号（S——短机座、M——中机座、L——长机座）；第四部分横线后的数字为电动机的极数。

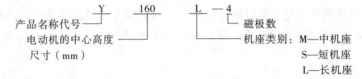

② 功率——指在额定运行情况下，电动机轴上所输出的机械功率。

③ 频率——电动机在额定运行情况下的交流电源频率为电动机的额定频率。

④ 电压——指电动机定子绕组规定使用的线电压。

⑤ 电流——指电动机在输出额定功率时，定子绕组所允许通过的线电流。

⑥ 转速——指电动机满载时的转子转速。

⑦ 接法——指定子三相绕组的接法，有星形连接（Y）和三角形连接（△）。若电动机铭牌上标有 220/380V 两种额定电压，接法标明△/Y，则表明：线电压为 220V 时按三角形连接；线电压为 380V 时按星形连接。Y 系列电动机功率在 4 kW 以上均采用三角形连接，以便采用星形—三角形降压起动。

⑧ 定额——指异步电动机的运行方式。通常分为连续运行、短时运行和断续运行三种。

⑨ 绝缘等级——指绝缘材料的耐热等级。通常分为如下七个等级，如表 6-2-4 所列。

表 6-2-3　Y 系列异步电动机产品名称代号

产品名称	新代号	汉字意义	老代号
异步电动机	Y	异	J、JO
绕线型异步电动机	YR	异绕	JR、JRO
防爆型异步电动机	YB	异爆	JB、JBO
高起动转矩异步电动机	YQ	异起	JO、JOO

表 6-2-4　三相异步电动机的绝缘等级

绝缘等级	Y	A	E	B	F	H	C
极限温度/(℃)	90	105	120	130	155	180	> 180

除了铭牌数据外，还可以根据有关产品目录或电工手册查出其他一些技术数据。

使用中应注意：电动机的电压不应高于或低于额定值的 5%，这是因为：

当电压高于额定值时，磁通将增大（因 $U_1 \approx 4.44 f_1 N_1 \varPhi$）。磁通的增大又将引起励磁电流的增大（由于磁饱和，可能增得很大）。这样，可使铁损增加（铁损与磁通平方成正比），导致铁心发热。

当电压低于额定值时，引起转速下降，电流增加。如果在满载或接近满载的情况下，电流的增加将超过额定值，使绕组过热。同时，在低于额定电压下运行时，和电压平方成正比的最大转矩会显著地降低，对电动机的运行不利。

（2）三相异步电动机的选择

三相异步电动机的选择包括它的功率、种类、方式、电压和转速等。

① 功率的选择。功率的选择实际上就是容量的选择，如果容量选择太大，容量没有得到充分利用，既增加投资，也增加运行费用（实践证明，电动机在接近额定状态下工作时，定子电路的功率因数最高）。如果选得过小，电动机的温升过高，影响寿命，严重时还会烧毁电动机。

- 连续运行电动机功率的选择原则：若负载是恒定负载，先算出生产机械的功率，所选电动机的额定功率稍大于生产机械功率，即 $P_N > P$；若负载是变化的，计算比较复杂，通常根据生产机械负载的变化规律（负载图）求出等效的恒定负载，然后选择电动机。

- 短时运行电动机功率的选择原则：通常根据过载系数 λ 来选择短时运行电动机的功率。电动机的额定转矩与最大转矩之比称为过载系数，以 λ 表示，即 $\lambda = \dfrac{T_{max}}{T_N}$。一般三相异步电动机的过载系数为 1.8～2.2。由于发热惯性，在短时运行时可以容许过载。工作时间愈短，过载可以愈大。但电动机的过载是受限制的。所以电动机的额定功率是生产机械所要求功率的 $\dfrac{1}{\lambda}$，即 $P_N \geqslant \dfrac{P}{\lambda}$。

② 种类的选择。原则：主要从机械特性、调速与起动性能、维护及价格等方面来考虑。

如果没有特殊要求，一般都应采用交流电动机。在交流电动机中，三相笼型异步电动机结构简单，坚固耐用，工作可靠，价格低廉，维护方便。其缺点是调速困难，功率因数较低，起动性能较差。因此，对要求机械特性较硬而无特殊调速要求的生产机械的拖动应尽可能采用笼型电动机，例如在功率不大的水泵和通风机、运输机、传送带上，在机床的辅助运动机构（如刀架快速移动、横梁升降和夹紧等）上，差不多都采用笼型电动机。一些小型机床上也采用它作为主轴电动机。

绕线型异步电动机的基本性能与笼型相同，其特点是起动性能较好，并可在不大的范围内平滑调速。但它的价格比笼型电动机贵，维护也较不便。因此对某些起重机、卷扬机、锻压机及重型机床的横梁移动等不能采用笼型电动机的场合，才采用绕线型电动机。

③ 结构型式的选择。原则：根据生产机械的周围环境条件来确定。

电动机常用的结构形式有：开起式、防护式、封闭式、防爆式四种。

- 开起式电动机：在构造上无特殊防护装置，用于干燥无灰尘的场所。这种电动机散热效果良好。

- **防护式**：在机壳或端盖下面有通风罩，以防止铁屑等杂物掉入。也有将外壳做成挡板状，以防止在一定角度内有雨水滴溅入其中。
- **封闭式电动机**：外壳严密封闭，电动机靠自身风扇或外部风扇冷却，并在外壳带有散热片。多用于灰尘多、潮湿或含有酸性气体的场所。
- **防爆式**：整个电动机严密封闭，电动机骨架被设计成能承受巨大的压力。能够将电动机内部的火花、绕组电路短路、打火等完全与外界隔绝。这种电动机用于高粉尘、有爆炸气体、燃烧气体的场所。

④ 电压等级选择原则：要根据电动机类型、功率以及使用地点的电源电压来决定。Y 系列笼型电动机的额定电压只有 380V 一个等级；大功率异步电动机才采用 3000V、6000V 的电压等级。

⑤ 转速选择原则：根据生产机械的要求而选定。异步电动机转速由于受到电源频率和电动机旋转磁极对数的限制，选择范围并不大。电动机的额定转速是根据生产机械的要求而选定的。但是，通常转速不低于 500r/min，因为当功率一定时，电动机转速越低，则其尺寸越大，价格越贵，而且效率也较低。因此购买一台高速电动机，另再配减速器更为合算。

异步电动机通常采用四个极，即同步转速 $n_0=1500\text{r/min}$。

【例 6-2-4】 已知拖动水泵的电动机功率计算公式为 $P=\dfrac{\rho QH}{102\times\eta_1\times\eta_2}$（kW），其中：$\rho$ 为液体密度（kg/m³）；Q 为流量（m³/s）；H 为扬程，即液体被压送的高度（m）；η_1 为传动机构的效率：直接传动 $\eta_1=1$；皮带传动 $\eta_1=0.95$

现有一离心式水泵，其数据如下：$Q=0.03\text{m}^3/\text{s}$，$H=20\text{m}$，$n=1460\text{r/min}$，$\eta_2=0.55$。用一笼型电动机拖动长期运行，电动机与水泵直接连接。试选择电动机的功率和型号。

解： $P=\dfrac{\rho QH}{102\times\eta_1\times\eta_2}=\dfrac{1000\times0.03\times20}{102\times1\times0.55}=10.7\text{kW}$

式中：$\rho=1000\text{kg/m}^3$（水），$\eta_1=1$（直接传动）。

选用 Y160—M4 型电动机，其额定功率 $P_N=0.11\text{kW}(P_N>P)$，额定转速 $n_N=1460\text{r/min}$。

【例 6-2-5】 已知刀架快速移动对电动机要求的功率计算式为 $P_1=\dfrac{m\mu v}{102\times60\times\eta_1}$（kW），其中：$m$ 为被移动元器件的质量（kg）；v 为移动速度（m/min）；μ 为摩擦系数，通常为 0.1～0.2；η 为传动机构的效率，通常为 0.1～0.2。

现有一刀架质量 $m=500\text{kg}$，移动速度 $v=15\text{m/min}$，导轨摩擦系数 $\mu=0.1$，传动机构的效率 $\eta_1=0.2$。要求电动机的转速约为 1400r/min，求刀架快速移动电动机的功率，并选型。

解： 刀架移动为短时运行方式，Y 系列四极笼型电动机的过载系数 $\lambda=2.2$，故

$$P_N\geq\frac{P}{\lambda}=\frac{m\mu v}{102\times60\times\eta_1\times\lambda}=\frac{500\times0.1\times15}{102\times60\times0.2\times2.2}=0.28\text{kW}$$

选用 Y80—1—4 型笼型电动机，$P_N=0.55\text{kW}$，$n_N=1390\text{r/min}$

技能训练

1. 准备

熟悉面板上的低压电器及其电气符号，如图 6-2-17 所示。

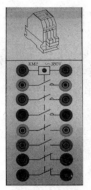

（a）交流接触器　　（b）组合按钮　　（c）热继电器　　（d）熔断器　　（e）刀开关　　（f）三相异步电动机

图 6-2-17　面板上的低压电器及其电气符号

用万用电表欧姆挡检查各电器线圈、触点是否完好；

抄录电动机铭牌数据于项目六任务完成情况考核表 6-1 中，并将鼠笼电动机接成星形；

实验用电源：网压输出线电压 380V。

2. 用刀开关直接控制电动机

（1）按图接线

接线图如图 6-2-18 所示。注意刀开关有两个位置，向上为接通状态，向下为断开状态。

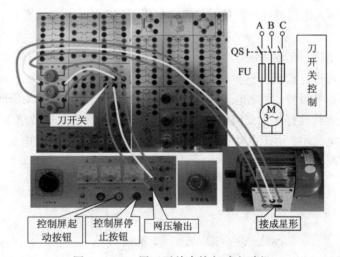

图 6-2-18　用刀开关直接起动电动机

（2）通电运行观察

经小组成员互查及指导教师检查后，开起工作台电源总开关。

按下工作屏上的起动按钮，此时网压输出线电压 380V。将刀开关拨向接通位（向上），电动机起动后观察：

① 此电路有无失压保护。在电动机正常运行中断开工作台电源（模拟突然停电），然后再接通工作台电源（模拟供电恢复，注意不是直接操纵控制电动机的刀开关），会发现刚才停电时，电动机停转，忘了把刀开关置于断开状态，突然恢复供电时，电动机将会自行起动，这说明该电路无失压保护（即来电后在无人控制的情况下电动机自行起动），这不仅浪费电能，严

重时由于电动机旋转可能出现意外事故。

　　思考：如何避免电动机失压后在恢复供电时自行起动？（下一任务将学习）

　　② 电动机改变转向。断开电源后，将三相中任意两相对换，例如将网压输出 A 和 B 两端交换（只交换一次），如图 6-2-19 所示，通电起动，发现电动机的转向改变了。不妨再试一次，例如断开电源，换接 B、C 两相，再次通电起动，电动机又改变了方向。这表明电动机的转向与三相交流电的相序有关，只要任意调换电源的两根导线，就能改变电动机转向。

　　思考：如何将人工换接改为自动换接，实现电动机正反转？（下一任务将学习）

　　③ 电动机在运行中发生断相。在电动机运行中，取下某相的熔断器（模拟断相），如图 6-2-20 所示，发现电动机在惯性的作用下仍能继续运行，但此时电动机会发出嗡嗡的响声。这表明电动机在缺相运行时过载了，请立即停机（不宜做长时间观察，否则电动机绕组将烧坏）。

　　思考：如何实现过载保护？（下一任务将学习）

　　④ 观察缺相电动机，是否还能重新起动？三相电源中若某相断开，发现电动机停机后将无法再次起动。这说明只有三相交流电输入给电动机，电动机才能起动，断相后（变为了单相运行）是不能起动的。

　　思考：为什么电动机输入三相交流电可以旋转，而电动机输入单相交流电则不能旋转？

　　（3）测量各种情况下的电流并进行比较

　　要测量电路中的电流，必须将电流表串入电路之中，如图 6-2-21 所示。为此，应先切断电源，将各相分别串入电流插孔，测量时只要将交流电流表的一端插入孔中，另一端接电流表即可。

　　分别测量起动电流：起动瞬间、空载电流（轴上未带负载）、过载电流（缺相时），并与铭牌所标示的额定电流进行比较。

　　由于起动时间非常短暂，加之电表指针的机械惯性，故只能根据起动瞬间指针偏转的角度大致估计（为防止表针被打坏，交流电流表的量程应选大于额定电流数倍）；电动机正常运行时电流明显比起动电流小，由于电动机轴上未带负载，故此电流为空载电流，将测量数据记入项目六任务完成情况考核表 6-2 中。

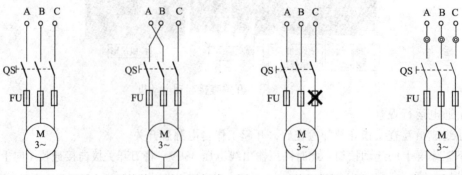

图 6-2-19 改变电动机转向只需换接两根电源相线　　图 6-2-20 某相断相　　图 6-2-21 串入测电流的插孔

本项目通过拆装交流异步电动机，认识了三相笼型电动机的构造，并学习了判断电动机的三相绕组首、末端及正确连接三相绕组的方法。又通过直接起动与测试，观察电动机的运行现象，提出问题，继而深入学习，对异步电动机的特性有了全面的了解。

1. 异步电动机由定子和转子两大主要部分组成。定子的作用是接受电能产生旋转磁场，转子的作用是产生电磁转矩，输出机械能。

2. 产生旋转磁场的条件：空间对称的三相定子绕组中通入三相对称电流。旋转磁场的转速 n_0 取决于电流频率 f_1 和磁极对数 p，$n_0 = \dfrac{60 f_1}{P}$，旋转磁场的转向取决于电流的相序，只要换接任意两根电源相线，即可改变旋转磁场的方向。

3. 三相异步电动机的旋转原理是在电与磁的关系上建立的。其物理过程可描述为：定子三相绕组通入三相电流后，产生旋转磁场并切割转子导条，在闭合的转子导体中感应出电动势和电流，转子载流导体与旋转磁场相互作用而产生电磁转矩，转子沿旋转磁场的方向以低于旋转磁场的转速转动。由于转子的电流是感应产生的，故异步电动机又叫感应式电动机。又因为转子的转速始终低于旋转磁场的转速，故称异步电动机。

4. 三相异步电动机的电磁转矩使电动机转动，当电动机结构一定时，电磁转矩与电源电压 U_1、转差率 s 及转子电阻 R_2 有关，$T = K \dfrac{s R_2 U_1^{\,2}}{R_2^{\,2} + (s X_{20})^2}$

5. 三相异步电动机起动性能较差，直接起动的电流通常是额定电流的 4～7 倍。超过 20kW 的大容量的电动机为了减小起动电流，必须采用降压起动方法。

6. 电动机起动条件：一是起动转矩必须大于负载转矩，二是起动电流不能超过要求。

① 对于笼型异步电动机，降压起动时通常多采用星形—三角形降压起动和自耦降压起动。星形—三角形降压起动只适用于运行作三角形连接的电动机，起动电流和起动转矩分别为直接起动时的 $\dfrac{1}{3}$。

自耦降压起动时，起动电流和起动转矩分别为直接起动时的 $\dfrac{1}{K^2}$，（K 为自耦变压器的电压比）。

② 对于绕线型异步电动机，起动方法有转子串电阻和串频敏变阻器两种。

7. 异步电动机的调速不如直流电动机，主要有变极对数调速（有级调速）、变转差率调速（在有限的范围内进行无级调速）和变频率调速（需要有变频装置）。

8. 三相异步电动机发生某相断相时，成为单相电动机，不能重新起动。而三相异步电动机在运行中发生某相断相时，仍可在惯性作用下继续运行，但此时电动机工作在过载状态，应尽快停车查明原因。

9. 采用单相交流电源的异步电动机称为单相异步电动机。它广泛应用于电动工具、家用电器、医用机械和自动化控制系统中。单相异步电动机定子产生旋转磁场的方法与三相电动机有所不同，常用的起动方法有电容分相和罩极短路环两种。

10. 电动机的选型主要依据功率、种类、方式、电压和转速等进行选择。

项目七

动力头控制线路安装与调试

任务 1　实践三相异步电动机的基本控制

任务导入

在工业生产中对电动机的基本要求常见为点动、长动、点动兼长动、异地控制、正反转控制等。本任务通过在实训室训练台上安装电路学习基本控制方法，并为后续控制电路的读图、设计奠定基础。

学习目标

- 会用交流接触器等低压电器实现点动、长动、点动兼长动、异地控制、正反转控制。
- 知道短路保护、过载保护、失压保护、互锁保护的原理。
- 理解常用的基本控制原则。

任务情境

本任务建议在实训室进行，教学方式宜先做后讲，讲练结合。

相关知识

1. 点动控制

（1）接线

按图 7-1-1 所示接线，先接主电路，即从三相交流电源的输出端 A、B、C 开始，经熔断器→接触器的主触点→电动机 M 的三个出线端 U_1、V_1、W_1（电动机定子绕组接成星形），用导线按顺序串联起来。主电路连接无误后，再连接控制电路，即从主电路电源输入端（如 A_1）开始→按钮 SB 的常开触点→接触器 KM 的线圈→三相交流电源另一端（如 C_1）。显然这是对接触器 KM 线圈供电的电路。注意控制电路与主电路共用熔断器，因此控制电路的电源线要接在熔断器的出线端。

（2）通电操作

经检查无误后，接通工作台电源开关，按下起动按钮 SB，会听到铁心动作的声音，即接触器线圈得电，铁心吸合，观察电动机 M 运行情况；松开 SB 时，接触器线圈失电，电动机停转，此电路实现了点动控制。实际工作现场，例如车床刀架移动电动机，就只需进行点动控制。点动按钮一般安装在操作人员方便操作的控制台或操纵杆上。

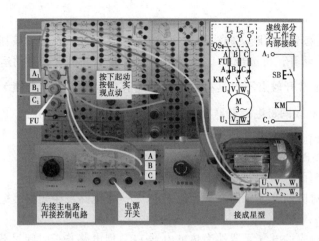

图 7-1-1 接触器实现点动的控制电路

（3）观察

观察完毕，按下工作台停止按钮，切断三相交流电源。

2. 长动控制

（1）接线

按图 7-1-2 所示接线，它与图 7-1-1 的不同点在于主电路各相均串入了热继电器的发热元件；控制电路中在原起动按钮两端并联了接触器 KM 的一个常开辅助触点，电路中另串入了一只按钮的常闭触点（作停止用）和热继电器的常闭触点。

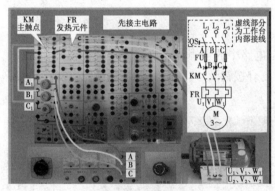

（a）先接主电路

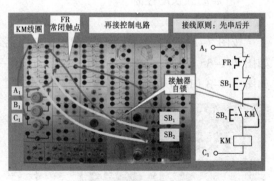

（b）再接控制电路

图 7-1-2 接触器实现电动机长动的控制电路

（2）通电操作

经检查无误后，接通工作台电源，再按下起动按钮 SB$_2$，观察电动机 M 运行情况，松开 SB$_2$，电动机继续运行，此电路实现了长动控制。欲使电动机停转，只需按下停止按钮 SB$_1$ 即可。

（3）观察

观看该电路的失压保护作用，在电动机正常运行时，模拟先停电，后供电（分别按工作台停止按钮，工作台起动按钮），观察电动机不会自行起动。回忆在项目六任务 2 中曾用刀开关控制电动机的起动时，在停电又恢复供电后电动机是会自行起动的，这说明**用接触器控制的电路具有失压保护（即有防止来电自起动）功能。**

（4）改接线路

按下工作台停止按钮，切断实验线路三相交流电源。将并入在起动按钮两端的 KM 常开辅助触点的任意一根线断开，再按步骤（2）操作，会发现电动机只能点动运行。这说明**并联在起动按钮两端的 KM 常开触点不仅具有失压保护还有自保持（又称自锁）功能**。这是因为当起动按钮闭合时，KM 线圈得电，并联在起动按钮两端的常开触点闭合，再松开起动按钮时，线圈仍能继续得电）。

（5）分析图 7-1-2 所示电路具有的保护功能

该电路具有短路保护、过载保护和失压保护，简称"三保护"。

① 短路保护，对应的电气元器件为熔断器 FU。一旦电路发生短路，短路电流将会使熔体熔化，从而切断电路；

② 过载保护，对应的电气元器件为热继电器 FR。但电路若长时间过载，通过电动机的电流将使导体温度升高→FR 中的热元件变形→带动机构动作，常闭触点断开→切断控制电路→使 KM 线圈失电→主电路的常开主触点断开→电动机停转。从而保护了电动机不会因继续升温而烧毁。当温度降低后，可以通过复位装置使 FR 的常闭触点复位。

③ 失压保护，对应的电气元器件为交流接触器 KM（其并联在起动按钮两端的常开辅助触点）。在正常运行中，遇到电网电压断电，控制电路失压，KM 线圈失电，其常开的主、辅触点均断开，电动机停转；恢复供电后，由于线圈回路处于断路状态，KM 线圈不能自行得电，从而保证了电动机不会自行起动，只有工作人员重新按下起动按钮方可重新起动电动机。

图 7-1-2 所示电路又称起-保-停电路（即起动-保持-停止）。

3. 点动兼长动控制

（1）接线

按图 7-1-3 所示接线，只要在图 7-1-2 控制电路中的自锁触点支路串接一拨钮开关 SA，如图 7-1-3（a）所示；或者增加一个起动按钮（复合按钮），其常闭触点与自锁触点支路串接，如图 7-1-3（b）所示。

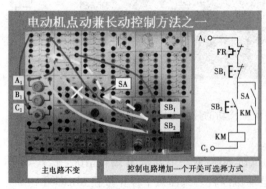
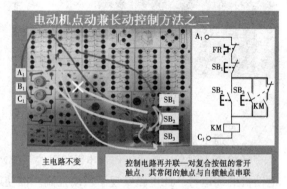

（a）在自锁触点支路中串接一开关　　　　（b）增加一复合按钮，其常闭按钮与自锁触点串联，
其常开触点与原起动按钮并联

图 7-1-3　电动机点动兼长动的控制电路

（2）通电操作

对于图 7-1-3（a），将 SA 闭合，按下起动按钮 SB_2，电动机可作长动运行；将 SA 断开，使自锁支路失效，按下起动按钮 SB_2，电动机只能作点动运行。

对于图 7-1-3（b），按下起动按钮 SB₂，电动机作长动运行；按下复合按钮 SB₃，使自锁支路失效，电动机只能作点动运行。

4. 异地起停控制

（1）接线

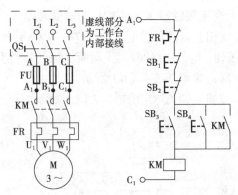

图 7-1-4　异地控制电路（可在两处控制起动和停止）

按图 7-1-4 所示接线，主电路与图 7-1-2 所示一致。控制电路共有两组起停按钮。在本例中，SB₁、SB₂ 为停止按钮，SB₃、SB₄ 为起动按钮。在实际机床电路中，两对起停按钮分别安装在操作人员方便操作的两处，例如将 SB₁ 和 SB₃ 安装在甲处，SB₂ 和 SB₄ 安装在乙处。

（2）通电操作

按下起动按钮 SB₃ 或 SB₄，电动机均可起动，并作长动运行；按下停止按钮 SB₁ 或 SB₂，电动机停止转动。

5. 正反转控制

（1）主电路

三相异步电动机转向的改变是通过改变电流相序，即交换电源任意两相与电动机的连线。在项目六中的任务 2 用刀开关手动控制实现过，如图 7-1-5 所示。在接触器控制电动机电路中需要用两个接触器，一个控制正转，一个控制反转，即在主电路中将两相换相连接，接线如图 7-1-6 所示。若 KM₁ 触点闭合为正转，则 KM₂ 触点闭合时为反转。但 KM₁ 和 KM₂ 触点不允许同时闭合，否则将导致电源短路（由图 7-1-6 可知，B、C 两相电源将短路）。因此在控制电路中必须采取措施，以确保两个接触器线圈不会同时得电。

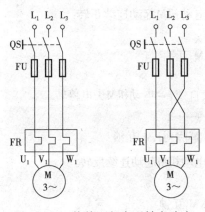

图 7-1-5　换接两相实现转向改变

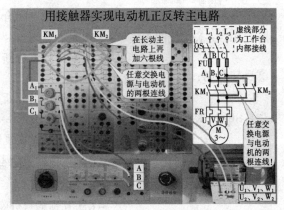

图 7-1-6　用接触器进行正反转控制（主电路接线）

（2）控制电路

正反转控制电路包含正转起–保–停和反转起–保–停电路，其中停止按钮和过载保护属公共部分。在正、反转起–保–停控制电路中必须考虑互锁。所谓互锁是指多个电路的相互关联，又称联锁，在电路中起着避免某种事件发生的保护作用。互锁方式有以下几种：

① 接触器互锁：将两个交流接触器 KM_1、KM_2 的辅助常闭（动断）触点分别串接在对方电磁线圈的控制电路中，形成相互制约的控制，如图 7-1-7（a）所示。

② 按钮互锁：将两个按钮 SB_2、SB_3 的常闭（动断）触点分别串接在对方吸引线圈的控制电路中，形成相互制约的控制，如图 7-1-7（b）所示。

③ 双重互锁（接触器+按钮互锁），如图 7-1-7（c）所示。

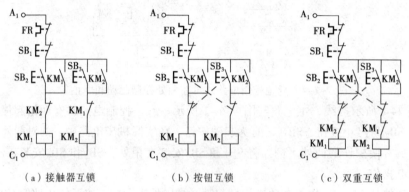

|（a）接触器互锁　　　　　　　（b）按钮互锁　　　　　　　（c）双重互锁|

图 7-1-7　正反转控制电路中的三种互锁方式

（3）各种互锁的性能比较

对于接触器互锁：①起动前若同时按下正转和反转按钮，电动机能起动，但转向不定（与两个按钮动作速度有关）；②运行中若要改变转向必须先按停止按钮，再按另一方向起动按钮。优点是运行可靠，缺点是操作不便。

对于按钮互锁：①起动前若同时按下正转和反转按钮，电动机不能起动；②运行中若要改变转向可以不按停止按钮，直接按另一方向起动按钮。优点是操作方便，缺点是运行不够可靠。

对于双重互锁：运行效果同按钮互锁。优点是即可靠又方便操作，缺点是接线较复杂。

（4）电路控制原理［见图 7-1-7（a）］

① 正转控制：

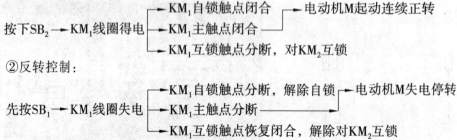

按下 SB_2 → KM_1 线圈得电 →
- KM_1 自锁触点闭合 → 电动机M起动连续正转
- KM_1 主触点闭合
- KM_1 互锁触点分断，对 KM_2 互锁

② 反转控制：

先按 SB_1 → KM_1 线圈失电 →
- KM_1 自锁触点分断，解除自锁 → 电动机M失电停转
- KM_1 主触点分断
- KM_1 互锁触点恢复闭合，解除对 KM_2 互锁

再按 SB_3 → KM_2 线圈得电 →
- KM_2 自锁触点闭合 → 电动机M起动连续反转
- KM_2 主触点闭合
- KM_2 互锁触点分断，对 KM_1 互锁

③ 停止，按下 SB_1→控制电路失电→KM_1（或 KM_2）主触点分断→电动机 M 失电停转。

知识拓展

时间控制

图 7-1-8 所示为星形–三角形降压起动电路，图 7-1-8（a）所示为电动机定子绕组作星形连接和三角形连接示意图。

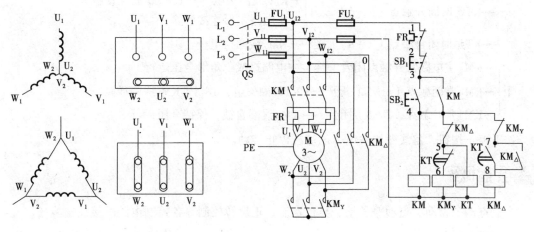

（a）电动机定子绕组星形连接和三角形连接示意图　　（b）主电路　　（c）控制电路

图 7-1-8　星形–三角形降压起动自动控制电路

（1）主电路

主电路如图 7-1-8（b）所示，共有三只交流接触器。一只接触器（KM）负责接入三相电源，另一只接触器（KM_Y）负责将定子绕组按星形连接；第三个接触器（$KM_\triangle$）负责将定子绕组按三角形连接。注意 KM_Y 和 $KM_\triangle$ 两个接触器不能同时闭合，否则电源相间会发生短路，由图 7-1-8（b）可知 U 相与 W 相电源将短路。

（2）控制电路

控制电路如图 7-1-8（c）所示，控制接通电源的接触器 KM 线圈通路的为基本的起–保–停电路；

起动时按下按钮 SB_2，KM_Y 线圈得电（电动机定子绕组接成星形），同时时间继电器线圈 KT 也得电；

经延时后 5～6 断开，7～8 闭合，切断 KM_Y 线圈通路；使 $KM_\triangle$ 线圈得电，电路由星形切换为三角形全压运行。

考虑到 KM_Y 与 $KM_\triangle$ 两线圈不能同时得电（防止主电路短路），故应予互锁（即在 KM_Y 线圈支路中串联 $KM_\triangle$ 常闭触点、在 $KM_\triangle$ 线圈支路中串联 KM_Y 常闭触点）。

在电路完成星形–三角形起动切换后，KT 线圈可不再得电（以延长使用寿命），故可利用互锁触点 $KM_\triangle$ 控制 KT，同时在 7～8 两端并联 $KM_\triangle$ 的自锁触点，以保持全压运行。

（3）电路工作原理

起动时，按下 SB₂ 按钮→①

① —— KM线圈得电 ┏━ KM常开触点（3～4）闭合自锁—— ②
　　　　　　　　　┗━ KM主电路常开触点闭合 —— 接通电源

② ┏━ KMᵧ线圈得电 ┏━ KMᵧ主电路常开触点闭合 —— 主电路接成星形降压起动
　 ┃　　　　　　　　┗━ KMᵧ常闭触点（4～7）断开 —— 封锁KM△线圈通路
　 ┗━ KT线圈得电 —— 延时 —— ③

③ ┏━ KT延时断开触点（5～6）断开 ┏━ KMᵧ线圈失电 —— KM△线圈互锁解除
　 ┃　　　　　　　　　　　　　　　 ┗━ 主电路星形连接解除
　 ┗━ KT延时闭合触点（7～8）闭合 —— KM△线圈得电 —— ④

④ ┏━ KM△主电路常开触点闭合 　　—— 主电路接成三角形全压运行
　 ┣━ KM△常闭触点（4～5）断开 —— KT线圈失电，并封锁KMᵧ线圈通路
　 ┗━ KM△常开触点（7～8）闭合 —— KM△线圈自锁，保持全压运行

按下停止按钮，各线圈均失电，电动机停止转动。

技能训练

完成点动、长动、点动兼长动、异地控制、正反转控制等各控制电路的接线实验。

任务 2　动力头控制线路安装与调试

任务导入

本任务通过在模拟训练台上安装电气控制电路，学习电气控制电路的读图、安装与调试方法。

学习目标

- 知道典型控制电路的设计思想。
- 知道复杂电路的读图方法。
- 会进行模拟安装控制电路。
- 会进行自检和调试控制电路。

任务情境

本任务建议在有网络资源的实训室进行，教学方式宜先播放多媒体教学视频，再进行讲解和训练。

相关知识

1. **典型控制电路的设计思想**

（1）工作台自动往返控制电路

观看与维修电工技能相关的视频（资源可从互联网上下载）。

上一任务已经介绍了电动机的正、反转控制，在实际工业现场中，工作台还需要自动往返控制。图 7-2-1 所示为某车间自动往返工作台现场图。

工作台在运行中的自动往返指令不再由人为操作，而是由安装在工作台两边的行程开关控制，当行程开关被工作撞铁撞击时动作（相当于按下了改变方向的控制按钮），电动机改变转向，从而带动工作台返回。工作撞铁和行程开关分别安装在工作台上和轨道上，如图 7-2-2 所示。

图 7-2-1　某车间自动往返工作台现场图

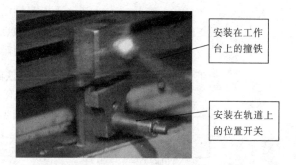

安装在工作台上的撞铁

安装在轨道上的位置开关

图 7-2-2　工作撞铁和行程开关

自动往返控制电路图如图 7-2-3 所示。

电路由四个行程开关实现工作台自动往返（其中两个作为终端极限保护）。

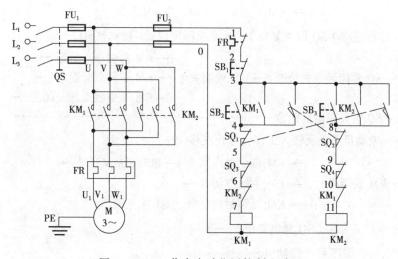

图 7-2-3　工作台自动往返控制电路图

① 电路设计思想。**基于长动控制、正反转控制这两种基本控制，利用行程开关及其联锁，实现自动往返。同时考虑短路保护、失压保护、过载保护、互锁保护等。**

工作台由三相笼型异步电动机 M 拖动，SB_2 控制 KM_1 线圈（电动机正转起动，使工作台向右移动），与 SB_2 并联的 KM_1 常开触点实现自锁（连续运行）。SB_3 控制 KM_2 线圈（电动机反转起动，使工作台向左移动），与 SB_3 并联的 KM_2 常开触点实现自锁（连续运行）。SB_1 为停止按钮。该电路具有按钮和接触器双重互锁保护，防止主电路发生相间短路。

设电动机正转，工作台向右移动，当接近右终点处，安装在工作台上的撞铁撞击导轨上的

行程开关 SQ_1 时，行程开关动作，电路图上 4～5 分断，3～8 闭合，KM_1 线圈失电，其串联在 KM_2 线圈通路的互锁触点失效，KM_2 线圈得电，电动机反转，工作台向左移动；当工作台接近左终点处，安装在工作台上的撞铁撞击导轨上的行程开关 SQ_2 时，行程开关动作，电路图上 8～9 分断，3～4 闭合，KM_2 线圈失电，其串联在 KM_1 线圈通路的互锁触点失效，KM_1 线圈得电，电动机正转，工作台向右移动……，如此实现工作台自动往返运动。当按下停止按钮 SB_1，KM_1、KM_2 线圈均失电，电动机停转。

② 工作原理如下：

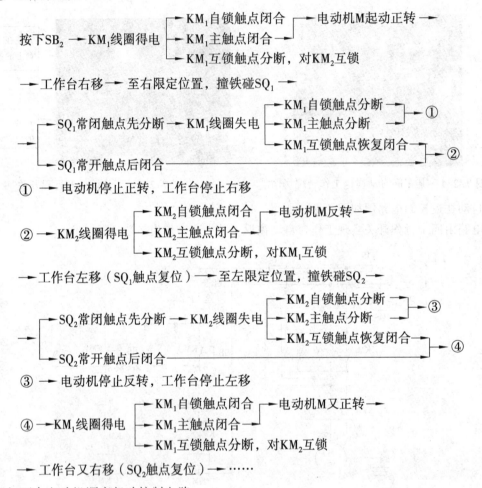

（2）两台电动机顺序起动控制电路

实例：车床在主轴电动机进行切削加工时，应配有冷却泵电动机，且要求在主轴电动机起动后，方可起动冷却泵。而主轴电动机停止时，冷却泵亦停止。即有顺序控制要求。此外，这两台电动机均作连续运转，故均要有过载、短路、失压保护。

① 电路设计思想。**基于起–保–停控制电路，利用控制主轴电动机的 KM_1 自锁触点来控制水泵电动机的起停。**

主轴和水泵电动机顺序控制电路如图 7-2-4 所示。主轴电动机 M_1、水泵电动机 M_2 均为三相笼型异步电动机。主轴电动机由 KM_1 控制，水泵电动机由 KM_2 控制，FR_1、FR_2 分别是它们的过载保护。

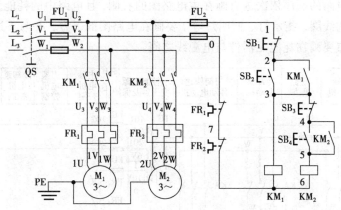

图 7-2-4　两台电动机顺序控制电路

② 工作原理如下：

按下SB₂ → KM₁线圈得电 ┬ KM₁主触点闭合 ────→ 主轴电动机M₁起动并连续运行
　　　　　　　　　　　└ KM₁自锁触点闭合 ──┐
　　　　　　　　　　　　　　　　　　　　　　└─→ 为水泵电动机M₂起动作好准备

按下SB₄ → KM₂线圈得电 ┬ KM₂自锁触点闭合 ──→ 水泵电动机M₂起动
　　　　　　　　　　　└ KM₂主触点闭合 ──┘

若工件加工时间短，可不需要水泵冷却，按下水泵电动机的停止按钮 SB₃ 即可。若按下主轴停止按钮 SB₁，则主轴和水泵均停机，确保主轴承不工作时，水泵电动机也停止工作。

2. 电气原理图的读图原则

电路图（又称电气原理图）是按照电气设备和电器的工作顺序，详细表示电路、设备或成套装置的全部基本组成和连接关系，而不考虑其实际位置的一种简图。

电路图能充分表达电气设备和电器的用途、作用和工作原理，是电气线路安装、调试和维修的理论依据。

为了设计、分析、阅读方便，在绘制电气控制电路时，均要求使用国家统一规定的电气图形符号和文字符号。国家标准局参照国际电工委员会（IEC）颁布的有关文件。

① 电路图一般分电源电路、主电路和辅助电路三部分。以 CA6140 车床电气原理图为例，如图 7-2-5 所示。

绘制、识读电路图应遵循以下原则：

- 电源电路画成水平线，三相交流电源相序 L₁、L₂、L₃ 自上而下依次画出，中性线 N 和保护线 PE 依次画在相线之下。直流电源的"+"端画在上边，"−"端画在下边。电源开关要水平画出。
- 主电路是指受电的动力装置及控制、保护电器的支路等，由主熔断器、接触器主触点、热继电器热元件以及电动机等组成。主电路通过的电流是电动机的工作电流，电流较大。主电路图要画在电路图的左侧，并垂直于电源电路。
- 辅助电路一般包括控制主电路工作状态的控制电路、显示主电路工作状态的指示电路和提供机床设备局部照明的照明电路等，它是由主令电器的触点、接触器线圈及辅助触点、继电器线圈及触点、指示灯和照明灯等组成。辅助电路通过的电流较小，一般不超过5A。画辅助电路时，辅助电路要跨接在两相电源线之间，一般按照控制电路、指示电

路和照明电路的顺序依次垂直画在主电路图的右侧，且电路中的耗能元器件（如接触器和继电器的线圈、指示灯、照明灯等）要画在电路图的下方，并与下边电源线相连；而电器的触点要画在耗能元器件与电源线之间。

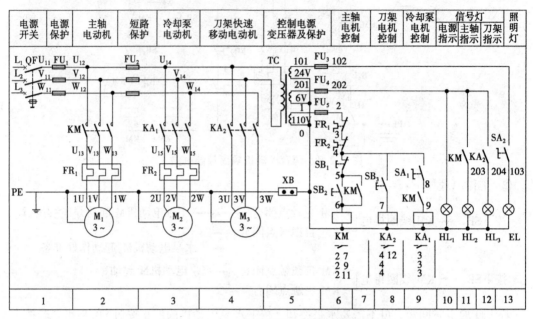

图 7-2-5　CA6140 车床电气控制原理图

② 在电路图上，主电路、控制回路、照明回路和信号电路应按功能分开绘制（在用途栏中标明电路各部分功能及名称）。为了看图方便，一般应自左至右或自上至下表示操作顺序。

③ 在电路图中，不画各电气元器件实际的外形图，而采用国家统一规定的电气图形符号和文字符号画图，详见附录 A。

④ 在电路图中，同一电气元器件的不同部分（如接触器的线圈和触点）不按它们的实际位置画出，而是按其在电路中所起的作用分别画在不同的电路中，但它们的动作却是相互关联的，必须标注相同的文字符号。若图中相同的电器较多时，需要在电器文字符号后面加注不同的数字，以示区别，如 KM_1、KM_2 等。

⑤ 对于较复杂的电路，为了读图方便，应将电路图划分为若干图区；在线圈下方，将线圈对应在各图区的触点用符号及数字标注。例如，图 7-2-5 所示的电路图中，在 KM 线圈下方画有一常开触点符号，并标有三个"2"和数字"7"、"9"、"11"，表示在 2 区有三个 KM 的常开触点。在 7 区和 9 区、11 区各有一个对应的常开触点。

⑥ 所有电器的图形符号均按电路未得电或电器未受外力作用时的常态位置画出。

⑦ 画电路图时，应尽可能减少线条和避免线条交叉，对有直接电联系的交叉导线连接点，要用小黑圆点表示；无直接联系的则不画小黑点。

⑧ 电路图采用电路编号法，即对电路中各个接点用字母或数字编号。

● 主电路在电源开关的出线端按相序依次编号为 U_{11}、V_{11}、W_{11}。然后按从上至下、从左至右的顺序，每经过一个电气元器件后，编号要递增，如 U_{12}、V_{12}、W_{12}；U_{13}、V_{13}、W_{13}。单台三相交流电动机（或设备）的三根引出线按相序依次编号为 U、V、W。对于多台电动机引出线的编号,为了不引起误解和混淆,可在字母前用不同的数字加以区别,如 1U、1V、1W;2U、2V、2W……

- 辅助电路编号按"等电位"原则从上至下、从左至右的顺序用数字依次编号,每经过一个电气元器件后,编号要依次递增。控制电路编号的起始数字必须是 1,其他辅助电路的起始数字依次递增 100,如照明电路编号从 101 开始,指示电路编号从 201 开始等。

知识拓展

绘制接线图

维修电工根据电路原理图安装接线前,还应绘制安装接线图。

接线图用来表示电气设备和电气元器件的位置、配线方式和接线方式,而不明显表示电气动作原理。主要用于安装接线、线路的检查维修和故障处理。

绘制安装接线图应遵循以下原则:

① 同一电器的各部件画在一起,其布置尽可能符合电器实际情况,使用与电路图相同的图形符号画在一起,并用点画线框上,其文字符号以及接线端子的编号应与电路图中的标注一致,以便对照检查接线;

② 不在同控制箱和配电盘上的各电气元器件的连接,必须经过接线端子排进行。图中的电气互联关系用线束表示。连接导线应注明导线规格(数量、截面积),一般不绘出实际走线途径,施工时由操作者根据实际情况选择最佳走线方式;

③ 对于控制装置的外部连接线应在图上或用接线表示清楚,并注明电源的引入点;

④ 主电路导线的截面根据电动机容量选配。控制电路导线一般采用截面为 $1mm^2$ 的硬铜芯线(BV);按钮线一般采用截面不小于 $0.75\ mm^2$ 的软铜芯线(BVR);接地线及电动机电源引出线一般采用截面不小于 $1.5\ mm^2$ 的软铜芯线,其中接地线为黄绿双色线。

图 7-2-6(a)、(b)所示分别为电动机长动控制电路的原理图和接线图。

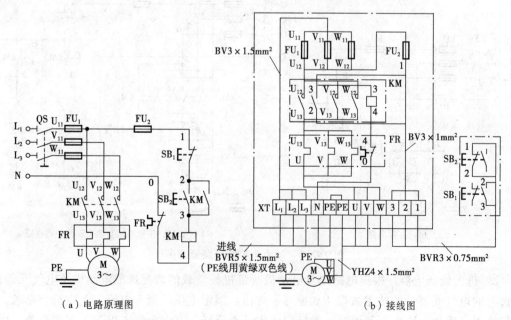

(a)电路原理图　　　　　　　　　　　　(b)接线图

图 7-2-6　电动机长动控制原理图、接线图

🦌 技能训练

1. 动力控制电路的安装

本任务通过在 630mm×700mm 的网板上模拟安装动力头的控制柜和按钮。最终效果分别如图 7-2-7（a）、（b）所示。

（a）可以长动控制的电路安装 　　　　　　（b）能够正反转长动控制的电路安装

图 7-2-7　动力头控制柜电气安装效果图

（1）安装前准备

① 识读电路原理图。图 7-2-8（a）所示电路为接触器自锁控制电动机可连续运转的起-保-停电路原理图，图 7-2-8（b）所示为接触器、按钮双重互锁正反转长动控制电路原理图。

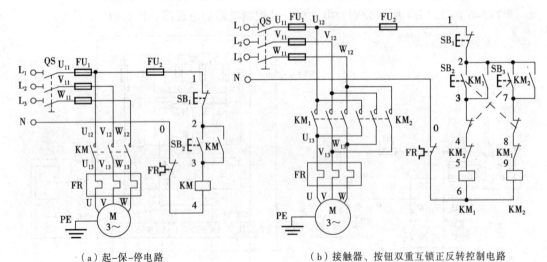

（a）起-保-停电路　　　　　　　　　　　（b）接触器、按钮双重互锁正反转控制电路

图 7-2-8　动力头控制电路原理图

② 选配低压电器。根据电路图及电动机所带机械负载的情况选配电动机及电气元器件，所选配的电气元器件的技术数据（如型号、规格、额定电压、额定电流等）应符合要求，并进行检查，例如，检查元器件的电磁机构动作是否灵活，有无衔铁卡阻等不正常现象。用万

用表检查电磁线圈的通断情况以及各触头的分合情况；接触器线圈的额定电压与电源电压是否一致；对电动机的质量进行常规检查等。

表 7-2-1 列出了图 7-2-8（a）所示电路所用低压电器及附件等元器件材料单。

表 7-2-1 安装起-保-停电路所用材料清单

代号	名　　称	型号与规格	数量	作　　　用
M	三相异步电动机	Y112M-4 4kW 三角形连接，380V，8.8A,1440r/min	1	带动机械负载
QS	组合开关	HZ10-10/3，10 A	1	电源开关
FU$_1$	螺旋熔断器	RL1-15，配熔芯，10A	3	主回路短路保护
FU$_2$	螺旋熔断器	RL1-15，配熔芯，2A	1	控制回路短路保护
SB	按钮	LA4-3H	1	起、停控制
KM	交流接触器	CJX2-09 线圈电压220V，9A	1	控制电动机接通电源
FR	热继电器	JR16-20/3 整定电流1.5A	1	过载保护
XT	接线端子板	TD15-10	2	进出线连接
BV	铜芯聚氯乙烯绝缘电线	1.5mm^2，1mm^2		主电路用线，控制电路用线
BVR	铜芯聚氯乙烯绝缘软电线	0.75 mm^2，1.5 mm^2		按钮接线，电源及电动机引线

图 7-2-8（b）所示电路所用低压电器及附件等元器件材料单请填入项目七任务完成情况考核表 7-1。

③ 准备工具仪表。动力头控制电路安装及调试需用：630mm×700mm 的网板一块、螺钉旋具、钢丝钳、尖嘴钳、断线钳、剥线钳、万用表、兆欧表等工具仪表。

（2）安装步骤

① 合理布置并安装元器件（电动机除外），并贴上醒目的文字符号。实际对电气元器件的布置应注意以下几方面：

- 体积大和较重的电气元器件应安装在电器安装板的下方,而熔断器等发热元器件应安装在电器安装板的上面。
- 强电、弱电应分开，且弱电应屏蔽，防止外界干扰。
- 需要经常维护、检修、调整的电气元器件安装位置不宜过高或过低。
- 电气元器件的布置应考虑整齐、美观、对称。外形尺寸与结构类似的电器安装在一起，以利于安装和配线。
- 电气元器件布置不宜过密，应留有一定间距。如用走线槽，应加大各排电器间距，以利于布线和维修。

② 按接线图布线，同时将剥去绝缘层的两端线头套上标有与电路图一致编号的编码套管。

③ 安装电动机。

④ 连接电动机和所有电气元器件金属外壳的保护接地线。

⑤ 连接电源、电动机等控制板外部的导线。

2. 安装工艺要求

（1）元器件的安装工艺要求如下：

① 熔断器的受电端子应安装在控制板的外侧，并使熔断器的受电端为底座的中心端（即螺旋式熔断器"低进高出"）。

② 各元器件的安装位置应整齐、匀称，间距合理，便于元器件的更换。

③ 紧固各元器件时要用力均匀，紧固程度适当。在紧固熔断器、接触器等易碎裂元器件时，应用手按住元器件一边轻轻摇动，一边用旋具轮换旋紧对角线上的螺钉，直到手摇不动后再适当旋紧一些即可。

④ 明线布线的工艺要求（见图 7-2-9）如下：

（2）明线布线的工艺要求如图 7-2-9 所示。具体如下：

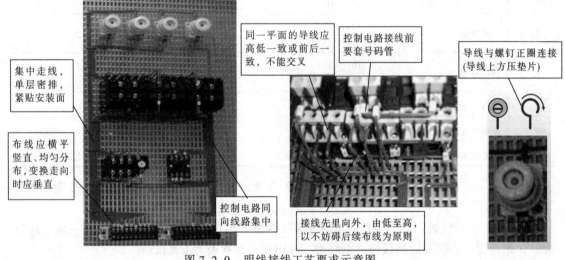

图 7-2-9　明线接线工艺要求示意图

① 布线通道尽可能少，同路并行导线按主、控电路分类集中，单层密排，紧贴安装面布线。

② 同一平面的导线应高低一致或前后一致，不能交叉。

③ 布线应横平竖直、均匀分布，变换走向时应垂直。

④ 布线时，严禁损伤线芯和导线绝缘。

⑤ 布线顺序一般以接触器为中心，由里向外，由低至高，先控制电路、后主电路，以不妨碍后续布线为原则。

⑥ 在每根剥去绝缘层导线的两端套上编码套管。两个接线端子之间的导线必须连续，中间无接头。

⑦ 接线时不得压绝缘层（以免接触不良）。

⑧ 露铜不应超过 3mm。

⑨ 不得反圈（连接熔断器的导线，应先用尖嘴钳做成羊眼圈，顺时针绕向，压在垫片下）。

⑩ 接点不得松动（若压接在接触器、热继电器等触点下的导线，不够牢固，可将剥出的

露铜双折，以加强接触面积）；每个电气元器件的接线端上的连接导线不得超过两根。

（3）其他注意事项如下：

① 热继电器的整定电流应按电动机的额定电流自行调整。

② 在一般情况下，热继电器应置于手动复位的位置上。若需要自动复位时，可将复位调节螺钉沿顺时针方向向里旋足。

③ 热继电器因电动机过载动作后，若需要再次起动电动机，必须待热元器件冷却后，才能使继电器复位。一般自动复位时间不大于 5min；手动复位时间不大于 2min。

3. 自检与调试

（1）自检

动力头电路安装自检步骤如表 7-2-2 所列。

表 7-2-2　动力头电路安装自检步骤

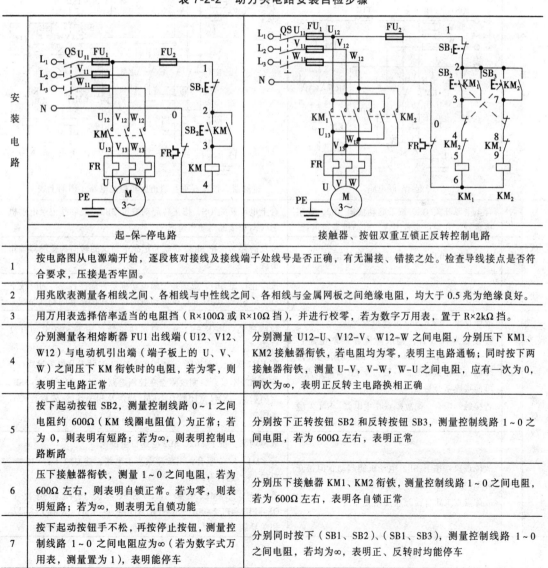

安装电路	起-保-停电路	接触器、按钮双重互锁正反转控制电路
1	按电路图从电源端开始，逐段核对接线及接线端子处线号是否正确，有无漏接、错接之处。检查导线接点是否符合要求，压接是否牢固	
2	用兆欧表测量各相线之间、各相线与中性线之间、各相线与金属网板之间绝缘电阻，均大于 0.5 兆为绝缘良好	
3	用万用表选择倍率适当的电阻挡（R×100Ω 或 R×10Ω 挡），并进行校零，若为数字万用表，置于 R×2kΩ 挡	
4	分别测量各相熔断器 FU1 出线端（U12、V12、W12）与电动机引出端（端子板上的 U、V、W）之间压下 KM 衔铁时的电阻，若为零，则表明主电路正常	分别测量 U12-U、V12-V、W12-W 之间电阻，分别按下 KM1、KM2 接触器衔铁，若电阻均为零，表明主电路通畅；同时按下两接触器衔铁，测量 U-V、V-W、W-U 之间电阻，应一次为 0，两次为∞，表明正反转主电路换相正确
5	按下起动按钮 SB2，测量控制线路 0~1 之间电阻约 600Ω（KM 线圈电阻值）为正常；若为 0，则表明有短路；若为∞，则表明控制电路断路	分别按下正转按钮 SB2 和反转按钮 SB3，测量控制线路 1~0 之间电阻，若为 600Ω 左右，表明正常
6	压下接触器衔铁，测量 1~0 之间电阻，若为 600Ω 左右，则表明自锁正常。若为零，则表明短路；若为∞，则表明无自锁功能	分别压下接触器 KM1、KM2 衔铁，测量控制线路 1~0 之间电阻，若为 600Ω 左右，表明各自锁正常
7	按下起动按钮手不松，再按停止按钮，测量控制线路 1~0 之间电阻应为∞（若为数字式万用表，测量置为 1），表明能停车	分别同时按下（SB1、SB2）、（SB1、SB3），测量控制线路 1~0 之间电阻，若均为∞，表明正、反转时均能停车

（2）交验

自检人将安装电路板交各团队选出的项目技术组长验收（项目技术组长的安装电路板由教师负责验收）。

（3）通电试车

① 通电试车前，必须征得教师同意，并由教师接通三相电源，同时在现场监护；

② 出现故障后，学生应独立进行检修，若需要带电进行检查时，教师必须在现场监护；

③ 通电试车完毕，停转，切断电源。先拆除三相电源线，再拆除电动机线；

④ 通电试车步骤及常见故障见表 7-2-3 所列：

表 7-2-3　安装电路通电试车步骤及常见故障

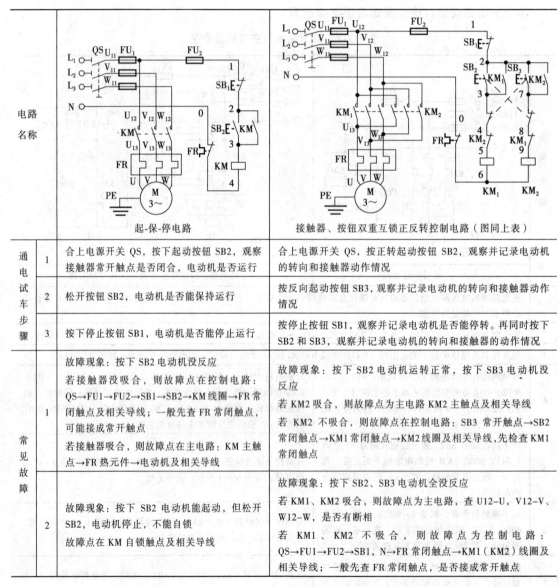

		起-保-停电路	接触器、按钮双重互锁正反转控制电路（图同上表）
电路名称			
通电试车步骤	1	合上电源开关 QS，按下起动按钮 SB2，观察接触器常开触点是否闭合，电动机是否运行	合上电源开关 QS，按正转起动按钮 SB2，观察并记录电动机的转向和接触器动作情况
	2	松开按钮 SB2，电动机是否能保持运行	按反向起动按钮 SB3，观察并记录电动机的转向和接触器动作情况
	3	按下停止按钮 SB1，电动机是否能停止运行	按停止按钮 SB1，观察并记录电动机是否能停转。再同时按下 SB2 和 SB3，观察并记录电动机的转向和接触器的动作情况
常见故障	1	故障现象：按下 SB2 电动机没反应 若接触器没吸合，则故障点在控制电路：QS→FU1→FU2→SB1→SB2→KM 线圈→FR 常闭触点及相关导线；一般先查 FR 常闭触点，可能接成常开触点 若接触器吸合，则故障点在主电路：KM 主触点→FR 热元件→电动机及相关导线	故障现象：按下 SB2 电动机运转正常，按下 SB3 电动机没反应 若 KM2 吸合，则故障点为主电路 KM2 主触点及相关导线 若 KM2 不吸合，则故障点在控制电路：SB3 常开触点→SB2 常闭触点→KM1 常闭触点→KM2 线圈及相关导线，先检查 KM1 常闭触点
	2	故障现象：按下 SB2 电动机能起动，但松开 SB2，电动机停止，不能自锁 故障点在 KM 自锁触点及相关导线	故障现象：按下 SB2、SB3 电动机全没反应 若 KM1、KM2 吸合，则故障点为主电路，查 U12-U，V12-V，W12-W，是否有断相 若 KM1、KM2 不吸合，则故障点为控制电路：QS→FU1→FU2→SB1，N→FR 常闭触点→KM1（KM2）线圈及相关导线；一般先查 FR 常闭触点，是否接成常开触点

　　本项目通过在实验台上搭接交流异步电动机的基本控制线路,使读者对电动机的几种基本运行状态具有感性认识,并理解三相异步电动机的基本控制原则及相关的保护措施;再通过典型电路的设计和实际安装动力头控制电路,让读者学习电路原理图的识读、布线图的绘制以及低压电器控制线路的安装工艺和调试方法。

　　1. 对电动机的控制实质是对交流接触器的控制。

　　2. 照明电路可用自锁紧的开关来控制,而电动机的控制则需要用手松复位的按钮与接触器自锁的方式来进行长动控制,这是因为对电动机的控制必须要进行失压保护。

　　3. 长动控制需要有短路保护、过载保护和失压保护,分别由熔断器、热继电器及接触器自锁实现。

　　4. 实现对一台电动机的转向控制需要用两只交流接触器。交换两根连接电源的相线,即可改变转向。

　　5. 正反转电路要解决的问题是防止因两个接触器线圈同时得电,而造成电源短路。因此必须采用互锁(即在各自线圈通路中串入对方接触器的常闭触点或对方起动按钮的常闭触点)。

　　6. 正反转互锁方式有:电气互锁(即接触器互锁)、机械互锁(即按钮互锁)、双重互锁。电气互锁改变转向时必须先停止,而具有机械互锁的正反转可以直接切换,这有利于自动往返控制的实现。

　　7. 生产机械电气控制线路常用电路图、布置图和接线图来表示。

　　8. 电路图是根据生产机械运动形式对电气控制系统的要求,采用国家统一规定的电气图形符号和文字符号,按照电气设备和电器的工作顺序,详细表示电路、设备或成套装置的全部基本组成和连接关系,而不考虑其实际位置的一种简图。电路图能充分表达电气设备和电器的用途、作用和工作原理,是电气线路安装、调试和维修的理论依据。较复杂的电路图应采用电路编号法,即对电路中各个接点用字母或数字编号。

　　9. 布置图是根据电气元器件在控制板上的实际安装位置,采用简化的外形符号(如正方形、矩形、圆形等)而绘制的一种简图。它不表达各电器的具体结构、作用、接线情况以及工作原理,主要用于电气元器件的布置和安装,图中各电器的文字符号必须与电路图的标注相一致。

　　10. 接线图是根据电气设备和电气元器件的实际位置和安装情况绘制的,只用来表示电气设备和电气元器件的位置、配线方式和接线方式,而不明显表示电气动作原理。主要用于安装接线、线路的检查维修和故障处理。

　　11. 电气线路安装调试过程:识读电路图→配置并检验电气元器件→选用工具→绘制布置图和接线图→安装元器件→接线套号码管→安装电动机→连接保护接地线→连接电源、电动机等控制板外部的导线→自检→交验→通电试车。

电气图形符号及文字符号

本书所用的开关、控制和保护装置的图形符号见国家标准 GB/T 4728.7—2008；电能的发生与转换的图形符号见 GB/T 4728.6—2008；模拟单元图形符号见 GB/T 4728.13—2008。

常用电器及仪表图形及文字符号

分类	名称	图形符号	文字符号	分类	名称	图形符号	文字符号	分类	名称	图形符号	文字符号
电源	直流		DC	开关	一般开关		SA 或 QS	交流接触器	电磁线圈		KM
	交流		AC		手动操作一般开关				动合（常开）主触点		
	电压源		Us		旋转操作开关				动合（常开）触点		
	电流源		Is		隔离开关负荷隔离开关				动断（常闭）触点		
电阻器	电位器可变电阻		RP	断路器	带自由脱扣机构		QF	时间继电器	通电延时型线圈		KT
	固定电阻		R 或 RA		带自动释放功能				断电延时型线圈		
电容器	普通电容		C 或 CA		带热和电磁效应功能				电子继电器线圈		
	极性电容电解电容			按钮开关	常开按钮		SB		延时闭合常开触点		

分类	名称	图形符号	文字符号	分类	名称	图形符号	文字符号	分类	名称	图形符号	文字符号
	可调电容				常闭按钮				延时断开常闭触点		
	电感器线圈、绕组		L		复合按钮				延时断开常开触点		
	带铁心线圈			行程开关	动合（常开）触点		SQ		延时闭合常闭触点		
	二极管		VD		动断（常闭）触点				速度继电器常开触点		KS
	接地				熔断器		FU				
	接机壳				指示灯		HL	热继电器	热元件（驱动器）		FR
	保护接地				照明灯		EL		常闭触点		
	电流表	A	PA		有热元件的气体放电管荧光灯启动器				电磁铁线圈		YA
	电压表	V	PV		单相变压器		T		中间继电器		KA
	功率表	W	PW		控制变压器		TC	其他电磁继电器线圈（触点图形与交流接触器同）	过电流继电器	I>	KA
	电能表	Wh	PJ		三相自耦变压器		T		欠电流继电器	I<	KA
	机械能电池		GA		单相笼型电动机（有绕组分相引出端）	M∼			过电压继电器	U>	KV
	化学能电池		GB		三相笼型异步电动机	M 3∼	M		欠电压继电器	U<	KV
	太阳能电池		GC		三相绕线型异步电动机	M 3∼			零压继电器	U=0	KV

附录 A 电气图形符号及文字符号

名　称	波　形	谐波分量表达式
矩形波		$i = \dfrac{4A}{\pi}\left(\sin\omega t + \dfrac{1}{3}\sin 3\omega t + \dfrac{1}{5}\sin 5\omega t + \cdots\right)$
三角波		$i = \dfrac{8A}{\pi^2}\left(\sin\omega t - \dfrac{1}{9}\sin 3\omega t + \dfrac{1}{25}\sin 5\omega t - \cdots\right)$
锯齿波		$i = A\left[\dfrac{1}{2} - \dfrac{1}{\pi}\left(\sin\omega t + \dfrac{1}{2}\sin 2\omega t + \dfrac{1}{3}\sin 3\omega t + \cdots\right)\right]$
正弦整流全波		$i = \dfrac{4A}{\pi}\left(\dfrac{1}{2} - \dfrac{1}{3}\cos 2\omega t - \dfrac{1}{15}\cos 4\omega t - \cdots\right)$
正弦整流半波		$i = \dfrac{A}{\pi}\left(1 + \dfrac{\pi}{2}\sin\omega t - \dfrac{2}{3}\cos 2\omega t - \dfrac{2}{15}\cos 4\omega t - \cdots\right)$
方形脉冲		$i = \dfrac{\tau A}{T} + \dfrac{2A}{\pi}\left(\sin\dfrac{\pi}{T}\omega t\cos\omega t + \dfrac{1}{2}\sin\dfrac{2\pi}{T}\cos 2\omega t + \dfrac{1}{3}\sin\dfrac{3\pi}{T}\cos 3\omega t + \cdots\right)$
梯形波		$i = \dfrac{2A}{\pi}\left(\sin\alpha\sin\omega t + \dfrac{1}{9}\sin 3\alpha\sin 3\omega t + \dfrac{1}{25}\sin 5\alpha\sin 5\omega t + \cdots\right)$

项 目 考 核

一、为全面考核学生的学习情况，本课程建议主要以过程考核为主，各项目成绩比例如附表1。

附表 1　各项目成绩比例

项目序号	项 目 名 称	成绩比例(%)
1	安全用电与触电急救	10
2	直流电路安装与调试	15
3	照明电路的安装与测量	15
4	三相电路的安装与测量	15
5	常用低压电器的认识与选用	15
6	交流异步电动机的认识与选用	15
7	动力头控制线路安装与调试	15
合计		100

二、项目考核包括以下三个方面：

1. 任务完成情况（即实践考核，占 40%），考核文档见本书书末，裁剪下存档。

2. 应知考核（即理论考核，占 35%），考核文档见《电工技术习题指导》书末，裁剪下存档。

3. 公共考核（含综合素质考核，占 25%），安排在课程结束时由各团队自选展示。

三、考核标准：

1. 任务完成情况（即实践部分）考核可采用分项目考核，也可根据教学情况将分项目考核方式改为实验项目综合考核（对所学过的实验项目抽签考核），以考查学生实际掌握的情况。附表 2 列出了按分项目考核的标准。

附表 2　任务完成情况（即实践部分）考核标准

完成任务人数	建议评价方式	评价依据	及格（60~74分）	良好（75~89分）	优秀（90~100分）
独立完成	师评	安全、文明工作，具有良好的职业操守，学习态度、所提交的报告等	没出现违纪违规现象，报告填写完整、内容正确	符合合格条件，并在训练中态度认真	符合良好条件，并在训练中提出创新性、建设性的问题和建议
合作完成	自评+互评	安全、文明工作，具有良好的职业操守，学习态度、所提交的报告以及合作情况等	没出现违纪违规现象，对控制要求分析合理、结果正确，电路设计美观、功能完善	符合合格条件，并在训练中态度认真、在合作中起主要作用	符合良好条件，并在训练中能不断改进，达到最优化

出现下列情形之一者不得分：无故缺课者；在训练中严重违反操作规程或有损坏仪器设备者；弄虚作假或报告有抄袭行为者。

2. 应知考核（即理论部分）的考核采用教考分离方式，考题一般由题库中抽取，学生个人将所抽试题贴至试卷；教师也可根据教学情况将分项目考核方式改为综合考核，以考查学生灵活运用情况；凡违反学校考试纪律者不得分。

3. 公共考核（即综合素质部分）考核标准见附表3。

附表3　公共考核（即综合素质部分）考核标准

项目公共 考核点	建议考 核方式	评　价　标　准		
		优秀（90～100）	良好（75～89）	及格（60～74）
学习态度 （20%）	师评	学习积极性高，虚心好学	学习积极性较高	没有厌学现象
团队合作精神 （20%）	互评	具有良好的团队合作精神，并热心帮助同学	具有较好的团队合作精神，能帮助小组其他成员	能配合小组完成项目任务
交流及表达 能力（10%）	互评+师评	能用专业语言（或双语）正确流利地展示项目成果	能用专业语言正确流利地阐述项目	能用专业语言基本正确地阐述项目，无重大失误
组织协调（10%）	互评+师评	能根据工作任务，对资源进行合理分配，同时正确控制、激励和协调小组活动过程	能根据工作任务，对资源进行较合理分配，同时较正确控制、激励和协调小组活动过程	能根据工作任务，对资源进行分配，同时控制、激励和协调小组活动过程，无重大失误
信息处理能力 （10%）	互评+师评	能充分利用各种方式获取信息、并对所采集的信息进行分析、比较，对本项目实施有效的营销策略	能利用现代信息技术获取信息、并对所采集的信息进行选择，有较强的营销意识	能获取信息，有一定的营销意识
多媒体技术应用 （10%）	互评+师评	能充分利用多媒体技术展示产品，图文并茂，有很强的视觉艺术，产品宣传效果好	会借助多媒体技术展示产品，帮助顾客了解产品，有较好的视觉效果	会简单运用多媒体技术，对本产品的展示有一定的作用
问题思考（10%）	师评	对教师提出的相关问题对答如流，并有创新见解	对教师提出的相关问题基本回答正确，条理性较强	对教师提出的相关问题经提示后能作出正确概述
教学活动（10%）	互评+师评	积极协助教师帮助辅导后进学生，被同学公认"小教师"；或为本课教学管理、教学活动做出贡献	能主动协助教师为本课教学做出努力	能配合教师和班级做好相关工作

注：学时少的班级，公共考核中部分项点可选在课程结束时由各团队自选项目进行综合汇报时进行。

任务完成情况考核成绩汇总

（封面）

班　　级	
姓　　名	
学　　号	
指导教师	
项目一成绩	
项目二成绩	
项目三成绩	
项目四成绩	
项目五成绩	
项目六成绩	
项目七成绩	
实验项目综合考核	

项目考核

项目一任务完成情况考核

一、测量数据

表 1–1　用万用表测量普通电阻 510Ω 和 1KΩ（也可任选）的实际电阻值

指针式万用表	510Ω	1K	数字式万用表	510Ω	1K
×100Ω 挡测量			2kΩ		
×1KΩ 挡测量			20kΩ		

表 1–2　用万用表测量电容器的绝缘电阻值（单位：Ω）

电容器容量	测量静态阻值	用指针式万用表比较充电快、慢（注意先用导线短接放电）	
		用同一电阻挡测量不同电容器	用不同电阻挡测量同一电容器
470μF			
10μF			

表 1–3　用万用表测量电感线圈的电阻值（单位：Ω）

日光灯镇流器阻值	高压绕组阻值	低压绕组阻值

表 1-4　用万用表测量二极管的正、反向静态电阻值（单位：Ω）

二极管		用×100Ω 挡测量	用×1K 挡测量
指针式万用表	正向电阻（黑表棒接阳极）		
	反向电阻（红表棒接阳极）		

注：用数字式万用表测正向电阻时红表棒接阳极，且可用专用挡测量

表 1–5　用兆欧表测电动机绝缘电阻（单位：MΩ）

线芯与绝缘层之间电阻	线与线之间电阻	线与机壳之间电阻

二、问题思考

1. 用指针式万用表和数字式万用表测量电阻有何不同？请说出各自的操作步骤。

2. 用万用表和兆欧表测量电阻有何不同？请说明各自的操作步骤。

3. 稳态时，电容器的电阻和电感线圈的电阻大小相比如何？在直流电路中，电感、电容各相当于什么？

三、触电急救与灭火

表 1-6 触电急救与灭火器材单

序　号	代　号	物 品 名 称	规　格	数　量	备　注

四、评分表

评分项目	评 分 标 准	自评	小组评	教师评	得分
触电急救 （25分）	采取方法正确（脱离电源、现场急救），10分				
	口对口人工呼吸法急救动作正确，5分				
	胸外心脏挤压力度和操作频率合适，5分				
	团结协作，5分				
电气消防 （25分）	采取方法及选用器材正确，10分				
	会使用灭火器，10分				
	团结协作，5分				
仪表使用 （30分）	能正确使用万用表测量电阻，10分				
	能正确使用万用表测量交、直流电压，10分				
	能正确使用兆欧表测量绝缘电阻，10分				
问题思考 （10分）	问题思考回答正确，10分				
文明安全 （10分）	遵守安全文明生产规程，10分				
考核日期		考核人签名			

班级_____ 姓名_____ 学号_____

日期_____ 成绩_____ 教师_____

项目二任务完成情况考核

一、测量数据

表 2-1 万用表测量电压、电位（单位：V）

参考点	V_A	V_B	V_C	V_D	U_{AB}	U_{BC}	U_{CD}	U_{DA}	U_{AC}
A									
C									

计算回路 A–B–C–D–A 的电压降代数和：$U_{AB}+U_{BC}+U_{CD}+U_{DA}=$　　　　　$U_{CD}+U_{DA}+U_{AC}=$

表 2-2 测量电流（单位：A）

I_1 支路		I_2 支路		I 支路		计算流入 A 节点电流代数和
U_{BA}	I_1	U_{DA}	I_2	U_{CA}	I	
						$I_1+I_2+I=$

表 2-3 测量值（单位：电流/A，电压/V）

被测量	I_1'	I_2'	I'	U_{CA}'	I_1''	I_2''	I''	U_{CA}''
测量值								
计算	$I_1'+I_1''=$ $I_2'+I_2''=$ $I'+I''=$ $U_{CA}'+U_{CA}''=$							

二、问题思考

1. 使用万用表测量电压应注意什么？

2. 根据所测数据，分析电压与电位的联系与区别。

3. 根据表 2-1 的计算结果，能得到什么结论？

4. 使用电流表测量电流应注意什么？如何判断电路的电流实际方向？

5. 根据表 2-2 的计算结果，能得到什么结论？

6. 根据表 2-3 的计算结果，能得到什么结论？（与表 2-2 比较）

三、万用表安装

表 2-4　安装计划

步　骤	内　　　　容	计划时间	实际时间	完成情况
	清点材料			
	检测与识别元器件			
	清除元器件表面的氧化层			
	元器件引脚的弯制成形			
	焊接练习			
	元器件插放			
	元器件的焊接			
	电位器的安装			
	分流器的安装			
	输入插管的安装			
	晶体管插座的安装			
	电池极板的焊接			
	机械部分的安装与调整			
	调试与故障排除			

项目考核

表 2-5　材料工具清单

序号	代号	物 品 名 称	规　格	数量	备　注

四、评分表

评分项目	评 分 标 准	自评	小组评	教师评	得分
电路安装与测量（40分）	能正确使用万用表调测直流稳压电源电压，10分				
	会按图接线，10分				
	能正确测量电位、电压，10分				
	能正确使用直流电流表测量直流电流，会选择合适的量程，知道如何确定电流的极性，10分				
万用表组装与调试（40分）	无错装、漏装，器件保管得当，无丢失损坏，15分				
	无虚焊，焊点大小合适、美观，15分				
	挡位开关旋扭转动灵活，10分				
问题思考（10分）	问题思考正确，10分				
文明安全（10分）	遵守安全生产规程，在安装调试过程中注意培养自己一丝不苟的敬业精神，10分				
考核日期		考核人签名			

班级_____姓名_____学号_____

日期_____成绩_____教师_____

项目三任务完成情况考核

一、测量数据

表 3-1　测量数据（单位：电压/V，电流/A）

电路总电压 U	镇流器两端电压 U_L	灯管两端电压 U_R	总电流 i	灯管支路电流 i_1

表 3-2　测量数据（单位：电流/A）

并联电容值/μF	总电流 i	灯管支路的电流 i_1	电容支路的电流 i_C
（无电容）			
1			
2.2			
4			

二、问题思考

1. 并联电容后，电路中哪些量发生了变化，哪些量没有发生变化？

2. 在荧光灯电路中怎样能使电源"减负"？在电路两端并联的电容是否越大总电流就越小？

3. 交流电路中所测的电压、电流值为什么值？其数量关系是否满足 KCL、KVL？

4. 荧光灯电路中取用电功率的是什么元器件？为什么电源功率不等于荧光灯管的功率？荧光灯管的功率与电源功率之比为多少？

5. 以测量的电源电压、灯管电压、电感电压数值为相应边长，画出相应三角形。

三、照明电路安装

表 3-3　安装计划

步　骤	内　　　　容	计划时间	实际时间	完成情况
	看懂电路图，明确电路工作原理			
	画出元器件安装布置图、接线图			
	选择电气元器件并填入材料清单中			
	检查元器件质量			
	按电工工艺要求安装元器件			
	按电工工艺要求接线			
	用兆欧表测量绝缘电阻			
	用万用表测试电路			
	合格后通电试验			

表 3-4　材料工具清单

序号	代号	物　品　名　称	规　　格	数量	备　注

四、评分表

评分项目	评 分 标 准	自评	小组评	教师评	得分
电路安装 与测量 （30分）	不会看图接线，扣10分				
	不能正确使用仪表，扣10分				
	不知道电路元器件及工作原理，扣10分				
布线质量 （30分）	不能正确绘出电路安装图，扣10分				
	火线未进开关，扣10分				
	开关、插座和接线盒不能180°翻盖，每处扣5分				
	元器件损坏，扣15分				
	接点松动、露铜过长、压绝缘层、反圈等，每个接点扣2分				
	电路安装不牢固，每处扣5分				
	损伤导线绝缘或线芯，每根扣4分				
	熔体规格配错，扣5分				
	选用导线不符合要求，扣5分				
通电测试 （20分）	不会使用仪表进行通电前自检，扣5分				
	未经检测私自通电，扣20分				
	一次测试不成功，扣10分				
问题思考 （10分）	问题思考回答不正确，酌情扣1～10分				
文明安全 （10分）	遵守安全生产规程，在安装调试过程中注意培养自己一丝不苟的敬业精神，10分				
考核时间： 120分钟	每超时10分钟扣5分，违反安全文明生产酌情扣分				
考核日期	考核人签名				

项目考核

班级_____ 姓名_____ 学号_____

日期_____ 成绩_____ 教师_____

项目四任务完成情况考核

一、测量数据

表 4-1　测量数据（星形连接）

负载及连接方式		负载线电压/V			负载相电压/V			线电流/A			相电流/A			中线电流/A 两端电压/V	
		U_{AB}	U_{BC}	U_{CA}	U_{AO}	U_{BO}	U_{CO}	I_A	I_B	I_C	I_{AX}	I_{BY}	I_{CZ}	I_N	U_{NO}
对称	Y_O														
	Y														
不对称	Y_O														
	Y														

表 4-2　测量数据（三角形连接）

负载及连接方式	负载线电压/V			负载相电压/V			线电流/A			相电流/A		
	U_{AB}	U_{BC}	U_{CA}	U_{AX}	U_{BY}	U_{CZ}	I_A	I_B	I_C	I_{AX}	I_{BY}	I_{CZ}
对称三角形连接												

计算三相负载总功率：

$$P = P_A + P_B + P_C = 3U_{相}I_{相}\cos\varphi = \sqrt{3}U_{线}I_{线}\cos\varphi \text{（电阻性负载}\cos\varphi = 1\text{）}$$

二、问题思考

1. 三相负载作星形或三角形连接取决于什么？相同的负载下，作星形或三角形连接哪一种功率大，通过计算得出比值为多少？

2. 分析不对称负载作三相星形连接，中性线断开时，当某相负载开路会出现什么情况？如果接上中性线，情况又如何？

3. 分析不对称负载作三相星形连接，中性线断开时，当某相负载短路时会出现什么情况？如果接上中性线，情况又如何？

4. 本次项目中为什么要通过三相调压器将 380V 的市电线电压降为 220V 的线电压使用？在此电压下，负载作星形和作三角形连接，所得到的电压哪一种为额定电压？

三、评分表

评分项目	评 分 项 点	自评	小组评	教师评	得分
电路安装与测量（80分）	能正确使用三相调压器，10分				
	会调测调压输出值，10分				
	会按图连接 Y/Y_0 电路，10分				
	会连接对称与不对称负载，10分				
	能正确测量线电压、相电压，会选择合适的量程，10分				
	能正确测量相电流、线电流、中性线电流，会选择合适的量程，20分				
	会按图连接三角形连接电路，10分				
问题思考（10分）	问题思考正确，10分				
文明安全（10分）	遵守安全生产规程，在安装调试过程中注意培养自己一丝不苟的敬业精神，10分				
考核日期	考核人签名				

班级＿＿＿＿＿＿＿ 姓名＿＿＿＿＿＿＿ 学号＿＿＿＿＿＿＿

日期＿＿＿＿＿＿＿ 成绩＿＿＿＿＿＿＿ 教师＿＿＿＿＿＿＿

项目五任务完成情况考核

一、问题思考

1. 交流接触器主要由哪几部分组成，各起什么作用？

2. 交流接触器触点动作受何控制？

3. 请画出交流接触器线圈、主触点、常开辅助触点、常闭辅助触点的符号。

4. 试述交流接触器的拆装步骤。

5. 低压电器按功能可分为哪几类？

二、评分表

评分项目	评 分 标 准	自评	小组评	教师评	得分
拆卸质量 （30分）	拆卸方法、步骤不正确扣 10 分				
	损坏零件，每件扣 10 分				
问题思考 （30分）	不能正确说出各部件名称扣 10～15 分				
	不能解释接器衔铁动作的原因扣 10～15 分				
清洁装配质量 （40分）	清洁不干净扣 10 分，丢失零件，每件扣 3 分				
	装配方法、步骤有错，扣 10 分				
	损坏零件，每件扣 10 分				
	紧固螺钉未紧，每只 2 分				
	装配后衔铁动作不灵活扣 10 分				
	不会对电动机进行星形和三角形连接，每项扣 5 分				
考核时间： 30 分钟	每超时 5 分钟扣 5 分，违反安全文明生产酌情扣分				
考核日期	考核人签名				

班级_____ 姓名_____ 学号_____
日期_____ 成绩_____ 教师_____

项目考核

项目六任务完成情况考核

一、测量数据

表 6-1　铭牌数据

额定功率 P_N（单位：kW）——转轴上输出的机械功率	
额定电压 U_N（单位：V）——加在定子绕组上的线电压	
额定电流 I_N（单位：A）——输入定子绕组的线电流	
额定转速 n_N（单位：r/min）——在额定电压下且满载运行下的转速	
额定频率 f_N（单位：Hz）——我国工频为 50Hz	
绝缘等级：	
接线方法：定子绕组有星形和三角形两种接法	
工作方式：连续、短时、断续周期	

表 6-2　测量数据

起动瞬间电流 I_{st}（单位：A）	$I_{st}/I_N=$
空载电流 I_O（单位：A）	$I_O/I_N=$
过载电流 I_M（断掉某一相，测另外两相电流）（单位：A）	$I_M/I_N=$

二、问题思考

1. 什么叫失压保护？三相笼形异步电动机用刀开关控制是否具有失压保护作用？

2. 三相异步电动机如何实现转向的改变？

3. 三相异步电动机在运行中若发生断相，电动机是否仍然能够旋转？这种现象称为什么？对电动机有何影响？

4. 三相异步电动机在运行前若已发生断相，电动机是否能够起动？为什么？

三、电动机的拆装

表 6-3 拆装计划

步　骤	内　　　　容	计划时间	实际时间	完成情况
	拆卸电动机			
	清洁电动机各部分灰尘			
	清洗轴承和轴承盖			
	加润滑脂			
	按拆卸逆顺序装配电动机			
	用万用表判断定子绕组首尾端			

表 6-4 材料工具清单

序号	代号	物　品　名　称	规　　格	数量	备　　注

四、评分表

评分项目	评 分 标 准	自评	小组评	教师评	得分
拆卸质量 （30分）	拆卸方法、步骤不正确扣 10 分				
	损坏零部件，每件扣 10 分				
	碰伤定子绕组，扣 20 分				
	拆卸标记不清楚，每处扣 5 分				
清洗装配 质量 （30分）	轴承清洗不干净扣 10 分，丢失零部件，每件扣 3 分				
	装配方法、步骤有错，扣 10 分				
	损坏零部件，每件扣 10 分				
	碰伤定子绕组，扣 20 分				
	紧固螺钉未紧，每只扣 2 分				
	装配后转动不灵活，扣 10 分				
绕组判断 （40分）	仪表使用方法不对，扣 5～10 分				
	三相绕组分不清，扣 10 分				
	首尾判断错误，扣 15 分				
	标记不清，扣 10 分				
	不会对电动机进行星形和三角形连接，每项扣 5 分				
考核时间： 180 分钟	每超时 10 分钟扣 5 分，违反安全文明生产酌情扣分				
考核日期		考核人签名			

班级＿＿＿＿＿＿＿　姓名＿＿＿＿＿＿＿　学号＿＿＿＿＿＿＿

日期＿＿＿＿＿＿＿　成绩＿＿＿＿＿＿＿　教师＿＿＿＿＿＿＿

项目七任务完成情况考核

一、问题思考

1. 三相笼形异步电动机是如何实现长动控制的？可否用自锁紧开关代替按钮？

2. 正反转电路中为何要防止两个接触器线圈同时得电？常见的互锁方式有哪些？

3. 请比较在正反转控制电路中电气互锁与机械互锁的区别？

4. 如何实现点动兼长动控制？请画出控制电路。

5. 如何实现在异地控制电动机的起停？请画出控制电路。

二、电动机正反转控制电路安装

1. 填写安装双重互锁正反转电路所用材料清单。

表 7-1　安装双重互锁正反转电路所用材料清单

代　号	名　称	型号与规格	数量	作　用

2. 绘制电路安装图（可令用纸张绘制）。

三、评分表

评分项目	评 分 标 准	自评	小组评	教师评	得分
元器件安装质量（30分）	元器件选择不当，每件扣1分				
	元器件未经检查就装上，扣5分				
	不按布置图安装元器件，扣15分				
	元器件布局不合理，扣5分				
	操作不方便，维修困难，每件扣3分				
	元器件安装不牢，每件扣3分				
	安装时损坏元器件，扣15分				
线路敷设质量（30分）	不按原理图接线，扣20分				
	线路敷设整齐、横平竖直，不交叉、不跨接。布线不合要求每根扣3分				
	导线露铜过长、压绝缘层、绕向不正确，每处扣2分				
	导线压接坚固、不伤线芯。接线松动、损伤导线绝缘或芯线，每根扣2分				
	编码管齐全，每缺一处扣0.5分				
	漏接接地线，扣10分				
通电试车（40分）	正确整定热继电器整定值，不会或未整定，扣5分				
	正确选配熔芯，错配熔芯扣5分				
	第一次通电不成功，扣10分				
	两次通电不成功，扣20分				
	三次通电不成功，扣40分				
	违反安全操作规程扣10~40分				
考核时间：180分钟	每超时10分钟扣5分				
考核日期	考核人签名				

项目考核

班级_____ 姓名_____ 学号_____
日期_____ 成绩_____ 教师_____

参 考 文 献

[1] 秦曾煌. 电工学（上册）[M]. 5 版. 北京：高等教育出版社，2002.

[2] 田琪，孟科. 电工基础[M]. 北京：中国劳动保障社会出版社，2008.

[3] 编审委员会. 维修电工（技师技能 高级技师技能）[M]. 北京：中国劳动保障社会出版，2004.

[4] 山炳强，王雪瑜，刘华波. 电工技术[M]. 北京：人民邮电出版社，2008.

[5] 肖辉进，杨承毅，江华圣. 电工技术[M]. 北京：人民邮电出版社，2007.

[6] 刘沂. 电气控制技术[M]. 2 版. 大连：大连理工出版社，2008.

[7] 张志远. 维修电工技能培训与鉴定考试用书（中级）[M]. 济南：山东科学技术出版社. 2006.

[8] 韩承江，朱照红. 电工基本技能[M]. 北京：中国劳动保障社会出版，2007.

[9] 陆建国. 应用电工[M]. 北京：中国铁道出版社，2009.

[10] 黄忠琴. 电工电子项目实训教程[M]. 江苏：苏州大学出版社，2005.

[11] 陆国和. 电工项目与实训[M]. 北京：高等教育出版社，2005.

[12] 张文明，贺刚. 电工电子项目实训指导书[M]. 北京：清华大学出版社，北京交通大学出版社，2005.

[13] 陈跃安. 电路及电工电子技术[M]. 北京：清华大学出版社，北京交通大学出版社，2005.

[14] 郝万新，荆珂. 电路基础[M]. 大连：大连理工出版社，2005.